数字社会的
适老化支持体系建设

王杰 著

電子工業出版社
Publishing House of Electronics Industry
北京•BEIJING

内 容 简 介

本书作为一本研究数字社会适老化的中文专著，系统地介绍了数字社会适老化的必要性、所面临的挑战和通过建设一套适老化支持体系来应对这些挑战的相关理论与实践问题。

本书分为五个部分。第一部分介绍了数字社会的适老化挑战，重点讨论了我们当前面临的适老化问题的现象、本质及其产生的深层次原因，并介绍了国际上一些在适老化方面的尝试和经验，以帮助读者对适老化的必要性形成较全面的认识。第二部分介绍了适老化支持体系背后的理论基础，包括老年用户分析、数字产品的用户使用能力要求与使用负担分析、数字产品的适老化设计、面向老年用户的使用培训、面向老年用户的使用支持。第三部分描述了本书提出的核心理念——适老化支持体系建设，包括建设适老化支持体系所需要的系统思维、核心要素和建设目标，适老化支持体系建设中面临的一些关键问题，以及适老化支持体系落地的方法和建议。第四部分介绍了适老化在智慧养老、数字化老年医疗保健，以及一些常见的数字化应用中的运用。第五部分是对适老化未来发展的展望与总结。

本书的读者对象是从事老龄社会数字化相关工作的人员，包括年龄数字鸿沟的研究者、面向老年人的数字产品开发者、全民化数字产品的开发者、数字产品适老化政策的制定者、智慧养老体系的设计和实施者，以及其他协助老年人应对数字化挑战的相关人员。部分老年人及其子女也能从书中获得大量有益的知识，以便有效地面对数字失能问题。

图书在版编目（CIP）数据

数字社会的适老化支持体系建设 / 王杰著. —北京：电子工业出版社，2023.11

ISBN 978-7-121-46550-5

Ⅰ. ①数… Ⅱ. ①王… Ⅲ. ①老龄产业－产品设计 Ⅳ. ①F264②TB472

中国国家版本馆 CIP 数据核字（2023）第 202939 号

责任编辑：李　冰　　　　特约编辑：田学清
印　　刷：三河市双峰印刷装订有限公司
装　　订：三河市双峰印刷装订有限公司
出版发行：电子工业出版社
　　　　　北京市海淀区万寿路 173 信箱　　　　邮编：100036
开　　本：787×1092　1/16　印张：18　字数：460 千字
版　　次：2023 年 11 月第 1 版
印　　次：2023 年 11 月第 1 次印刷
定　　价：95.00 元

凡所购买电子工业出版社图书有缺损问题，请向购买书店调换。若书店售缺，请与本社发行部联系，联系及邮购电话：（010）88254888，88258888。

质量投诉请发邮件至 zlts@phei.com.cn，盗版侵权举报请发邮件至 dbqq@phei. com.cn。

本书咨询联系方式：libing@phei.com.cn。

前言

2020 年不仅给我们带来了影响深远的新冠疫情，也通过疫情防控中显现出来的种种问题，第一次将数字社会和老龄社会的交织与冲突毫不遮掩地暴露在社会关注的聚光灯下。各地反复出现的"'健康码'成为老年人出行障碍"的报道，让我们终于意识到，多年来的数字化进程已经成为影响数以亿计的老年人日常生活的年龄数字鸿沟。

媒体针对这一问题的密集报道引起了社会的热议，先是国务院办公厅在 2020 年 11 月发布了《关于切实解决老年人运用智能技术困难的实施方案》，随即工业和信息化部在 2020 年 12 月发布了《互联网应用适老化及无障碍改造专项行动方案》，力求重点解决数字社会中老年人面临的那些严重影响日常生活的问题，有效地推动数字产品适老化的进程。从媒体的密集报道，到社会的广泛关注，再到国家针对性政策的颁布，最后到相关部门行动计划的出台，2020 年可以说是无争议的数字社会适老化元年。

通过对身边老年人的观察我们会发现，随着移动互联网的出现和普及，他们中的很多人已经和日益数字化的社会渐渐脱节了；而随着数字化在社会方方面面的不断渗透和持续深入，横在他们面前的年龄数字鸿沟越来越难以跨越。到 2022 年年底，在中国 2.8 亿个 60 岁及以上的老年人中，约 1.5 亿人是网民，还有约 1.3 亿个老年人尚未使用互联网。而和他们的日常生活密切相关的各种传统服务却一直在被逐渐地数字化，这些服务涵盖了出行买票、看病挂号、餐厅点餐、购物支付、办理社保、水电缴费，等等。随着数字化进程而来的，则是传统人工服务的大幅度减少乃至消失，严重地影响了数以亿计老年非网民的日常生活，使他们无助地感觉到自己被数字时代抛弃了。

在这些现象的背后，是数字化和老龄化这两个将"主宰"21 世纪人类社会发展的大趋势的碰撞。不仅是中国，所有社会老龄化和经济发展水平均达到一定程度的国家，都面临数字社会和老龄社会的交织与冲突，其直接的、具体的体现就是年龄数字鸿沟将大批老年人隔离在数字社会之外。目前尚未被社会广泛地认识到的是，这一问题不是暂时的，而是会持续几十年、几代人，甚至更长的时间，并且还在持续加剧。

为什么数字化和老龄化的共存会导致这样的冲突呢？这里有两个深层次的原因：第一，自互联网得到普及后，尤其是移动互联网和物联网被广泛地应用以来，新技术出现、扩散与普及的速度越来越快；第二，当一个人衰老到一定程度时，其学习使用新技术的动力和能力都会降低，导致其不愿学和/或学不会使用新技术。而在一个老龄社会中，这样的老年人越来越多。在未来几十年内，随着作为新技术"催化剂"的人工智能渗透到社会的方方面面，新技术出现、扩散与普及的速度将进一步加快。同时，随着生命科学和医疗技术的进步，导致老年人死亡的疾病不断被攻克，中国人均期望寿命势必会在当前基础上（2022 年为 77.93 岁）继续延长 5 岁、10 岁，甚至 20 岁，从目前的七八十岁延长到 90 岁以上。但是，目前决定人类学习动力和能力的大脑，虽然也在延缓衰老，但速度比寿命增长的速度要慢很多，结果就是我们看到大批 70 岁以上的老年人无法跟上数字化的步伐，被隔离在数字社会之外。

年龄数字鸿沟既直接关系着大批老年人的生活质量，也拖了我们赖以应对老龄化危机的智慧养老普及的后腿，还严重地制约了大量老年人力资源的整合和利用。尤其重要的是，它严重地影响了整个社会数字化治理的效率。当更多的老年人被隔离在数字社会之外时，社会的数字化管理效果将受到严重冲击，无论是治理的成本、速度、深度、广度还是精准度，都将大打折扣。目前，政府出台的多种与适老化相关的政策和实施计划，更多的是着眼于解决那些严重影响老年人当前生活的紧迫问题，而其中恢复传统的人工服务是一个核心环节。但用这种办法支撑数以亿计老年人的日常生活所产生的社会成本是非常高的，也是难以持续的。从长远来看，我们必须摸索出更有效的、可持续缩小年龄数字鸿沟的模式和方法，这就是适老化的用武之地。在老龄化的背景下，数字社会需要一整套适老化支持体系的支撑。

说到适老化，其目标是什么呢？对于不同的老年群体，其目标应该是不同的。大的目标应该是使大多数老年人能够独立地使用一些基本的数字产品。从现实的角度出发，我们认为适老化的主要对象应该至少包括所有能够独立生活的老年人。这里有三个原因：第一，这个群体的界定比较清晰，在具体实施的时候比较容易判断；第二，适老化在这个群体中产生的效果也将最显著，能够使用一款数字产品解决一些痛点问题将对他们的空巢或独居生活产生巨大的影响，而那些已经失去独立生活能力的老年人一般在身边会有照护者协助其解决各种问题；第三，适老化的改善可能延长他们独立生活的时间，因此很多人也会有动力借助适老化融入数字社会。这就引出了另一个问题：适老化应该给这些老年人提供什么支持呢？

另外，还有很多不能独立生活的老年人也可以是适老化的对象，而他们身边的照护者可能就是适老化支持体系的一部分。那么，如何让老年人身边的照护者协助其跨越年龄数字鸿沟呢？

最后，我们还应思考一个问题：对于那些最终无法学会使用数字产品，但又能够独立生活的老年人，我们能够提供什么支持，使他们也能以某种方式融入数字社会呢？

上述这些问题能得到解决吗？怎么解决呢？国务院办公厅《关于切实解决老年人运用智能技术困难的实施方案》中要求："推动手机等智能终端产品适老化改造，使其具备大屏幕、大字体、大音量、大电池容量、操作简单等更多方便老年人使用的特点。"智能终端产品的适老化改造是极其必要的，也是非常可喜的第一步。从国内外尝试探索的经验来看，智能终端产品的适老化改造远不止“大屏幕、大字体、大音量、大电池容量”这么简单，使老年人感觉到“操作简单”才是极其不简单的，这是在对老年人的学习和使用能力、心理倾向、知识和使用习惯等方面深刻了解的基础上进行科学设计才能达到的。而适老化设计仅是数字社会的适老化这一社会工程的众多环节之一，其效果需要其他环节的配合和辅助才能实现。

在考虑适老化的时候，有两种发展趋势是我们不能忽视的。第一，新技术仍然将以不太适老的方式不断涌现。比如，目前正在被深入研究的基于区块链的健康管理应用，对使用者的能力又提出了前所未有的要求。因此，适老化不是一个暂时的阶段性需求，而是要永远迎接新挑战。第二，老年人能力的衰退是持续的。现在跨越了年龄数字鸿沟，不意味着永远地融入了数字社会。即使那些使用了多年的数字产品，老年人有朝一日也会发现自己操作起来变得力不从心了。这说明，适老化支持会从一种方式变为另一种方式。

数字社会的适老化是一个规模宏大的社会工程实践问题，涉及横跨多个学术领域的研究，除了适老化设计，还包括老年学习理论、老年激励理论等。同时，它需要在多个层面协调和组织多种社会资源，以构建一套常态化的知识普及、使用培训和使用支持体系。目前在数字化和老龄化冲突这一跨学科的问题上的深入研究还比较少，在应对这一问题的方法论研究上更是严重欠缺。即使数字化和老龄化程度都更高的发达国家，对这一问题也仍然处于探索阶段，而不同国家的管理体制和文化特点决定了其最终采用的方法不同。因此，根据我国的管理体制和文化特点，探索一条数字社会适老化的可行途径，是我们长期、有效地解决这一问题的唯一选择。

本书基于作者近十年来在科技适老化这一领域的研究、探索和实践创作而成，期望能够就“数字社会的适老化”这一问题给读者提供一个概括性的、具有一定深度的阐述，包括其产生的背景和根源。同时，本书还提出了一个建设一套可持续的适老化支持体系的思路，以及在落地这一体系的过程中需要跨越的一系列障碍，并提供了一些供实际操作参考的建议。在对适老化问题的认识上，特别强调三点：第一，适老化是一场持久战，不是一蹴而就的，而是会持续几十年，甚至需要几代人的长期努力，因此需要建立一个长效机制；第二，适老化本身缺乏市场机制，而适老化支持体系建设具有很强的公共服务色彩；第三，解决大规模的适老化问题需要系统思维，而不是靠人海战术就能立竿见影的。

作为一本研究数字社会适老化的中文专著，本书重点分析了以下问题，并提出了作者自己的一些见解。

（1）在“新技术扩散理论”的基础上，分析了数字社会的适老化需求产生的必然性。

（2）分析了适老化需求存在的长期性及其未来发展趋势。

（3）就适老化问题对老年群体进行了相应的分类，分析了适老化中的“老”指的是谁。

（4）分析并描述了理想的适老化是什么样子的，即适老化中的“适”是如何体现的。

（5）分析了适老化中有哪些主要的经济因素，这些经济因素如何影响适老化的发展，以及适老化需要什么样的外部推动力。

（6）分析了适老化需要什么样的系统思维。

（7）分析了老年人接触和使用数字产品的各个环节，以及各个环节中影响老年人使用态度的主要因素。

（8）分析了使用数字产品对用户有哪些能力要求，以及使用中会给他们造成哪些负担。

（9）分析了数字社会需要什么样的适老化支持体系，以及适老化支持体系中包括哪些要素。

（10）分析了适老化支持体系需要给各种老年人提供哪些支持。

（11）分析了平台化的适老化辅助服务在适老化支持体系中的角色。

（12）分析了人工智能的普及对适老化的发展有什么样的影响。

（13）分析了在建设适老化支持体系时需要考虑老年人的哪些重要特点。

（14）分析了适老化需要如何适应老年人的心理倾向。

（15）分析了适老化需要如何适应老年人的知识特点和使用习惯。

（16）分析了老年人需要适老化支持体系提供哪些学习和使用能力的补偿。

（17）分析了我国的社区管理体制对适老化支持体系建设的路径有哪些影响。

（18）分析了如何对适老化支持体系中的各个要素进行评估。

本书分为五个部分。第一部分是“数字社会的适老化挑战”，包括数字社会与老龄社会的碰撞、认识适老化问题的现象与本质。第二部分是“适老化支持体系基础”，包括老年用户分析、数字产品的用户使用能力要求与使用负担分析、数字产品的适老化设计、面向老年用户的使用培训、面向老年用户的使用支持。第三部分是“适老化支持体系建设”，包括适老化的系统思维、适老化支持体系概要、适老化支持体系的建设、适老化支持体系的落地。第四部分是“应用分析”，包括智慧养老、数字化老年医疗保健、应用分析案例。第五部分是“展望与总结”，包括展望未来、结束语。

目录

第一部分 数字社会的适老化挑战

第二部分 适老化支持体系基础

第三部分 适老化支持体系建设

第四部分 应用分析

第一部分　数字社会的适老化挑战

目前我们处于数字化与老龄化交织的时代，二者的冲突已经渗透、蔓延到社会的方方面面。被媒体争相报道、引起社会广泛关注的老年人使用数字产品的障碍只是冰山一角。在本书的第一部分，我们对数字化和老龄化这两个历史性趋势的碰撞与相互影响进行了系统的梳理，并对这一碰撞的焦点，即适老化问题，从其产生的根源、当前亟待弥补的短板、未来实现长期可持续发展所需要的驱动力等方面进行了剖析，以帮助读者对适老化问题有一个系统的认识。

第 1 章　数字社会与老龄社会的碰撞

中国社会的数字化和老龄化在经过 20 多年相对独立的发展后，从最初的萌芽期逐渐进入各自的深度发展阶段。近年来，二者之间的冲突越来越多。而新冠疫情这一改变人类发展轨迹的历史事件使二者的碰撞一览无余地展现在我们面前。

1.1　社会的老龄化

根据 2000 年第五次全国人口普查的数据，中国 60 岁及以上的老年人口占总人口的比例为 10%。按照联合国的定义，当时中国社会已进入老龄化阶段。20 多年来，中国的老龄化不断加剧。根据第七次全国人口普查结果，到 2020 年 11 月 1 日 0 时，在中国大陆 31 个省、自治区、直辖市和现役军人中，60 岁及以上的老年人口占总人口的比例已经达到 18.7%，而 65 岁及以上的占比则达到 13.5%，如表 1-1 所示。这说明中国的老龄化速度在加快。

表 1-1　全国人口年龄构成（截至 2020 年 11 月 1 日 0 时）

年　龄	人口数/人	比　重
总计	1 411 778 724	100%
0～14 岁	253 383 938	17.95%
15～59 岁	894 376 020	63.35%
60 岁及以上	264 018 766	18.7%
其中：65 岁及以上	190 635 280	13.5%

老龄化给社会经济的可持续发展、创新型社会的建设、中国的产业升级、社会资源的合理分配等都带来了巨大的挑战。此外，老龄化还对正在发生的社会转型有着重大且深远的影响。其中一个显著的方面就是对那些引起社会深刻变化的新技术全民普及的影响，而首当其冲的就是当前的数字化趋势。由于老年群体的一些特殊性，他们接受新技术、新产品有其显著的特点。因此，老龄化对数字化全民普及的影响巨大，也是目前所有的发达国家和大部分发展中国家都在面临的问题。

1.2　社会的数字化

自 2000 年以来的 20 多年，是中国老龄化加速的时期，也是互联网应用普及、社会不断数字化的时期。根据中国互联网络信息中心于 2023 年 3 月发布的第 51 次《中国互联网络发展状况统计报告》，截至 2022 年 12 月，中国网民规模为 10.67 亿人，互联网普及率达 75.6%。网络应用已经渗透百姓生活的衣、食、住、行等方方面面。可以说，中国社会在很大程度上已经步入数字社会。但是，这种渗透并不是全社会一致的。社会经济条件，个人的文化程度、健康状况和年龄都对数字化的渗透产生了影响。其中，年龄的影响是本书集中关注的。

我们先从两个典型的老年人，“50 后”退休老人老张和他的“30 后”父亲张老的身上，看一下数字化对老年人生活产生的影响。

老张出生于 20 世纪 50 年代末，是一个退休不久的“低龄”、活跃老年人。现在他每天的生活已经离不开各种智能化应用了，在短短的几年中，数字化给生活带来的方便越来越多。从他典型的一天生活中，我们可以看出数字化已经无处不在了。而出生于 20 世纪 30 年代初的张老已经退休快 30 年了，这也正是数字化在中国从无到有，从涓涓细流到波涛汹涌的 30 年。张老对数字化的感受和老张完全不同，不仅没有感觉更方便，而且很多时候不得不求助儿子老张，才能在这个日益数字化的社会里生存。他感受到自己的自主性和独立性在一点一点地被侵蚀，无可奈何地看着自己逐渐被数字社会无情地边缘化。

老张每天醒来后的第一件事就是打开手机看微信。经过几年的筛选和淘汰，现在老张有将近 20 个微信群，基本覆盖了社交的所有方面。从幼儿园、小学、中学、大学，到前后几个工作单位，似乎自己的每个人生阶段都有一个对应的微信群。还有一些与爱好相关的群，如旅游、乒乓球、摄影等，不一而足。老张每天获取新闻的渠道也发生了令人惊奇的变化，从以前的报纸和电视转向互联网门户网站，在几年前又改成在手机上看腾讯新闻了，然后是今日头条，而现在则是在几个群里看别人转发的每日新闻简报。

看完当天的重要新闻，洗漱完毕，老张就来到家附近的一个早点铺，用支付宝买了早饭。他一边吃早饭，一边用手机和几拨不同的老友把今天一天的活动安排好，同时也把下周的体检约好了。吃过饭，老张在手机上查了一下去上午活动地点的公交线路，确定了“共享单车+地铁”的出行方案。然后，走到附近的共享单车停车点，通过扫描二维码取了一辆共享单车，向地铁站骑去。到了地铁站，先刷手机进站，再刷手机出站，很快就到了活动地点。在活动中，老张用手机拍照、发朋友圈、加新朋友的微信、付款买了促销品。在外面活动了半天后，接着坐地铁回家，并在路上用手机点了作为午饭的外卖。老张已经好几年出门不带钱包，只带手机了。乘公交、坐地铁、吃饭、买东西，乃至购买景点门票、缴纳水电费、查询社保都可以用手机搞定。在老张看来，社会的全面数字化带来了无穷无尽的方便和快捷，只要能用智能手机，一切就畅通无阻。在享受着数字化的种种好处时，老张不禁庆幸自己生逢其时。毫不夸张地说，没有手机的生活老张是无法想象的。同时，他也充满信心地预见，在未来的数字社会里没有什么是用“智能手机+App”搞不定的。未来真的会是这样的吗？

数字化在国民经济和百姓日常生活中的普及与渗透在日益加深。各种已经被数字化了的日常生活服务给人们带来了极大的便利，同时也节省了大量的人力，降低了服务成本，如图 1-1 所示。这也是老张所享受的数字化生活的写照。

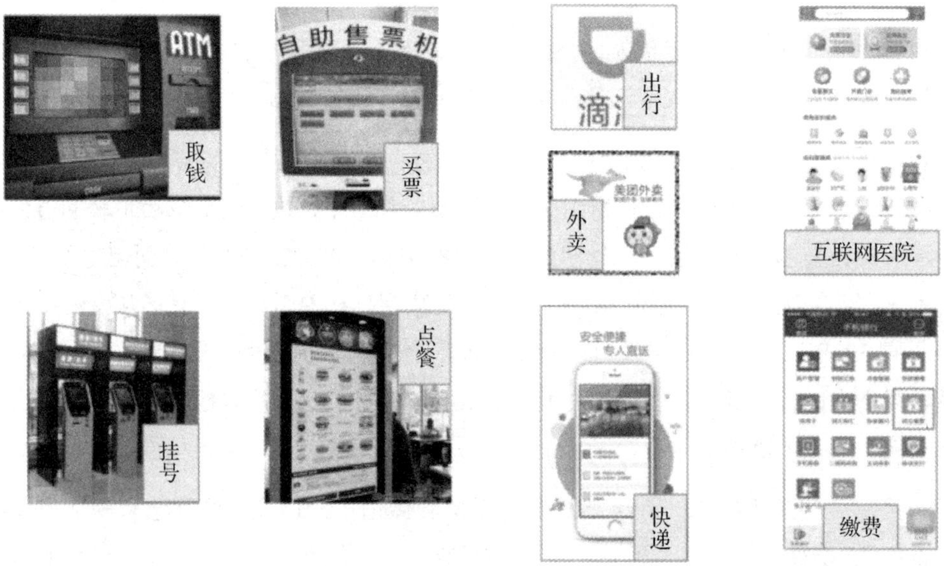

图 1-1　日常生活服务的数字化

另外，数字化也逐渐地渗透到了各类家用电器上，进入了家庭，如图 1-2 所示。各类家用电器从使用配置到状态监控都实现了数字化，增加了维护和使用提醒，甚至还有社交功能。

医疗健康服务的数字化与医疗改革紧密结合、相辅相成。无论是医疗资源下沉，医疗健康服务进社区、进家门，还是从以治病为主转向以预防为主，数字化都是不可缺少的支撑技术。同时，这些医疗健康行业的新趋势也为数字化带来了大显身手的广阔天地。图 1-3 所示为可穿戴设备、便携式健康检测设备、健康管理 App 等一系列用于医疗健康管理的数字产品。

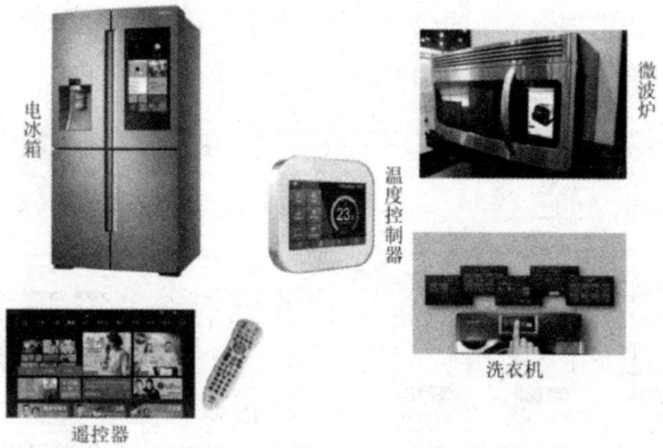

图 1-2　数字化进入家庭

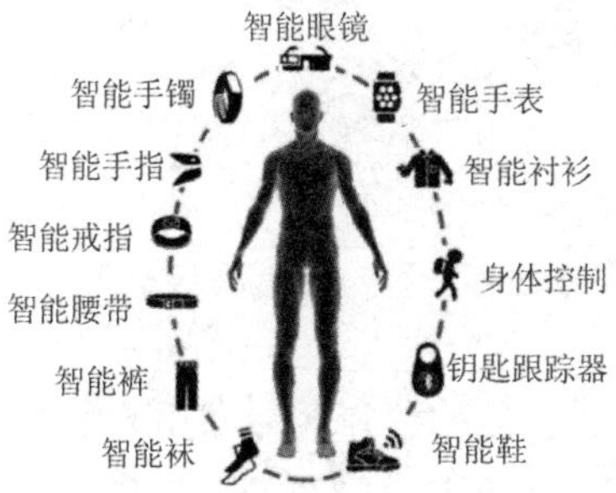

（a）可穿戴设备

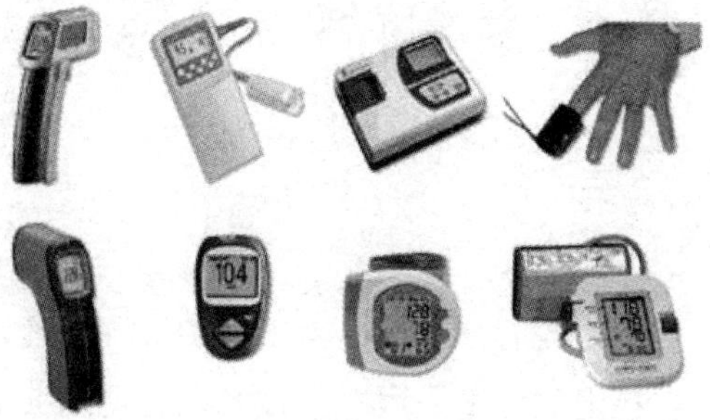

（b）便携式健康检测设备

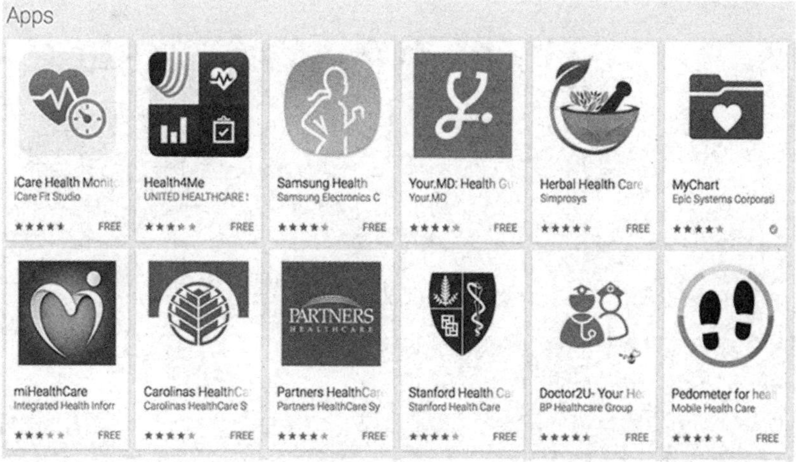

（c）健康管理 App

图 1-3　医疗健康服务的数字化

虽然养老服务涉及的大多是与现代科技相对隔绝的老年群体，但是数字化仍然逐渐渗透了进去。除了提供供需对接的线上平台，服务人员的管理也在快速地数字化。图 1-4 所示为某智慧居家养老服务管理平台。

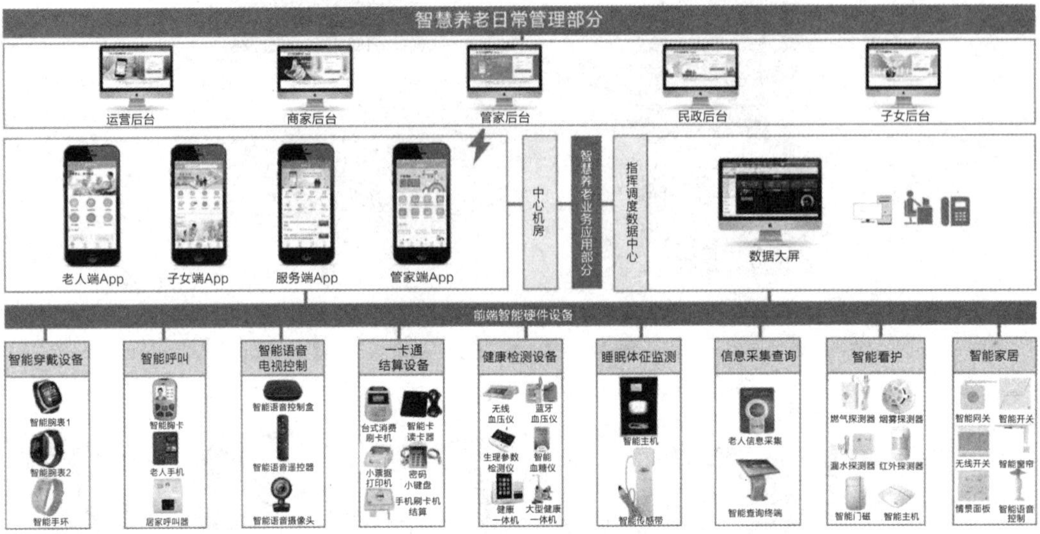

图 1-4　某智慧居家养老服务管理平台

地方政府在本地养老工作的资源管理、政府购买服务的监督和养老相关政策的落实与监控上也大量采用数字技术。各地陆续上线了一批由政府主导的养老监督、管理与指挥平台，成为目前中国智慧养老的一个重要组成部分。图 1-5 所示为某区域性政府养老大数据平台。

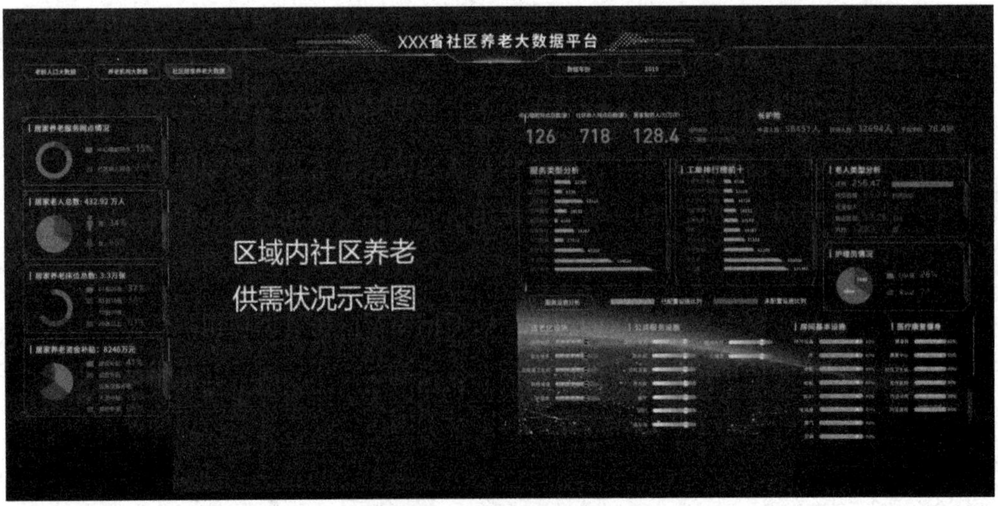

图 1-5　某区域性政府养老大数据平台

数字化还能够助力化解一系列老龄化所面临的危机。其中，智慧养老是解决中国养老服务人员巨大缺口问题的有力工具。图 1-6 所示为典型的智慧养老设备与应用。

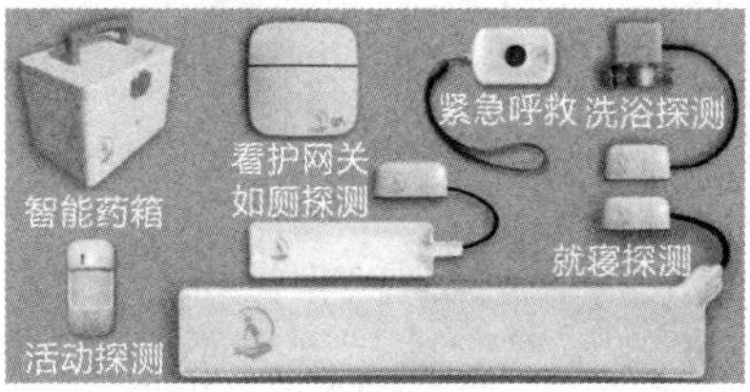

（a）居家安全监控

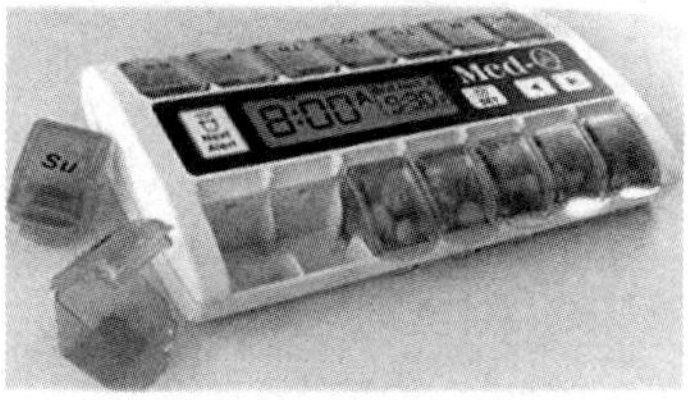

（b）智能药盒

（c）社区健康小屋

（d）社区户外报警桩

图 1-6　典型的智慧养老设备与应用

除了养老服务，数字化也对老年人社会活动的其他方面产生了极大的影响，包括社交活动、社会参与、发挥余热及行使公民权利，等等，都因为数字化而产生了翻天覆地的变化。图 1-7 是一些典型的老年人线上活动，展示了老年人社会活动的数字化。

（a）视频通话

（b）老年交友

（c）老年教育学习

图 1-7　老年人社会活动的数字化

数字化还是提高社会治理效率的有力工具。在疫情防控中，“健康码”在病毒传播跟踪、风险区的分级隔离管理中起到了关键的作用，如图 1-8 所示。

图 1-8 健康码

回到本节开篇的案例，张老所感受到的数字化与老张完全不同。他看到的是自己熟悉的服务在渐渐地消失，几十年来习惯了的使用模式突然在前面被加入了重重障碍，以前可以直接告诉服务人员自己的服务诉求，而现在则要通过一系列令人费解的操作才能有机会跟服务人员面对面。在老张为数字化带来的便捷而欢呼雀跃时，张老则为不知哪项服务会是下一个被数字化的产品而忧心忡忡。

数字化带来的变化不全是正面的，有很多像张老这样的中高龄老年人感受到的是现在能看清楚的数字化的负面影响，而那些更深远的负面影响我们目前还看不清楚。

1.3 数字化与老龄化的交织

根据第 51 次《中国互联网络发展状况统计报告》，截至 2022 年 12 月，中国非网民规模为 3.44 亿人，60 岁及以上的老年群体是非网民的主要群体，占非网民总体的比例为 37.4%。从此数据中我们已经能够感受到非常显著的数字化与老龄化的交织。

1.3.1 老龄化影响数字化

老龄化对数字化的影响很大。数字化的早期阶段是发生在非老年群体中的。在过去的 20 多年中，中国民众融入数字化的主流是年轻人加入网民队伍，老年网民主要来自中年网民的变老，而不是老年非网民的转化。近年来，进入老年的非网民数量仍然可观，老年人总数和老年非网民的数量都在增加。

在一部分老年人拥抱数字化的同时，也产生了年龄数字鸿沟，使大批不能使用数字产品的老年人的日常生活受到较大影响，让他们感觉到自己被数字社会边缘化了。同时，还有一些更隐蔽的，但同样深远的影响，市场推动数字化向老年群体继续普及的力量失灵就是其中之一。

1. 数字化进程放缓

在经过 20 多年的高速发展后，中国网民的年龄在明显后移。比较《中国互联网络发展状况统计报告》从 2012 年年底到 2022 年年底的 10 年中，网民在各年龄段中的占比可以看出，中老年网民的占比和人数都大幅度增加了。图 1-9 和图 1-10 所示分别为 2012 年及 2022 年的网民年龄结构。

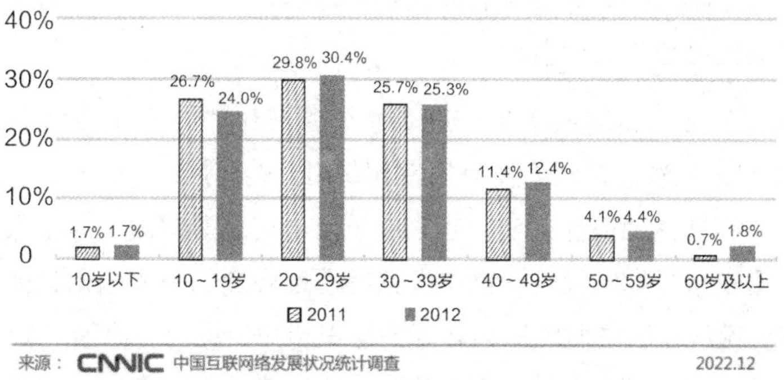

- 截至 2012 年 12 月，网民总数为 5.64 亿人，互联网普及率为 42.1%。
- 60 岁及以上网民比例为 1.8%，约为 1015 万人。

图 1-9　2012 年的网民年龄结构[①]

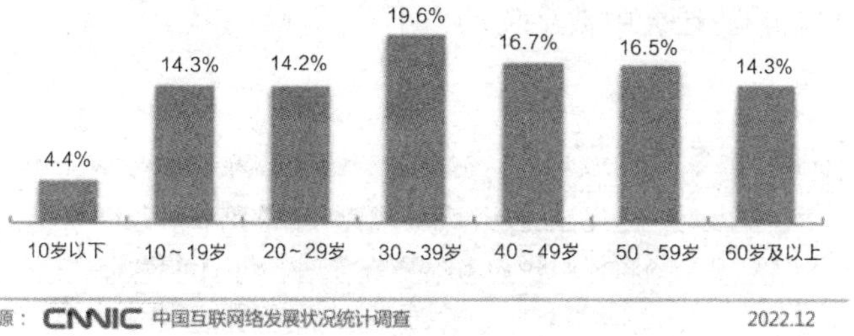

- 截至 2022 年 12 月，网民总数为 10.67 亿人，互联网普及率为 75.6%。
- 60 岁及以上网民比例为 14.3%，约为 1.5 亿人。

图 1-10　2022 年的网民年龄结构

同时，网民的增长率在放缓。非网民中老年人的比例越来越高，其向网民的转化速度也越来越慢。其中的一个主要原因是老年非网民转化所需要的适老化支持严重不足，也就是在数字化进程中没有充分地考虑中高龄老年人口的特点、影响和他们所需要的支持，使他们中的大多数人并没有跟上数字化的浪潮。

2. 推动数字化的力量减弱

每个个体融入数字化的驱动力各不相同。其中，经济的驱动力和个人所属社会阶层的压力最大。年轻人和中年人为了工作、学习等，不愿意落伍，会主动或被动地学习使

① 图 1-9 是 2011 年与 2012 年的对比，但本节仅涉及 2012 年的数据。其中 2011 年的数据因四舍五入的原因，相加之后等于 100.1%。

用数字产品，但老年人的驱动力就要小得多。一方面，他们不再有工作和学习等需求带来的使用数字产品的压力；另一方面，数字化带来的节省时间、减少人工参与等“好处”，在他们看来要大打折扣，甚至并不是什么好处。因此，对老年人来说，数字产品使用价值的驱动力就大大地减弱了。随着衰老而来的学习能力下降，更使“易用性”变得遥不可及。适老化的缺失更是雪上加霜。

非网民向网民转化与否取决于他们能否感受到转化的好处和转化所面临的困难。图 1-11 所示为非网民上网促进因素及有用性和易用性的作用。能够促进非网民转化的因素除了使用价值，各种辅助条件也变得越来越重要，这是非网民中老年人比例增加的反映。数字化的障碍也从早期的经济、网络覆盖等原因转变为个人知识欠缺、自认为年龄太大等原因，或者说从物质层面的原因转变为意识和知识层面的原因。图 1-12 所示为非网民不上网的原因。下一阶段继续提高数字化的主要策略应该转变为消除那些对老年用户影响更大的障碍。

新冠疫情一方面暴露了数字化进程中适老化的不足，另一方面给国内外大批老年人跨越年龄数字鸿沟提供了强有力的驱动力。但这种非常态的驱动并不能持久，从长远来看，我们仍将面临在老龄社会中数字化动力不足的问题。

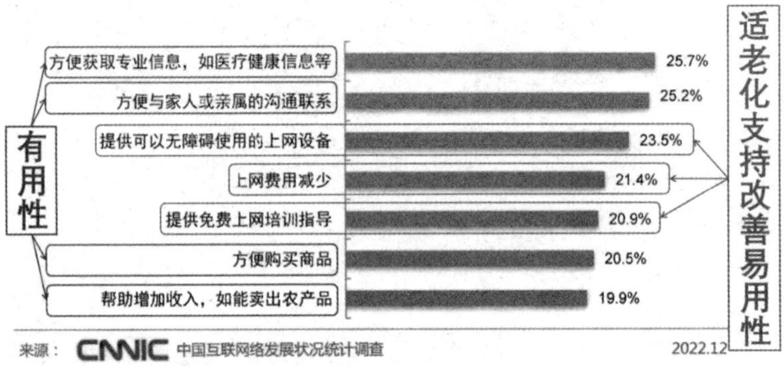

图 1-11　非网民上网促进因素及有用性和易用性的作用

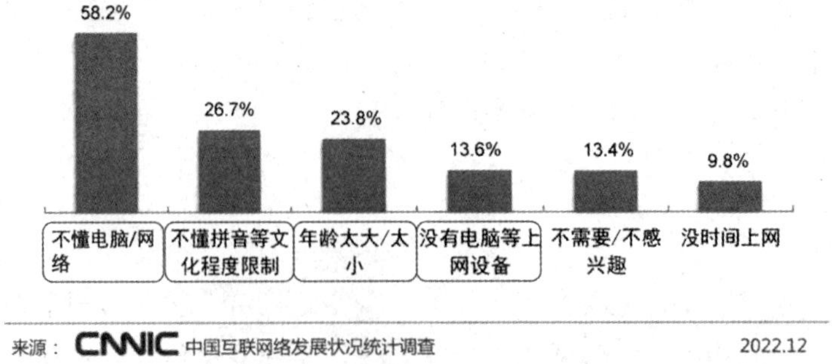

图 1-12　非网民不上网的原因

3. 数字化的效率降低

随着越来越多的老年人跨越年龄数字鸿沟成为网民，数字社会应用的效率和边际效益将会下降。当一些使用场景从年轻用户逐渐蔓延到老年用户时，其使用效率会下降。由于老年人普遍存在数字素养不足的问题，在他们成为网民并能使用一些数字产品后，将面临以下四个严峻的挑战。

（1）如何管控潜在风险？由于多数老年用户对使用网络和数字产品时会遭遇的风险缺乏认识，对防范手段知之甚少，因此很容易成为黑客技术犯罪活动的受害者。

（2）如何识别虚假信息？由于网络上，尤其是自媒体上鱼龙混杂，充斥着误导和虚假信息，如果不能有效地区分虚假信息和真实信息，则很容易信谣、传谣，害人害己。我们已经看到不少老年人盲目地转发各种“健康秘诀”、“内幕消息”和大义凛然的“救国倡议”，成为传播流量的垫脚石而不自知。

（3）如何识别网上欺诈？与误导和虚假信息不同，网上欺诈往往利用老年人判断力上的弱点和热衷于追求不切实际的投资回报的心理，一步一步地引诱老年人上钩，给他们造成的伤害要大得多。犯罪分子最初往往通过打亲情牌获得老年人的信任，使老年人亲友的干预遭遇重重困难。

（4）如何避免网络沉迷？有的老年人把网络作为缓解其孤独感的救命稻草，整天泡在网络上无法自拔，既严重影响了线下的社交活动，也给身体带来了危害；有的老年人则在直播间里追星，打赏的金额远远超出了其经济能力；有的老年人甚至陷入了网上赌博，欠下大笔债务。

老年人使用网络和数字产品面临着与少年、儿童类似的问题：他们抵御网络中潜在风险和各种陷阱的能力较低。但与少年、儿童一般由父母来管控风险不同，一方面老年人有较强的自主性，难以接受来自他人对其上网行为的管控，另一方面越来越多的空巢和独居老年人也使依赖家人来管控的方法变得不现实。

4. 从以经济效益为主转向以社会效益为主

与网络化早期的一个明显的不同是，虽然网络的进一步普及仍然能够带来一定的经济效益，但与所需要的投入相比，经济效益相当有限，因此经济效益已经不再是网络继续深化的主要推动力了。单从各参与者（开发商、供应商）自身的经济效益来看，也许网络的进一步普及并不能带来相应的回报。但随着网络普及的深入，网络在各个方面的社会效益将越来越显著，并成为推动网络继续深化的主要动力。

在这个过程中，我们需要对市场有一个清醒的认识。网络化的继续扩张和数字化的继续深入越来越需要适老化的支持，而适老化的公共服务属性使其所带来的边际经济效益逐渐递减，因此老龄社会数字化最终的推动力将是社会效益。

1.3.2 老龄化需要数字化

数字化能够助力化解一系列老龄化带来的长期危机。

经历着老龄化加剧的各国都面临老年人口庞大、人口失衡，特别是养老服务人员短缺的挑战。而采用各种科学技术来弥补人工的短缺是应对这些挑战的主要途径，甚至可以说是唯一的途径。使用各种数字化赋能的服务将成为有效满足老年人日常生活各种需求的主流手段。但是，为老服务的数字化赋能很多时候需要老年人以各种方式参与，特别是在服务需求管理、服务监督与反馈等方面，老年人的参与对服务的普及和效率提升有很大的影响。老年人是否能够独立、顺畅地使用技术手段参与这些服务流程是关键。

另外，随着社会的转型和家庭的小型化，老年人独居的比例越来越高，再加上寿命的延长，将导致有大批高龄老年人处于空巢和独居状态。这些老年人的对外连接、社会参与，乃至娱乐等都越来越依赖使用数字产品。寿命的延长在相当长一段时间内会导致老年人非健康或亚健康寿命阶段的延长，使其对医疗健康服务的需求大大增加，这将显著地加重各国医疗健康体系的负担。而医疗健康的数字化是应对这一挑战的不二选择。

不难想象，一个在 2021 年退休的 60 岁低龄老年人，在 10 年、20 年，乃至 30 年后的生活场景中会有深深的数字化烙印。从一天的日程安排到餐饮的营养调整，从学习活动、社交活动、娱乐活动到健康检查、用药管理、社会参与和发挥余热等，都已经离不开数字化了。而越来越多的数字产品将很自然地渗透到老年人的生活中。

随着数字化的深入和老龄化的加剧，智慧养老在中国将是应对老龄化一个极其重要的手段。无论是在养老机构，还是在社区或家里，智慧养老将渗透到老年人生活的各个阶段和方方面面。一些常见的智慧养老应用场景如下。

（1）安全智能监控：采用多种传感器监测老年人的活动状态。

（2）智慧生活助手：协助老年人进行日常生活安排，提醒重要的预约和事件。

（3）智慧社交助手：协助老年人建立和保持社会连接。

（4）远程医疗和健康管理：通过体征监测和远程问诊等方式，将医疗服务远程送达老年人的身边。

（5）服务机器人：人工智能赋能的服务机器人将承担越来越多的、重复性的、全天候的、需要体力的服务职能。

其中，除了安全智能监控，其他智慧养老应用场景都需要老年人不同程度地参与操作或使用，因此都涉及智慧养老应用场景适老化的问题。

更长远地看，数字化能够给逐步进入老龄社会的人类带来前所未有的机遇。在工业革命前几千年的文明史中，人类的寿命一直很短，只有少数人的寿命能延续到所谓的“晚年”。而晚年的理想生活则是“颐养天年”“含饴弄孙”，并且依赖于家庭的支持。工业革命后，虽然人类的寿命有了大幅度延长，很多人有了真正的晚年生活，但人类度过晚年的方式一直没有大的改变，直到 20 世纪初，一些工业化国家开始实行早期的退休制度。其中，德国率先于 1889 年引入现代养老金制度，为年满 65 岁的工人提供养老金。随后，越来越多的工业化国家陆续推出了类似的退休制度，尽管开始时覆盖范围有限。但随着城市化进程的加快、退休制度的普及和各种社会化服务的完善，退休后的老年人逐渐不再必须依赖于家庭的支持。而寿命的不断延长，使老年人退休后的生活阶段从几年增加到了近二十年，这导致越来越多的老年人不再满足于舒适生活，而是追求和创造更多样化、更有价值的晚年人生。近十年来的数字化普及，更是使丰富多彩的晚年生活触手可及。

现在，即使行动不便的老年人，在家里也可以上网环游世界，每天和千里之外的亲人聊天。从网购、外卖，到线上付费，数字化为晚年生活带来了极大的便利。类似元宇宙等革命性的智能化应用有史以来第一次根本地改变了老年人对周边环境的感受，使调整生命时钟成为可能。可以想象，未来十几年到二十年，我们将目睹人类晚年阶段发生颠覆性的变化。从医疗健康、娱乐、社交、社会参与，到发挥余热，数字化将重新塑造我们在晚年的生活内容和生活方式。

1.3.3　适老化的角色

在数字社会中，适老化扮演着极为重要的角色。作为老年人与数字社会之间的桥梁，适老化有效地将老年人和数字技术融合在一起，帮助老年人和整个社会在七个重要的方面享受数字社会的红利。

（1）协助老年人通过有形和无形的数字终端享受便捷、高效的数字化服务。

（2）促进老年人积极、广泛并有效地参与社会事务。

（3）提升老年人的数字素养，尤其是识别和应对各种风险及欺诈的能力，使其可以安全、有效地使用数字化服务。

（4）为老年人提供更多发挥余热的机会，充分利用这一庞大的人力资源。

（5）开阔老年人的视野，增强老年人的学习能力，协助他们实现在数字社会中“活到老，学到老”。

（6）促进一些与老年人相关的产业的发展，如医疗健康、金融、旅游等。

（7）在老年人逐渐失去独立使用数字产品的能力时，通过多种适老化支持，使其仍然能够直接或间接地与数字社会保持有效连接。

实现上述数字社会的红利需要一套具备几个功能的、可持续发展的适老化支持体系：第一，老年人身边的数字产品确实精准地针对老年人的真实需求，使老年人愿意参与使用；第二，这些产品的设计充分考虑了老年人的使用能力，把对使用能力的要求降到了最低，能够匹配绝大多数老年人的实际能力；第三，老年人通过接受培训，基本具备了独立、安全使用这些产品所要求的动力、能力、知识，并且最大限度地保持这些能力；第四，在老年人需要帮助时，能够及时地获得有效的支持，尤其是随着年龄的增长，以及能力的不断衰退直至消失，仍然能够获得针对其需求的适老化支持。这一适老化支持体系的建设是本书所要讨论的主要内容。

1.4 数字社会的适老化问题

一个数字化的老龄社会必然面临着如何使数字化适应社会的老龄化、适应庞大的老年群体的问题。对于数字社会的适老化，并没有一个权威的、得到普遍公认的定义。它至少可以有两层含义。传统的，也是比较狭义的“适老化”通常指“适应老年人”。它把老年人作为适老化中主要的甚至是唯一的适应对象。其关注的重点是老年人身边的环境和事物是否能持续地支持处于衰老过程中的老年人的生活。我们耳熟能详的居家环境适老化、数字产品适老化、公共设施适老化等都属于这类适老化。更广义的“适老化”是指“适应社会老龄化”，或者“适应老龄社会的可持续发展”。其关注的范围要广泛得多，包括社会的多个方面，尤其是老年人以外的其他社会群体。其关注的重点是，在老龄化的过程中，社会的各个方面是否能和谐共处并持续平稳地发展，而不只是单纯地适应老年人的特点。因此，它涉及各种社会资源的合理配置，是不同社会群体之间在特定的社会体制下的博弈。不可避免的焦点问题包括在老龄社会中，如何平衡不同群体之间的医疗资源分配，如何改革养老金体系以平衡领取者和贡献者之间的利益，如何合理地共享公共交通资源等。

这次新冠疫情的暴发把数字化和老龄化交织带来的一些深层次问题摆在了各国面前。在涉及所有人的疫情防控和老年人日常的健康监测之间如何合理地分配有限的医疗资源，疫情防控中的数字化手段对老年人生活的影响如何，这些都是前所未有的社会问题。

下面从广义的角度讨论一下数字社会的适老化问题。

1.4.1　前所未有的挑战

适应社会老龄化的本质是老龄社会的科学建设和有效治理。老龄社会的治理不仅涉及老年人，更是关系到所有人。效率低下的社会治理所导致的社会不公或社会资源的浪费，影响的是所有人。老龄社会中法制建设的适老化也会触及非老年人的利益。《中华人民共和国老年人权益保障法》《中华人民共和国民法典》等法律法规中涉及老年人的条款也会影响其他年龄段的群体，几乎所有的涉老公共政策都会直接或间接地影响其他人。因此，整个社会对老龄化的适应需要正视深度老龄化对所有人的影响。

我们以美国为例来说明那些老龄化的发达国家所面临的代际冲突。根据美国社保基金董事会于 2023 年 3 月 31 日发布的《社保基金财务状况年度报告》，美国的社保体系如果不进行大幅度的改革调整，则将在 2033 年前后出现入不敷出的现象，即每年从缴纳社保金的群体身上收取的资金额度将少于向领取社保金的群体支付的资金额度。解决这一问题的方法无非是开源和节流。所谓开源，就是增加收取的社保金中养老金的部分。但不同形式的开源会影响不同群体的利益：增加所有人工资中缴纳社保金的比例，对低收入群体的影响会更大；而提高目前社保金的豁免额度（在一定额度以上的工资收入免缴社保金）则主要影响高收入群体。节流则是减少社保金的支付。被讨论的方案包括提高领取社保金的年龄和降低社保金的支付金额等，不同的方案也会影响不同年龄段的群体。中国也面临着与期望寿命相比，退休年龄过早、社保金难以持续的问题。

社保金还只是触及代际冲突的问题之一。医疗资源、长期照护险，甚至一些公共空间的使用都可能触及不同人的利益。这一方面需要尽早地未雨绸缪，做好准备，另一方面需要设计一个良性的机制来协调。2021 年年初，老年人免费乘坐公交车成为社会舆论关注的焦点，我国有多个城市出现了老年人和上班族在抢占公共交通资源上的冲突。因为各地普遍给老年人提供免费乘坐公交车的福利，而老年人又有大把的时间，导致大量老年人在早高峰期间穿梭于市区和郊区，甚至坐一两个小时的车去买价格略低的菜。这种行为不仅占用了可观的公共交通资源，有时还将疲惫不堪的年轻乘客放到了一个是让座还是被指责的位置上，使乘坐公交车的上班族大为不满。上海市政府经过调研和尝试，将老年人免费乘坐公交车的政策调整为正常购票乘车但每月享受一定的补贴，通过经济杠杆调整了老年人的乘车时间，缓解了早高峰期间抢占公共交通资源的冲突。

类似的化解老龄社会中出现的各种冲突的举措，能使社会更和谐、更持续地良性发展，正是适应社会老龄化的具体体现。

1.4.2 适老化中老年人的角色

在适老化中，常常容易被忽略的是老年人在其中扮演的某些角色。比较容易理解的是帮扶性的适老化，即对老年人渐渐丧失的能力提供补偿和支持。在这里，老年人只是被帮扶的对象。但在未来数字社会中，有一个关键的问题，即如何超越传统的帮扶观念，激发老年人利用数字化手段积极参与社会事务的动力。

如果我们认真审视一下多年来各地开展过的面向老年人的计算机和智能手机使用培训中究竟有多少老年人真正参与了，就不得不承认，这基本上是一厢情愿的努力，绝大多数老年人并没有表现出很大的兴趣。往往在一条有着数以万计老年人的街道中，报名参加培训的只有几十人。这种培训即使能百分之百成功，所覆盖的老年人也远不到目标群体的百分之一。激发大多数老年人跨越年龄数字鸿沟的动力，可以说是最大的挑战。

老年人参与的动力受多种因素的影响，其中最主要的是老年人对学习与使用智能化应用的价值判断和态度。老年人的动力不仅需要激发和引导，还与环境提供的适老化支持密切相关。当一个老年人身边有可靠的学习和使用支持资源时，其学习的动力将大大提高。因此，我们的适老化战略需要包括构建可靠的、友好的、适合老年人特点的支持环境。没有老年人的积极参与，消除年龄数字鸿沟势必成为一句空话。

老年人的参与分为两个阶段：自己融入和协助他人。先是老年人自身积极主动地做出融入数字社会的努力，去学习、尝试，跨越年龄数字鸿沟；在自己融入了数字社会之后，为自己身边的其他老年人提供鼓励、支持，协助他们跨越年龄数字鸿沟。在中国如此大规模的老年非网民转化上，老年人之间的互助将起着举足轻重的作用。

如何激发老年人的学习和使用动力是本书讨论的重点，也是本书的贡献之一。

1.4.3 适老化的五个层面

一个社会的老龄化牵涉到社会的几乎所有方面，与数字化的冲突也体现在社会的方方面面，其所需要的适老化也分布在多个维度和多个层次上。在这里，我们大体上把数字社会的适老化分为五个层面，各个层面对社会发展及数字化的影响程度不尽相同。

1. 政策法规层面

政策法规适应当前的老龄化趋势和老龄化程度是最重要的适老化。比如，人口政策的调整需要考虑到未来老龄化的趋势。此外，很多关系到老年人的公共政策，如退休政策、对老年人的各种补贴等，需要使用财政资金，而在财政资金有限的情况下，其实会影响到社会中的每一个人。关系到老年人的任何公共政策都是社会资源的某种再分配，都要考虑其在长期的老龄社会中的可持续性，如退休年龄、养老金水平、长期照护险及各种养老补贴。社会体制对这种资源分配有着极大的影响，在一人一票的社会中，向老年人的政策倾斜不可避免，各国的养老金改革所面临的挑战充分说明了这一点。

中国的体制特色更是突出了政策法规层面适老化的重要性。比如，从过去几年倡导的“9073”格局，到工业和信息化部、民政部、国家卫生健康委员会先后发布的《智慧健康养老产业发展行动计划（2017—2020 年）》和《智慧健康养老产业发展行动计划（2021—2025 年）》，以及近些年在试水的医养结合，国务院办公厅发布的《关于切实解决老年人运用智能技术困难的实施方案》都是国家政策上适老化的具体体现。

除了《中华人民共和国老年人权益保障法》，以《中华人民共和国民法典》为代表的相关法律法规也在保障老年人的生活，以适应老龄社会带来的种种问题和矛盾。

2. 社会治理层面

绝大多数老年人生活在社区和乡村。根据第七次全国人口普查数据，有些城市老年人的比例已经超过 30%，如南通等。而有些地区的街道（乡镇）因为年轻人的流失，老年人的比例甚至达到 60%。

随着老年人口的增多和比例的提高，这些社区和乡村逐渐成为老年人在退休后与社会的主要连接，其承载的社会治理任务也面临着前所未有的挑战，需要与时俱进，做出相应的调整。面向老年居民的社区服务不再仅帮助解决一些生活问题和逢年过节的慰问，还包括满足老年人的多种精神需求，保障老年人的合法权益，协助老年人进行社会参与（减少孤独感），帮助老年人更新知识和提升数字素养（防范诈骗），帮助老年人学习使用数字产品，解决老年人使用数字产品时遇到的问题（消除年龄数字鸿沟），乃至帮助老年人发挥余热（利用老年人力资源），等等。其中新任务之一，是协助老年人融入数字社会。

3. 基础设施层面

这里所说的基础设施，包括硬环境和软环境两个方面。

老年人生活环境的适老化已经逐渐被广为接受。公共建筑、交通设施、公园、社区活动中心等老年人常去的地方近年来都已经进行了不同程度的适老化改造。各地政府也在陆续出台政策，支持对老年人的家居环境进行适老化改造。相比这些看得见、摸得着的硬环境建设，软环境的适老化改造更难，目前的缺口也更大。首当其冲的是面向老年群体的社会保障体系。受中国经济发展水平和未富先老这一现实的制约，目前的老年社会保障体系，尤其是针对农村老年人，仍亟待完善。此外，对于老年人晚年生活幸福至关重要的社会参与支持、医疗健康、老年教育等体系的发展也极不均衡。

由于中国城镇职工的退休年龄相对较低，因此大量老年人力资源有待发掘和利用。而目前除了少数人被返聘和参与社区志愿者活动，更多退休人员的时间和精力尚未得到有效的利用。目前尚缺乏一个能够有效整合并利用这些资源的平台。

4. 观念意识层面

老龄社会需要其成员具有与其相适应的观念意识。将敬老爱老的文化传统发扬光大只是其中的一个方面。无论是老年群体还是其他群体，都需要努力理解人口老龄化对整个社会意味着什么，知道建立一个和谐的老龄社会是我们每个人的权利和义务。

随着老龄化的加剧，不同群体对有限社会资源的诉求势必导致越来越多的社会冲突。多个城市爆发的由公共交通资源竞争导致的冲突就是一个例证。我们迫切地需要摸索并建立一种社会各方能够接受的、适应老龄社会的共处之道，也就是形成一套更能适应老龄社会的观念意识和社会规则。

在老年群体里，要倡导独立自主和依法维权的意识，也要帮助老年人建立与时俱进、自我成长的意识，特别是要引导老年人努力提升自己的科学素养和数字素养，积极地参与社会事务，发挥自己的余热。此外，引导老年人建立坦然面对衰老、病痛和死亡的科学养老观，更是建立适应老龄社会的观念意识的主要任务之一。而通过全国范围的人口老龄化国情教育来推动建立这些观念意识是十分必要的。

5. 产品与服务层面

在新冠疫情防控期间暴露出来的种种老年人在数字化前束手无策的窘态，将适老化的问题放在了聚光灯下，使我们第一次意识到大批数字产品面临的适老化短板，因此我们迫切地需要进行适老化改造。但是，由于市场激励不足，提升产品的适老化程度将是一个漫长的过程，因此也需要产品之外的适老化支持。

与本书密切相关的数字产品和服务尤其需要改造。产品和服务的适老化既包括符合老年人的需求，也包括适应老年人的能力。

1.4.4 “万里长征”的第一步

自《关于切实解决老年人运用智能技术困难的实施方案》发布以来，中国的适老化进程就真正开始了。工业和信息化部先后发布了《互联网应用适老化及无障碍改造专项行动方案》《移动互联网应用（App）适老化通用设计规范》等，指导数字产品的适老化改造。国家卫生健康委员会也于 2021 年开始了适老化效果评估的研究工作。2022 年年初，多个地方政府部署了在新一年里的适老化工作。可以说，适老化终于获得了社会的认可。

目前，我们处于数字化和老龄化交织的早期，社会各个方面的适老化仍然在深化认识的阶段。随着实施经验的积累和社会认识的发展与深入，适老化将不再是一个新观念，而是成为社会建设发展的一个必要支柱。

我们在第 2 章中将讨论适老化问题的长期性。在未来的几十年，适老化问题将一直伴随着我们，适老化的“长征”刚刚开始。

在后面的内容中，我们将适老化的讨论局限于“数字化进程中的适老化”。

第 2 章　认识适老化问题的现象与本质

在中国，社会数字化和老龄化已经共存了 20 多年。由于二者都处于早期发展阶段，因此二者之间的影响非常有限。数字化最初的使用场景更符合年轻人的生活和工作方式，很多年轻人才刚开始追逐这一数字化大潮，适老化自然难以受到重视。这期间虽然有学术界的有识之士，特别是从事智慧养老的学者，不断呼吁改善适老化，但整体而言，在这 20 多年中我们付出的适老化努力极其有限，并且没有真正落实到老年人的身边。数字化完全是凭借自身的吸引力在老年群体中缓慢渗透的，但同时也受到了老年人多种生理和心理特点导致的障碍的阻挠，最终形成了我们今天所看到的年龄数字鸿沟。

在新冠疫情防控期间运用的各种数字化手段，将中国社会数字化建设中适老化不足的现状暴露无遗，吸引了媒体的广泛报道和大批研究人员的关注。但是，对这一问题形成的原因、解决方案的要素与路径、该问题未来的演变和发展等方面所进行的深入、系统的分析仍然不多，而在深入分析的基础上提出长效应对战略的则更少。

在本章中，我们通过对现状进行分析，揭示了适老化缺失的本质，为未来适老化支持体系建设提供了基本的思路。

2.1　适老化问题的现象

2.1.1　几个例子

下面先通过一些数字化在老年群体中渗透和应用的例子来展示适老化的影响。

1. 活跃在互联网上的老年用户

一批通用性的智能化应用在非老年群体中流行以后，通过子女引导等方式慢慢地吸引了一些中老年用户，并且逐渐向更高的年龄段渗透。其中，微信、全民 K 歌、抖音等具有较强社交功能的非金融应用已经在低龄老年用户中十分流行。使用这些应用的老年用户克服了老年人常有的新技术恐惧与焦虑情绪，在这些应用缺乏适老化设计的情况下，老年人凭借自己的努力和身边年轻人的协助，学会了驾驭这些应用。尽管他们中的多数人并没有像年轻人那样使用那么多的功能，但也逐渐掌握了其主要部分的使用，并且使用这些应用已经成为他们日常生活的一部分。

微信可以说是老年人使用最广泛的一款智能手机应用了。对很多人来说，微信可以说是每天和外部世界连接的主要信息通道，其丰富的功能能够满足人们日常的线上社交需求。图 2-1 展示了几个老年人常用的微信功能：日常联系、获取新闻、订阅特定的信息，一对一交流，朋友圈分享，实时语音/视频通话。微信已经是无可争辩的老年群体社交软件的首选，并且越来越多的老年人开始使用微信支付、微信红包等与钱有关的功能了。

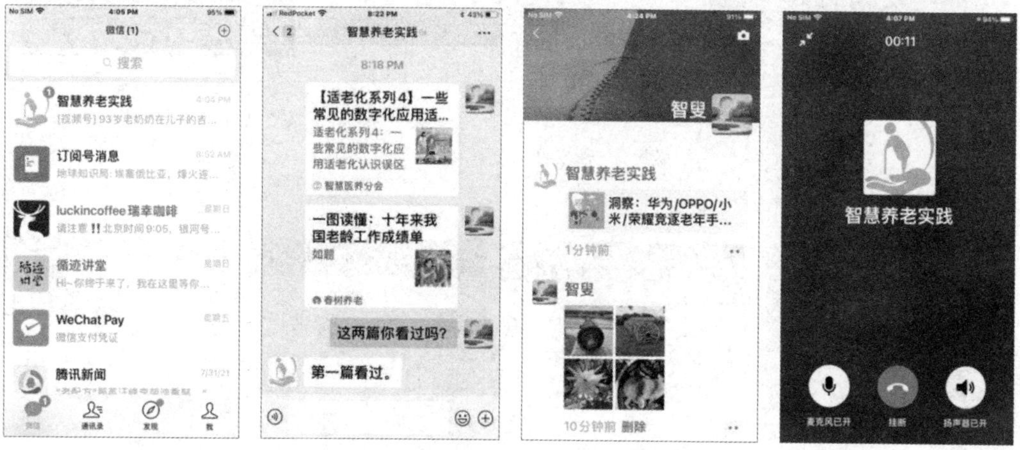

（a）日常联系、获取新闻、订阅特定的信息　（b）一对一交流　（c）朋友圈分享　（d）实时语音/视频通话

图 2-1　微信社交

以全民 K 歌为代表的社交娱乐应用在老年人中也很流行，如图 2-2 所示。

随着新一拨对于把控上网风险更有信心的老年人使用涉及线上支付的应用，如移动支付、网购、出行等，更多样化的应用在老年人中开始普及。这些老年人逐渐养成了通过互联网消费的新习惯。网络不仅是娱乐、消遣和社交的媒介，而且已经进一步渗透进他们日常生活的核心部分。

在克服了对线上交易和支付的恐惧后，大批老年人开始试水金融和健康方面的深层次应用。互联网金融的便捷性和高回报足以使一部分老年人打消对网上金融服务的安全顾虑，开始使用起来了。健康应用自然受大批老年人的关注，好大夫在线就是一个吸引了大批老年用户的在线医疗平台，如图 2-3 所示。

（a）首页推荐　　（b）关注　　（c）直播间

图 2-2　全民 K 歌

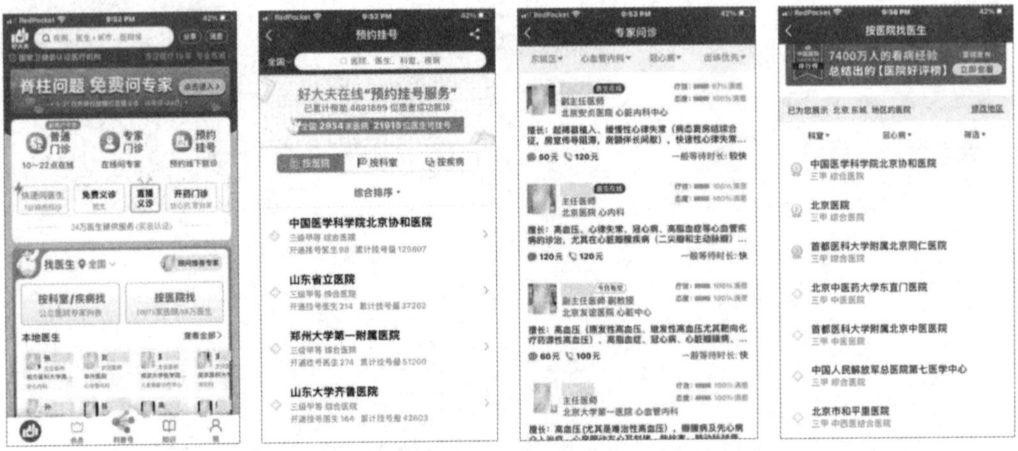

（a）应用首页　　（b）预约挂号　　（c）专家问诊　　（d）按医院找医生

图 2-3　好大夫在线

但是，如果我们更仔细地观察一下，会发现那些老年网民主要聚集在 65 岁以下的年龄段。国家统计局数据显示，截至 2022 年年末，中国 60 岁及以上人口达到 2.8 亿人，占全国总人口的比例为 19.8%，65 岁及以上人口达到 2.1 亿人，占全国总人口的比例为 14.9%。而这些并非以老年人为目标用户的应用虽然很少有刻意的适老化设计，但其巨大的使用价值足以使相当一部分老年人做出足够多的努力来学会使用，这部分老年人大多是知识水平较高的中低龄老年人（75 岁以下）。

2. 五花八门的老年科技产品

随着中国老龄化程度的加剧，老年人的各种需求也越来越得到关注，面向老年人的产品和服务逐渐变得五花八门、层出不穷。图 2-4 和图 2-5 是于 2023 年 6 月 30 日在京东上搜索“老年科技产品”和“老年智能产品”并按销量排序所得到的结果首页。

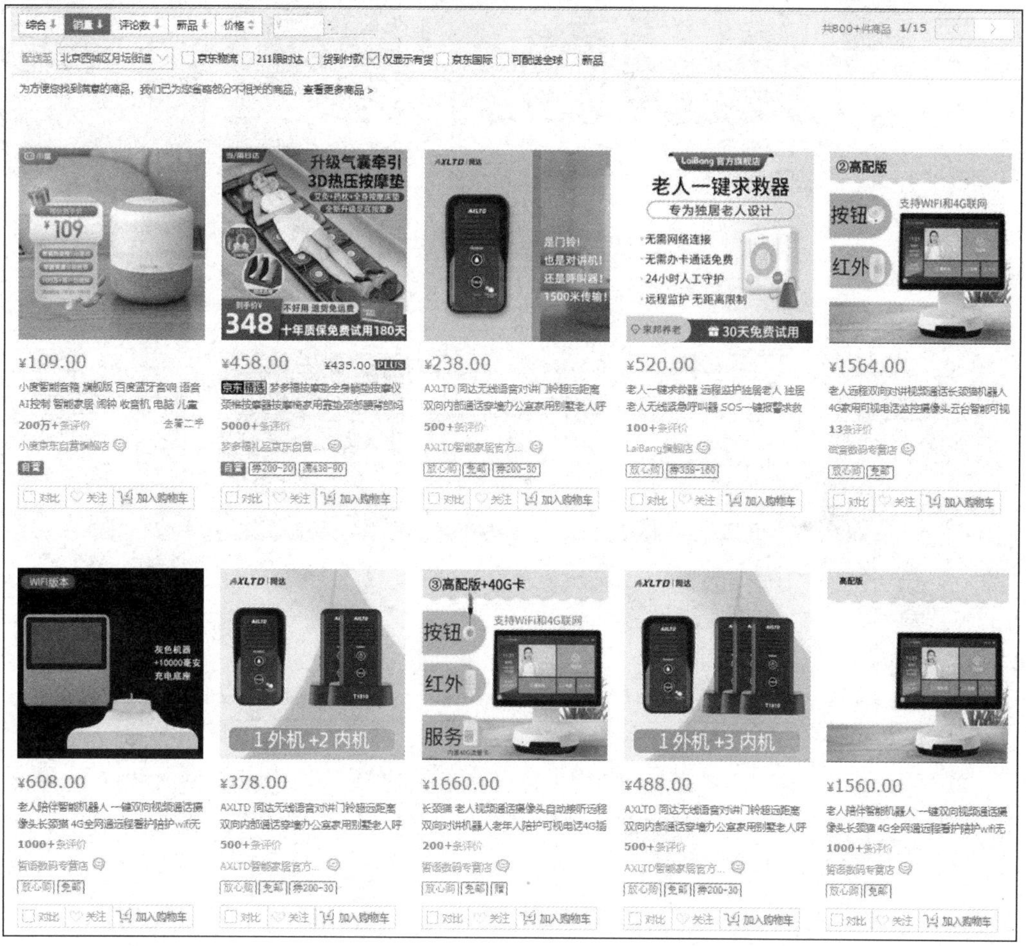

图 2-4 京东上的老年科技产品

我们注意到，前几年被热炒的老人手机、智能腕表、手环等产品已经不再那么热了，而智能音箱和求救报警器位于销量的前列，其他销量较高的还有智能门铃、双向对讲视频通话设备、热压按摩垫等。新奇的老年科技产品层出不穷。然而，这一表象所掩盖的，却是喧嚣后的沉寂：子女购买新奇的老年科技产品送给父母，老年人高兴地接受，感受着子女的孝心，然后默默地收藏起来。几乎每个老年人的家里都会有一批多年来子女送的老年科技产品在橱柜中积攒着灰尘，而老年人日常真正使用的物品大多还是很久之前买的。

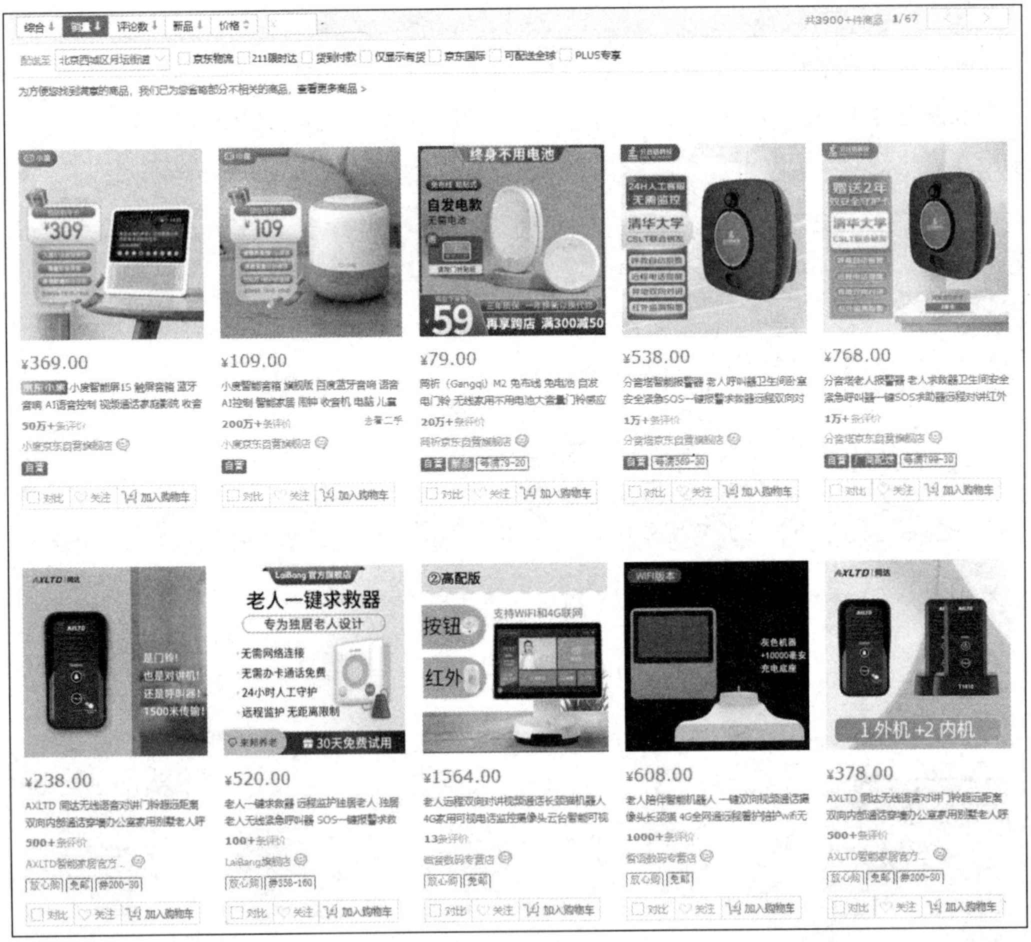

图 2-5　京东上的老年智能产品

3. 不尽如人意的智慧养老项目

2017 年至 2021 年，工业和信息化部、民政部和国家卫生健康委员会三部委连续五年每年评选一批智慧健康养老示范项目，共评出了 204 个示范企业、342 个示范街道（乡镇）、86 个示范基地和 2 个示范园区。

这些项目中大都集成了一些需要老年人参与使用的智能终端设备，既有智能腕表、智能手环、平板电脑，也有安装于智能手机上的 App，还有健康检测终端和居家安全监控设备等。这些项目面临着一个共同的问题：项目开始两三个月后，持续活跃的用户开始减少，半年后往往只剩下四分之一或更少的用户。如果项目中的服务需要老年人主动通过终端参与，那么用户会流失得更快。即使那些无须老年人参与的被动式检测设备，也存在用户大量流失的问题，只是流失得略慢一些。

这一现象背后有多种原因，其中最主要的是老年人感受到的有用性和易用性不足。换句话说，就是产品和服务本身价值的吸引力不够，而且使用起来负担过重，导致老年人持续使用的动力不足，以致最终放弃。

三部委还分别于 2018 年、2020 年和 2022 年颁布了三版《智慧健康养老产品及服务推广目录》，共入选了 228 种产品和 204 项服务。但是从 2020 年版和 2022 年版的《智慧健康养老产品及服务推广目录》中的基本要求来看，无论是产品还是服务，适老化都尚未成为基本要求之一。

4．被边缘化的老年人

根据第 51 次《中国互联网络发展状况统计报告》，截至 2022 年 12 月，中国仍有 1.29 亿个老年非网民。这些老年非网民可以分为两大类：第一类是那些身边有照护者的，如与子女同住的、住在养老院中的；第二类则是空巢或独居老年人，以及一些虽然看起来和子女同住，但在面临数字化障碍时，并不能从子女那里获得有效协助的老年人。

第一类老年人与日益数字化的社会主要通过身边的照护者形成“弱连接”，即必要时由身边的照护者协助其融入数字社会，如医院挂号、网购、线上缴费等都由身边的照护者代其完成。这种依赖他人的方式会带来自主性感受的丧失，对很多老年人来说并不理想。而第二类老年人则基本与数字社会隔绝，他们的生活仍然延续着几十年来不变的传统模式，并且越来越多地和日益数字化的社会发生冲突。从乘车出行到医院挂号、从预订门票到移动支付，数字化使他们感受到自己正在逐渐被社会抛弃。

造成第二类老年人陷入困境的因素有很多。表面上看是他们缺乏使用能力和知识，实际原因更复杂。部分是经济上的原因，智能终端和网络服务对有些人来说是一笔不小的花费。有些人则是出于多年的思维惯性，并不认为数字化与自己有多大关系，直到数字化影响了自己的日常生活。还有些人则是对新技术及其带来的潜在风险有着固有的恐惧感，导致他们望而却步。而最大的一部分则是因为缺乏新知识，记忆力也不行了，再加上身边缺乏支持体系，感觉心有余而力不足。总之，被年龄数字鸿沟隔绝的老年人各有其不同的原因，图 2-6 展示的是最典型的，也是占比最大的三种：缺乏信心不想用、缺乏能力不会用、畏惧风险不敢用。

因此，转化这些老年非网民将面临一系列挑战，如老年人的思维惯性、缺乏相关知识、能力持续衰退、缺乏有效的支持体系等，并且基本没有可借鉴的经验。

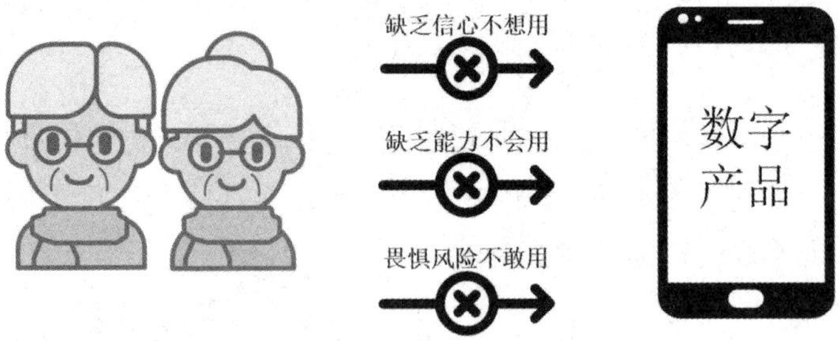

图 2-6　老年人被边缘化的三大原因

2.1.2　数字产品的适老化不足

近几年来，媒体广泛地报道了老年人因无法使用智能手机而给生活带来的种种不便。与当年电话和电视在老年人中快速普及的情况不同，以智能手机为代表的数字产品被老年人接受要慢得多。其根本原因是产品的适老化问题，即与老年用户的能力特点不匹配。一款数字产品的适老化程度取决于其最初的设计和后续的适老化改造。

1. 适老化设计

一种在国内外普遍存在的现象是，目前数字产品的适老化往往先天具有设计上的不足。其背后的关键原因是适老化的成本较高。在目前适老化仍处于萌芽状态时，适老化的成本是相当可观的，并且这个成本的投入没有明显的市场回报。因此，虽然政府在大力呼吁提升数字产品的适老化程度，但是期望在短时间内适老化设计有显著改善是不现实的。我们将在 2.5 节中就这一问题进行进一步的讨论。

2. 适老化改造

自《关于切实解决老年人运用智能技术困难的实施方案》发布后，一种可喜的现象是，陆续有产品开发商发布了其产品的“长者版”或“老年版”，即对其原有适老化严重不足的产品进行了适老化改造。但是，我们不得不承认的一种实际现象是，目前绝大多数的适老化改造属于低成本的修补，大多集中在以支持大文字为代表的补偿老年人感知能力的方面，对于从根本上解决适老化问题的效果有限。

中国电信于 2021 年 7 月发布了对智能终端的测评结果，后来又发布了《中国电信手机终端适老化指引白皮书（2022 版）》，但其关注的点仍然以老年人的感知能力为主。与适老化设计一样，目前的适老化改造依然是在产品开发商缺乏市场激励的情况下进行的，是出于一定的企业社会责任感或为响应政府的相关号召而进行的，其可持续性缺乏保障。

2.1.3　老年人的使用环境

老年人，尤其是中高龄老年人，在使用数字产品时比其他人需要更多的环境支持。这种支持主要包括三种。一是接触、补充新知识的途径。在面对新的数字产品时，无论是所需要的数字素养、使用技能，还是相关应用的背景知识，都需要通过一种有效的方式获得。二是及时的使用支持。老年人在实际使用数字产品时还会遭遇各种各样的问题，需要有人能够提供及时的使用支持，只有这样他们才能成功地使用，体会到产品的价值。三是鼓励、引导。由于很多老年人在面对新技术时抱有恐惧感，缺乏自信心，因此尝试学习的动力往往不足，这时需要周边有人能够鼓励、引导他们。

有一个支持环境能影响老年人尝试学习和使用数字产品的积极性，而目前上述这些支持环境基本还都不存在。

2.2　适老化的缺失

不必讳言，受所谓“互联网思维”的影响，老年人从来都没有成为主流数字产品的主要目标用户群体。为了快速进入并占领市场（这个市场往往不包括老年人），产品开发商的早期目标用户是那些勇于并乐于使用新产品的人。这部分人的特性导致他们会克服种种困难去使用一款新的数字产品，并且享受在这个过程中面临挑战的乐趣。因此，产品开发商在产品进入市场的早期不必在可用性设计上下功夫，这导致的产品适老化不足丝毫不出乎意料。而同时，老年人的使用环境也没有提供相应的适老化支持来弥补产品的适老化不足。

那么，需要在哪些方面、怎样弥补当前产品上和产品外的适老化缺失呢？还是先从几个耳熟能详的例子来看看我们身边需要的适老化支持。

2.2.1　四个老年人典型代表

下面通过四个具有代表性的人物来展现及说明老年群体内部能力的多样性和各自需求的不同，以及他们所需要的适老化支持。

1．如鱼得水的老张

老张今年 65 岁，已经从工程师岗位上退休 5 年了。因为工作的关系，早在 20 世纪

80 年代，老张就是国内第一批使用计算机的人。到了 20 世纪 90 年代，他又是最早使用互联网的人，所以对这类新技术接受得很快，毫无心理上的畏惧和能力上的不适。在退休前的几年又赶上了移动互联网的普及，老张很快就使用上了几乎所有的最新应用。从最初的微信、百度地图、滴滴出行、美团、淘宝，到后来的今日头条、抖音和拼多多，老张无法想象没有移动互联网的生活。

慢慢地，老张已经养成了习惯，定期会到应用商店去看看最近又有哪些热门应用，并下载下来试用。说老张在数字社会中如鱼得水一点儿也不夸张。

2. 缺乏动力的老魏

老魏今年 61 岁，刚刚退休。由于工作的性质，所以老魏不太跟这些新技术打交道。多年前，儿子把一台淘汰下来的计算机送给了自己，至今还在柜子顶上的纸箱里。后来，单位为了通知方便，鼓励大家用微信。但老魏的积极性一直不高，觉得自己这个年纪学起来肯定很吃力。单位并没有对这些老员工进行培训，只是说如果有问题可以询问年轻同事。老魏觉得学的话肯定要经常麻烦人家，就一直拖到了退休。

最近老魏发现，常去的一家菜市场里有些摊位不再接收现金了，只能扫码付款（当然，这是不合法的）。虽说在很多地方如果能操作智能手机肯定会享受到更多的便捷，避免排队，有时甚至可能还有些优惠，但这些都没能打动老魏。虽然周边越来越多的小伙伴学着用智能手机了，有时大家会聊聊在智能手机上看到的新鲜事，这时老魏会微微地感到有些失落，但他一想到学习智能手机的困难，身边又没人帮助，就又知难而退了。

3. 力不从心的老胡

75 岁的老胡已经退休十几年了。由于一直担心自己离开工作岗位后会跟不上新技术潮流，所以对于各种学习计算机和智能手机的培训班老胡都积极地参加。虽然在退休前工作时偶尔也会用到计算机，但老胡有自知之明，知道自己也就是入门的水平。在智能手机和微信流行起来以后，老胡不甘落后，一场不落地参加了所有给老年人办的培训班。经过努力，他已经能够熟练地使用微信与远在国外的女儿和外孙每天交流了。自己还加入了十几个各种各样的群，每天在群里看到各种各样的新鲜事。自己在同龄人里还算少数，老胡有时候不禁为自己感到骄傲。

但是，老胡还是担心新技术的发展有一天会把自己落下，尤其是近年来发现自己消化大量网络信息越来越力不从心了。不断出现的大量新名词，常常使自己不知所措。到百度上去查，解释用语里往往又有自己不熟悉的术语。这样一环套着一环，最终自己还是一知半解。有几次，老胡兴冲冲地转发一些宣传养生之道的帖子，后来发现是忽悠人的广告，而自己在群里分享的一些内幕消息竟然被证实是谣言。为什么那些自己觉得很有价值的信息总有问题呢？现在老胡每次参加完知识讲座后，除了带回一堆新词汇、新术语，还有再次被挫伤的学习信心。

4．望“机”兴叹的张老

张老今年 90 岁，已经退休 30 年了。30 年前张老退休时，中国的互联网还是一片空白，他既没有用过计算机，也没接触过网络。退休以后，就更觉得这些新技术和自己这样的老年人没什么关系了。十几年前智能手机在国内普及时，张老已经 70 多岁了，不单自己认为早已经过了学习的年纪，就连社区也没有通知自己参加针对老年人的智能手机培训。

这些年来，张老从身边人身上隐隐约约地感觉到了数字化的渗透，以及给自己带来的一种无形的压力。社区向居民通知事情也从打电话过渡到了群发微信。虽然遇到重要的活动还是有人会打电话通知自己，但因为没有智能手机，很多时候他只能不由自主地置身事外。数字化给张老带来的是失去越来越多的自主性，新冠疫情防控又进一步加快了这一趋势。近年来，这种不得不依靠他人才能在数字社会中生存的方式，对张老产生了潜移默化的影响。深居简出，多一事不如少一事，尽量少麻烦别人成了张老的行事准则，也给他晚年的生活投上了孤独的阴影。那么，适老化对张老来说意味着什么呢？

2.2.2　老年人面对数字产品

适老化问题在老年人身上的表现如图 2-6 所示，当面对数字产品时，老年人不想用、不会用或不敢用。下面我们对其背后的深层次原因进行分析。

1．剖析适老化问题

适老化问题产生的根源是老年人缺乏理解和使用数字产品所需要的能力。需要重点指出的是，这不仅涉及数字产品的使用能力，还包括对数字产品的理解能力，后者直接影响老年人学习使用数字产品的积极性。

老年群体对新技术的采纳模型已经被研究了很多[1][2]。下面我们沿着技术采纳模型（Technology Acceptance Model，TAM）的思路，从实际的角度，分四步对适老化问题进行分析。

- **分析过程**：分析老年人接触、尝试、学习、使用数字产品的心理过程。
- **发现问题**：观察上述过程中出现的问题，即年龄数字鸿沟的具体表现。

- **寻找原因**：分析产生这些问题的主要原因，即导致出现年龄数字鸿沟的关键所在。
- **建议措施**：有针对性地提出解决上述问题的一些适老化措施。

1）老年人接触和使用数字产品的过程

老年人接触和使用数字产品的过程与其他群体有着明显的不同。他们既没有学校和工作单位的系统性支持，也没有亲朋好友的耐心协助。一般来说，老年人接触和使用数字产品的过程分为五个阶段，如图 2-7 所示。在每个阶段都会有一部分老年人因受到挫折而放弃。

图 2-7　老年人接触和使用数字产品的五个阶段

（1）初步了解。

这一阶段老年人往往通过某种非正式的形式第一次获得新产品的信息。有时候是从老友那里听说的，有时候是子女给的建议，偶尔也会从报刊、电视上得到信息。大多数老年人在获得这种信息后，并没有表示出很大的兴趣。其中很多人会说：这类东西不是针对我们这样的老年人设计的；没觉得这类东西对我有多大用处；我都到这个年纪了，已经学不会用这类东西了。有机会对数字产品进行初步了解的老年人并不占多数，很多老年人的生活环境、经济条件和健康状况不允许，导致他们缺少甚至完全没有这样的机会。

（2）产品观摩。

这是老年人决定是否值得花时间和精力去学习使用之前的关键一步，即要看到产品有多大用、多好用。在观摩过程中，涉及一个重要的环节——产品展示。很多时候，这种产品展示是在非正式的场合完成的，并且展示产品的既不是老年人，也不是很了解老年人的人，这往往导致展示的效果不甚理想。

展示的关键点是突出产品的有用性和易用性，并且需要从老年人的角度来观察，用老年人理解的语言来解释。由于现在的产品自身设计对老年人并不是很友好，因此在展示时需要尽量弥补这些缺陷，并向老年人传递鼓励的信息。只要方法得当，一般的老年人都能学会使用，尤其是在有适老化支持的情况下。而不当的展示，如没有充分说明产品对老年人的使用价值，没有提炼并简化使用流程，过多地关注非核心功能，使用老年人不熟悉的术语，没有正面说明以化解一些老年人常有的担忧，则会很快使老年人失去兴趣。即使是有用的产品，如果产品展示让老年人觉得自己学不会使用，那也是失败的。

（3）学习使用。

如果老年人在经历了前两个阶段后，还有兴趣学习使用，那这是一个非常难得的机会。但这些老年人在学习使用的时候会碰到重重困难，很多人会中途放弃。其中有相当一部分人在稍微尝试了一下后就没有兴趣了，他们有限的学习体验进一步验证了心中的质疑：自己已经过了学习的年纪了。有些人会继续做出努力，但最终因没有学会而放弃。这时，使用培训的方法非常重要。在培训老年人时，不仅要充分考虑他们的记忆力等影响学习的认知能力特点，还要克服缺乏相关背景知识的困难。尤其重要的是，要避免因培训方式不当引发挫折感而最终导致老年人放弃。

（4）独立使用。

一部分老年人在经过使用培训后，能够进入独立使用的阶段。这里的关键词是“独立”，是指老年人自己，能够借助学习使用时记下的笔记，成功地完成整个操作流程。随着时间的流逝，这部分人中有些还是会逐渐忘记如何使用，最终流失了。这有几个方面的原因，其中最主要的是老年人的能力随着年龄的增长而持续地衰退，如果没有为其提供及时的使用支持，即使以前学会了使用产品，也还会产生新的使用障碍，如忘记了使用流程中的某些逻辑关系。而一些不频繁使用的产品，过一段时间不用后就可能忘记了，需要重新学习。老年人生活中的一些变故，如生病、离婚或子女的生活变化等，都可能导致使用的中断。而每一次重新学习，都会流失一部分老年人。

（5）持续使用。

这是适老化所追求的目标，我们将尽可能地帮助能够持续使用的老年人维持这个状态。在那些无法独立使用的老年人流失后，留下来的这部分人能够在一段时间内持续地使用该产品。也许两三年，也许五六年，更长的可能是十几年、二十年，但并不是永远。而持续使用的中断，也往往是由他们生活中的某些变故触发的。部分中断使用的人有可能通过使用培训或使用支持而恢复持续使用，但其他的人则会流失。还有一个导致持续使用中断的原因是取代这些产品的新技术出现了。比如，MP3 播放器、随身听等都被智能手机取代了。

2）老年人的流失过程

总结上述五个阶段，我们可以看到，在从一个阶段进入下一个阶段时，老年人需要跨越一系列障碍才能坚持下去，老年人的流失过程如图 2-8 所示。

充分认识这些障碍对我们从根本上解决适老化问题十分关键。这些障碍既有心理方面的，又有生理方面的，也有知识方面的。很多时候，心理障碍起着决定性的作用。

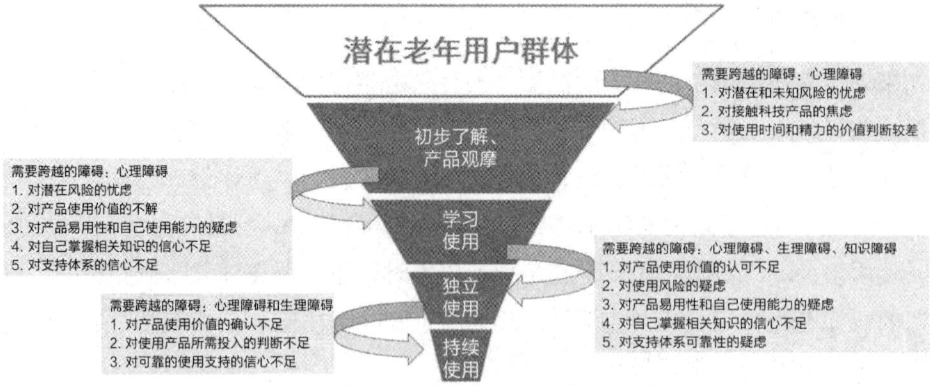

图 2-8　老年人的流失过程

3）适老化支持的现状

在上述的这些阶段中，如果有适当的适老化支持作为补偿，则有可能大幅度减少老年人的流失。图 2-9 所示为老年人在接触和使用过程中常见的问题、影响因素及适老化补偿。

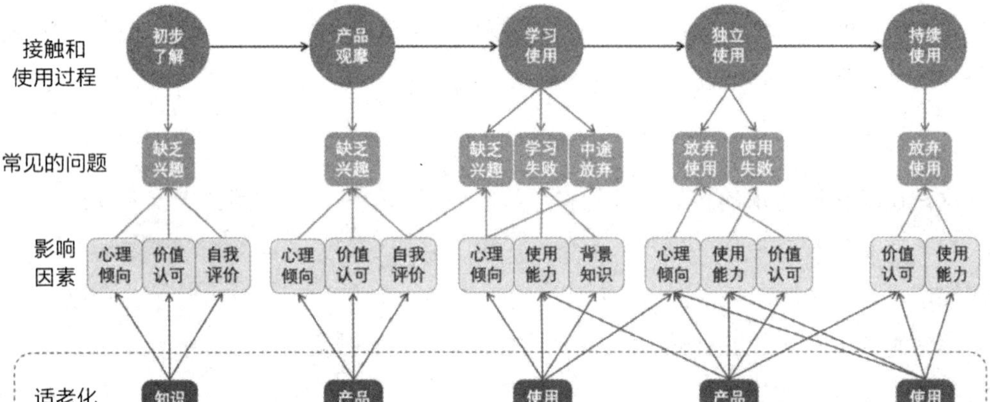

图 2-9　老年人在接触和使用过程中常见的问题、影响因素及适老化补偿

从目前市场上数字产品的适老化状况中可以得出一个结论：在其设计过程中，并没有认真地做用户体验（User Experience，UE/UX）设计，或者在做 UX 设计的用户研究时并没有包括老年用户。因此，绝大多数数字产品在适老化方面是先天不足的。在这种情况下，缩小年龄数字鸿沟只能寄希望于其他方面适老化支持的弥补，尤其是使用培训和使用支持。在现实中，目前这些适老化支持除了有少许的使用培训，其他方面基本都

是空白的。可以说，目前在中国，适老化支持体系建设才刚刚开始，还基本处于一张白纸的状态。

2．影响老年人使用数字产品的主要因素

综上所述，三类因素对老年人使用数字产品有较大影响：老年人自身的能力特点（老年特点），数字产品的适老化状况（数字产品），老年人所处的使用环境（使用环境），如图 2-10 所示。

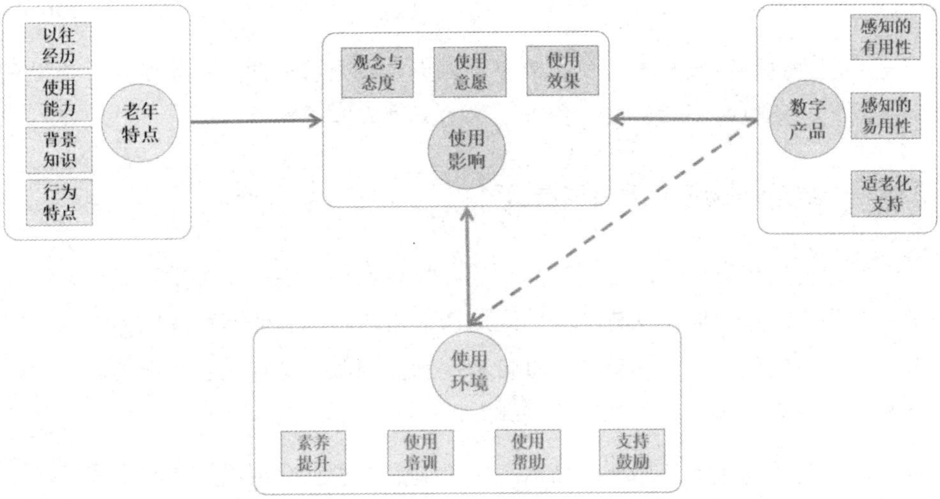

图 2-10　影响老年人使用数字产品的三类因素

在 2.3 节中我们将进一步讨论影响老年人使用数字产品的因素。

2.2.3　当前的适老化缺失

从图 2-9 和图 2-10 所展示的信息中，我们可以归纳出当前的适老化缺失。具体地说，这些缺失体现在以下五个方面。

1．面向老年人的科技知识普及和数字素养提升

在脱离了工作环境后，随着年龄的增长，老年人对新事物的兴趣逐渐降低，学习新知识的主动性越来越低，特别是对于那些一时看不出有什么明显用途的新知识，因此对新知识的积累渐渐停止了，消化和吸收新知识的能力也逐渐丧失了。更重要的是，现在普遍缺乏适合老年人的知识传播渠道。因此，急需对老年人进行科技知识普及。这种科

技知识普及的目的有三个：第一，通过深入浅出的介绍，减少老年人对未知科学技术的恐惧，使他们更愿意接触和尝试新的数字产品；第二，以渐进的、适合老年人的方式积累相关知识，为将来学习使用数字产品打下基础；第三，通过知识介绍，引起老年人对一些数字产品的兴趣和好奇，增强尝试使用的积极性。

科学素养，尤其是数字素养，对于老年人能够独立使用数字产品是非常必要的。缺乏数字素养的一个不太被关注的方面，是老年人对数字产品的不当使用。其中，对风险的忽视、误信误传虚假信息和沉迷网络是常见的老年人缺乏数字素养的体现。未来几年，将有越来越多的老年非网民转化为网民，如果其数字素养没有跟上，那老年人上网后的各种问题会更加严重。

但是，因为这种科技知识普及和数字素养提升缺乏可持续的商业模式，难以获得快速的经济回报，所以并不适合以纯粹市场化的思维来实施。

2. 面向老年人的新产品宣传和展示

与面向其他用户宣传和展示新产品不同，吸引老年人尝试使用新产品有其特点。其中关键的一步，是帮助他们**理解**产品的用途和使用场景，并能够直观地感受到使用该产品的难易程度。面向老年人的新产品宣传和展示需要激发老年人尝试使用的动力，宣传方法不得当会导致老年人失去尝试的兴趣。

目前，常见的老年人获取新产品信息的渠道是由子女介绍或经老友推荐，但二者的效果都不是很理想。大多数子女对老年人的特点并不是很了解，对产品与老年人的匹配度也缺乏专业的判断。子女在介绍新产品时往往会基于自己对老年人的某些偏见，认为他们可能学不会或学起来吃力的，就不会介绍。另外，向父母介绍新产品会增加自己向父母提供帮助的负担。因此，除了一些已经在老年群体中有了广泛应用的产品，子女主动介绍新产品的情况并不多。而老友推荐则会受推荐人自身的使用经历或初步接触的印象影响。这两条渠道共同的问题是介绍的产品范围过小，且缺乏在有用性和易用性上有针对性的解说。

3. 完备的数字产品适老化设计

目前，面向大众的通用型数字产品普遍缺乏适老化设计，其深层次的原因是市场动力不足以驱动相关的资源投入。我们将在 2.5 节中对这部分内容进行详细的讨论。

而那些集成在智慧养老项目中的数字产品，由于方法上的不得当，其适老化设计也往往不尽如人意，有用性和易用性都有明显的不足，导致老年人缺乏兴趣或能力去持续使用。

4. 有效的老年用户使用培训

老年人在面对适老化不足的数字产品但又想尝试使用时，可以给予其适当的使用培训，以弥补产品设计上的不足。目前，虽然各地零零星星地开展过面向老年人的计算机和智能手机使用培训，但由于讲师的专业性不足，培训的针对性不够，缺乏目标和评估，因此基本无法满足弥补适老化不足的需要，甚至不能产生持续的影响。

5. 及时、可靠的老年用户使用支持

鉴于老年人记忆力衰退，即使经过了适当的培训，如果不是频繁地使用，相当一部分人很快就会忘记培训时学到的东西，在使用时仍然会遇到各种困难。因此，及时、可靠的使用支持对老年人来说十分重要，甚至会影响他们尝试使用的积极性。但目前，常态的、面向老年人的数字产品使用支持基本不存在。

2.2.4 推动适老化面临的挑战

数字产品适老化的呼吁在中国已经提出近十年了。环顾我们身边的现状，可以说适老化仍然大多只停留在口头上，少数付诸实践的，其重点常常错位，效果也不尽如人意。其中的原因究竟是什么呢？下面我们做一下梳理。

1. 缺乏充分的认识

在新冠疫情将信息技术适老化在中国的严重不足暴露出来之前，整个社会对适老化重要性的认识是严重不足的。很多时候，人们虽然能够感受到数字产品适老化的欠缺导致年龄数字鸿沟的出现，给老年人的生活带来了不便，或者使一些智慧养老项目难以落地，但一般都是从各自的微观视角来看待这一问题的。除了学术界一些零零散散的研究[3]，鲜有人从提高数字社会的治理效率、提高全民的科学素养，乃至老龄社会中人力资源的充分利用等角度来认识适老化的重要性及其对社会发展的影响，更遑论在实践中尝试系统地解决这一问题了。

除了对适老化的重要性认识缺乏高度，对这一问题的根源及其持久性，以及如何才能有效地、持续地解决这一问题，也缺乏足够的研究、思考和讨论。有一个流传相当广泛的认知误区是，目前的适老化不足只是一个暂时性的问题，在能够熟练使用智能手机的“60 后”成为老年群体的大多数后，这一问题将被缓解，并逐渐消失。遗憾的是，这一观点违背了新技术扩散与普及的规律。因为新技术的早期用户不是老年人，所以适老化必然是滞后的。

如果我们深究一下，现在主流的移动互联网应用中哪些在开发前做过包括老年人的用户研究，就不难理解为什么会存在年龄数字鸿沟。适老化的目标也因老年群体的不同而有所差异，不能一刀切，既要协助大批活跃老年人赶上数字潮流，也要为非活跃老年人独立使用基本的数字化服务提供常态支持，还要向失去使用能力的老年人提供可信代理服务，乃至为老年非网民享受社会化服务设置人工绿色通道。

适老化要为具有不同能力的老年人提供不同方式的支持，随着老年人能力的变化，适老化目标也会从一种模式变为另一种模式，如图 2-11 所示。

总之，目前我们对适老化在重要性、产生的根源、持久性、多样性、动态性等多个方面均缺乏充分的认识，那这样适老化效果不佳就不足为奇了。

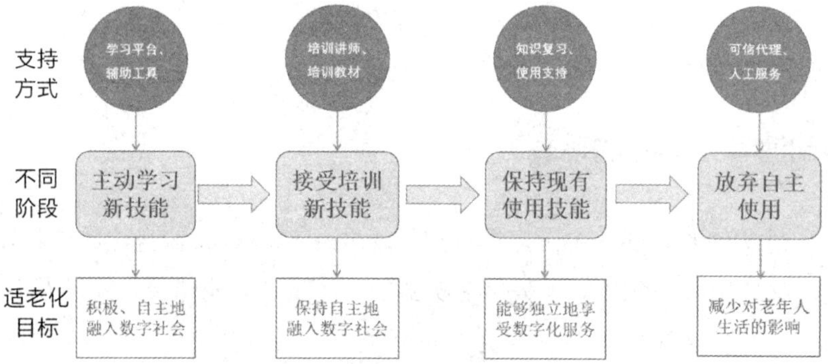

图 2-11　不同阶段的适老化目标和支持方式

2. 缺乏系统思维

适老化远不止产品的适老化设计。当然，即使是产品的适老化设计，目前也还处于起步阶段，离真正能协助消除年龄数字鸿沟还很遥远。全面的适老化既要涉及对潜在老年网民的宣传展示、使用培训、使用支持和产品设计，又要包括对老年非网民可信代理服务的支持（由老年人身边的人代老年人使用）和人工绿色通道。而这些适老化的不同方面是相互关联的，因此需要系统地考虑。

目前所有的适老化措施基本都聚集在两个环节：产品设计和使用培训。令人遗憾的是，产品设计不仅流于表面，基本只专注于老年人的少数几个感官障碍，而且和使用培训基本脱节。这种脱节具体表现为，设计者并没有在设计时考虑未来的培训需求，没有提供一个针对其设计而做的老年人培训指导。比如，哪些概念或心理模型会造成老年人的困惑，哪些步骤会给老年人的操作带来困难，导致成功率低。很多时候，设计者自己也并不清楚自己的设计在被老年人使用时会有什么样的效果。使用培训的内容与方式也并不是在对产品进行分析和评估后制定的，而是通常由培训者自己凭经验，或者在培训中反复摸索出来的，这会使培训的效果大打折扣。更重要的是，如果一个老年人经历了几次效果不明显的培训，那他往往会放弃，并永久地失去使用数字产品的动力。

除了产品设计和使用培训，其实还有其他对缩小年龄数字鸿沟影响很大的方面，如宣传展示和使用支持，但目前这些基本是被忽略的。其实很多老年人使用数字产品的一大障碍是使用动力不足。这一障碍产生的原因有很多，如：以往的使用体验不佳，使其望而却步；老年人的心理特点导致他们探索新事物的积极性不高，除非产品的用途非常明显并且能满足他们的痛点需求；对新产品抱有怀疑的态度；对产品的安全性和隐私方面的担忧；对新技术的焦虑，怕操作不当会损坏产品；对自己学习能力缺乏信心，感觉自己已经学不会了；在使用中碰到问题时没有人可以帮助自己，等等。对这些老年人来说，跨越年龄数字鸿沟的第一步是引起他们的兴趣，鼓励他们尝试。没有这一步，其他都是空谈。而这恰恰是宣传展示起关键作用的地方，也是目前极为欠缺的一环。

根据 TAM，产品的有用性和易用性是决定用户使用兴趣，即判断是否值得去尝试使用的关键因素。向老年人展示产品的有用性并不像向年轻人那样轻而易举。由于很多产品在设计上既欠缺易用性，有用性的展示也有先天不足，因此需要一个宣传展示的环节来吸引老年人。而这种宣传展示需要根据老年人接受新事物的心理特点，循序渐进地展示产品的使用场景、好处等。确定了有用性，在考虑易用性时，老年人会在尝试使用前做一个判断：自己是否能学会使用？在使用中碰到问题怎么办？第一个问题也是宣传展示中需要回答的，即在适合老年人的科学方法的指导下，使大多数老年人都能学会使用。而第二个问题的解决则需要以提供常态的使用支持来增强老年人尝试的信心。

宣传展示、使用培训、使用支持和产品设计这四个方面是相互关联的。一种真正适合老年人的产品设计要考虑如何辅助未来的面向老年人的有用性和易用性展示，并且突出使用培训和使用支持的重点（容易导致老年人使用困难的新概念和新模式）。在产品的适老化设计薄弱的现实情况下，其他三个方面能够起到一定的弥补作用。而在这些方面落地的过程中，所积累的用户使用信息又能给设计者提供宝贵的反馈意见，从而改善其适老化设计。

3. 缺乏顶层设计

缺乏系统思维，顶层设计自然就无从谈起。从过去几年的发展来看，单纯依靠市场的力量并不能解决年龄数字鸿沟的问题。要想在未来几年内在适老化上取得突破性进展，顶层设计是必不可少的。目前，虽然适老化得到了极大的关注，但是几个关键的方面尚待进行科学细致的研究。

- 如何激励产品开发商在适老化设计上投入资源？

- 适老化是无法一蹴而就的，那么应该如何划分实施阶段呢？
- 除产品设计外，适老化的落地往往是区域性的，主要会受哪些区域因素的影响？
- 在各个阶段想达成的适老化目标究竟是什么？
- 该目标在不同的老年群体身上的具体体现是什么？
- 达成这些目标所需要投入的社会经济资源有哪些？
- 这些资源的投入需要多少？
- 这些资源来自哪里？
- 如何衡量区域的适老化进展？

4. 缺乏形成可持续性的机制

我们注意到，无论是国内还是国外，无论是发展中国家还是发达国家，数字产品的适老化都存在严重不足的现象，而这与产品开发商不愿意在适老化上进行充分的投入有关。在新产品进入市场后的扩散和普及过程中，老年人通常属于后期主流用户和怀疑者，因此产品开发商没有动力投入大量资源在适老化上，这就导致适老化缺乏形成可持续性的机制。

下面我们进一步讨论适老化背后的经济学现象。

1. 对适老化的成本估计不足

目前，各参与方在适老化方面的计划和行动基本没有充分考虑适老化的成本。其原因主要有两个：一是这些行动往往是一次性的动作，而非常态化的机制；二是这些行动集中在老年人感知领域的适老化改造，虽成本较低，但并不能根本性地改善适老化。而那些涉及老年用户认知、心理倾向等方面的深层次改造会带来巨额的成本，目前很少被认真地考虑。

2. 投入适老化的动力不足

由互联网在 20 世纪 90 年代中期引发的面向大众市场的技术产品的大规模涌现已经持续了 20 余年，这期间出现了几次用户能够直接感受到的技术浪潮：从早期的搜索引擎和电子商务，到社交网络、移动互联网、物联网、区块链。每次技术浪潮都带来了全新的用户体验，这些令年轻用户趋之若鹜的新体验对老年人来说则是一只只“拦路虎”，阻挠着他们加入用户行列的脚步。

另外，我们观察到的以下三种现象似乎在预示，新产品的适老化问题不仅将持续，还将进一步加剧。

（1）晚年的新技术冲击。新技术出现的速度正在加快，对我们的生活有重大影响的新技术的出现正在从十几年一项加快到几年一项。一个 2020 年退休的人，从退休到生活不能自理的几十年时间内，至少要经过三次技术浪潮的冲击，并且每次都会带来从未经历过的使用体验、全新的使用模式和需要再次跨越的陌生的使用门槛。

（2）新应用的多样性。在经历了电子商务、社交网络和共享经济应用以后，随着中国老年人寿命的持续延长、生活水平的不断提高，智能化应用也在向和老年人生活密切相关的一些领域渗透，并带来一系列新的适老化挑战：除了丰富晚年的娱乐活动和社会参与，老年人还将面临如何使用智能化应用管理自己的财务和健康的问题。而仅健康管理就牵涉到五花八门的貌似简单，但对老年人来说依然是令人望而生畏的多种硬件设备的操作。

（3）新应用的知识门槛较高。使用这些新应用的门槛不仅包括操作和使用知识的学习，还涉及相关领域的背景知识的学习。比如，如果不理解“核心睡眠”（Core Sleep）、“深度睡眠”（Deep Sleep）或“快速动眼期”（REM Sleep），就无法使用睡眠管理应用来监测和优化自己的睡眠。当你使用一款旅游管理 App 制定行程时，如果不明白 Airbnb 和民宿，那你可能会发现在你的旅游目的地没有酒店可住。

从产品开发商的角度来看，在产品进入市场的早期投入额外的资源，提升产品的适老化程度是否值得呢？答案是否定的。图 2-12 所示为新技术扩散生命周期中的适老化需求。在扩散的前期，乃至获得早期主流用户的阶段，适老化并不是影响用户采纳的主要因素，因此这时对适老化的额外投入并不能带来相应的回报。在进入主流市场的后期阶段，适老化成为影响用户采纳的一个关键因素。但是，产品开发商在适老化上的投入是否能带来预期的老年用户增长并不确定，老年用户的增长是否能转化为业务收入的增长决定了产品开发商投入的积极性高低。

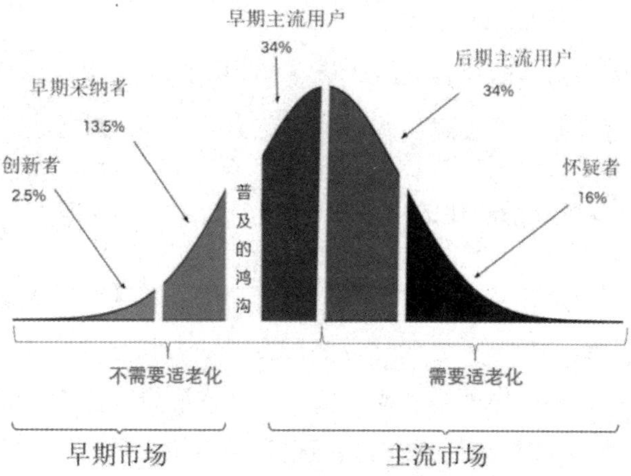

图 2-12　新技术扩散生命周期中的适老化需求

换句话说，如果适老化投入的回报率相比产品其他方面投入的回报率较低，那产品开发商仍然不会有积极性去投入。值得注意的是，适老化投入的回报率常常取决于一些其他因素，如使用培训和使用支持。因此，这些配套的缺失将影响产品开发商在适老化投入上的积极性。而且单纯凭产品开发商在适老化上的投入，预期的效果并不理想。结论是，适老化的成本是很高昂的。

因此，我们可以肯定地说，目前仅期望依靠市场的力量来推动适老化是不切实际的，甚至是不合逻辑的。如果适老化的成本一直居高不下，那单纯依赖市场是没有希望能真正地缩小年龄数字鸿沟的。

3．适老化的知识积累不够

自互联网普及以来，经过了近 30 年的积累和研究，人类已经掌握了大量与信息技术适老化相关的知识。这些知识绝大多数属于公共领域的开放性知识，目前主要以学术文章、少量的英文书籍和大量的网络论坛文章的形式存在，任何人都可以通过搜索来获得、学习、掌握。本书是目前关于信息技术适老化的第一本中文专业书籍。

但是，由于其发展历史相对较短，一直未受到足够的重视，因此这些适老化的知识尚未渗透进学校的教学内容中。无论是产品的适老化设计，还是面向老年人的使用培训和使用支持，目前都基本无法在正规的学校课程中学习，国内在这个方面的职业培训也基本没有，能够胜任的培训讲师也十分短缺。在这种情况下，相关人员掌握并运用这些知识的能力主要靠在事件中自己摸索。

这种状况导致适老化的知识在设计人员、培训人员和支持人员等相关人员中都严重欠缺，更不要说老年人的子女和老年人自己了。因此，市场上鲜有适老化程度较高的产品也就不足为奇了。

可以说，目前中国的适老化尚未进入真正的积累阶段，很多产品和服务即使升级了很多次，仍然在适老化上乏善可陈，并没有在前面的基础上进行进一步的改善。

4．依赖市场难以形成适老化的可持续性

前面我们分析了产品开发商投入适老化的动力问题，其中的关键是适老化目前具有可观的成本，而这个成本影响了适老化各参与方的动力和适老化项目的可持续性。由于目前适老化的市场投入和产出严重失衡，除了一些政府资金支持的适老化项目，大部分适老化项目目前还看不到对其投入的相应回报，因而使各参与方缺乏足够的动力，导致很多项目只是为了应付差事、做做样子，没有真正地投入资源去为结果而努力。

改变这一现象需要从四个方面进行努力。

（1）提供政策引导和倾斜，通过非市场手段适当放大对适老化投入的回报，如在税收上提供优惠政策。

（2）以政府资金支持适老化的一些基础建设，如适老化知识库的建立、相关人员的培训、培训教材的编写，乃至相关信息平台的建设等，以降低适老化支持体系建设的成本。

（3）尽快通过政府资金将人工智能应用引入适老化中，特别是应用于产品适老化设计、评估、使用培训和使用支持等方面，以降低适老化支持体系长期运行的成本。

（4）通过“时间银行”等模式，建立多层次的老年人才库，以支持适老化支持体系的长期运行，降低其中的人力成本。

5. 适老化的公共服务属性

我们已经看出来，适老化投入在很多时候获得的回报并不是经济效益，而是社会效益。这时，就像对于其他具有公共属性的服务一样，需要一定程度的政府干预。

适老化还有一个特点，即一套成功的适老化设计或培训体系基本是公开的，几乎无法有效地防止被复制。在没有保护措施的情况下，产品开发商不愿意投入资源去研究和开发有效的适老化方案，而往往期望别人先走一步，自己可以效仿和复制。

2.3 适老化问题的本质

“适老化”这个词近年来已经被广为传播、使用了，但每个人对它的理解可能各不相同。适老化是一个典型的中国概念：宽泛、动态、模糊。并且到目前为止，还没有一个权威的、精确的定义。英文中的 Age Friendliness（老年友好）、Senior Usability（老年可用性）和 Senior Accessibility（老年可及性）都有更具体、更明确的含义，可以说是适老化的一部分，但中文中适老化的概念并不相同。适老化也是一个随时间变化的概念，在不同的语境下，含义也不同。我们耳熟能详的适老化往往是和老年人的居住环境或某些公共设施相关的。近年来，适老化的概念正在从居住环境、产品的狭窄范畴逐渐拓展到服务、社会和公共政策。

本书所讨论的适老化是指数字社会的适老化，即如何建设数字社会以适应老龄化的问题。其核心为，在一个老龄化不断加剧的环境中，社会的数字化进程应如何在发展中适应老龄化带来的种种需求和制约，以便在社会治理的效率、经济效益、老年人的福祉、老年人力资源利用等方面取得平衡，以促进可持续的良性发展。数字社会的适老化涉及政策、市场、公共服务、技术、社会资源整合等多个方面。

而现代的老龄社会还有很多数字化以外的适老化问题，如我们耳熟能详的居住环境适老化、公共基础设施适老化，乃至国家财政政策、公共资源分配、医疗卫生政策、科技创新政策等多个方面的适老化。我们需要对适老化本身及围绕适老化的各种问题有一个清晰的认识，避免一些常见的认知误区。

2.3.1 适老化的内涵

这里所说的适老化是指数字社会的适老化，大致可分为狭义和广义两种。狭义的适老化是直接从老年人居住环境适老化或残疾人的环境改造借鉴过来的，通常指在数字技术和产品层面适合老年人的能力及需求特点，把老年人作为其主要关注的对象。其重点是通过适老化设计、设置人工绿色通道等方式避免社会的数字化进程把老年人排除在外，使老年人在日常生活中，仍然能使用诸如购物、叫车、挂号、买票、缴费等各种不断被数字化的服务。也就是说，**这是数字技术应用的适老化，适应老年人的能力，主要解决的是年龄数字鸿沟问题**。

有时一个狭义的适老化问题，如果处理不当或处理不及时，随着时间的推移，其影响面会越来越广，最终波及整个社会。随着整个社会的数字化，社会治理的数字化是必然的趋势。数字社会治理的效果和效率取决于其对人口的覆盖率及参与者的参与效率，而适老化对数字社会治理覆盖的老年群体比例和老年人的参与效率有很大影响。从新冠疫情防控期间“健康码”的使用上我们可以看到，数字技术适老化的欠缺导致不得不以恢复人工服务这种方式来弥补，使数字社会治理的效率打了折扣，最终由整个社会来承担增加的人工成本。因此，适老化会影响数字社会的治理，进而会影响整个社会，包括非老年人。

而广义的适老化要广泛得多。随着数字化的深入，尤其是人工智能的广泛运用，我们将有更多的方式、更多的工具来发现老龄社会中的种种问题，并快速、有效地解决它们。因此，广义的适老化是指在数字社会建设并运行一套适老化支持体系，使其不仅可以及时与精准地了解、发现、预测老年人随时间变化的各种需求，以便为处于各种状态的、具备各种能力的老年人提供适当的支持，使他们能够直接或间接地融入数字社会，包括享受服务、保持社会连接、发挥余热及参与社会治理等，还可以在数字化进程中平衡各方的利益诉求，调和代际冲突，使社会的数字化能够健康、和谐、可持续地发展。目前被广泛关注的延迟退休、开放三孩、老年人免费乘公交车等都涉及代际利益再平衡的问题。

上述的适老化支持体系中除涉及技术层面外，还涉及政策法规调整、基础设施完善、社会意识更新、多种社会力量动员、社会资源分配等多个层面的配套。可以说，**这是整个社会的适老化，适应社会的老龄化，这与适应老年人能力的狭义适老化形成鲜明的对照。**

表 2-1 所示为狭义和广义的适老化比较。

表 2-1　狭义和广义的适老化比较

人　群	狭义的适老化	广义的适老化
老年人	针对老年人使用数字产品的动力和障碍问题，尤其是年龄数字鸿沟问题，核心是解决老年人不能上网和有效使用网络的问题	运用数字技术及时与精准地了解、发现、预测老年人随时间变化的各种需求； 为处于各种状态的、具备各种能力的老年人提供适当的支持，使他们能够直接或间接地融入数字社会，包括享受服务、保持社会连接、发挥余热及参与社会治理等； 在数字化进程中平衡各方的利益诉求，调和代际冲突，使社会的数字化能够健康、和谐、可持续地发展
非老年人	一般不直接触及非老年人	很多政策会影响非老年人

本书后面的主要内容将局限于狭义的适老化，即如何通过适老化来缩小年龄数字鸿沟，并将其影响降到最低。

2.3.2　适老化的目标

对于不同的老年群体，适老化的目标至少有以下几种不同的体现。

（1）对那些尚未使用数字产品的老年人来说，适老化的目标是鼓励、支持他们学习和尝试，以便自主、独立、有效地使用数字产品。

（2）对那些已经能使用数字产品的老年人来说，适老化的目标是及时地为他们提供支持，保持他们持续使用数字产品的能力和动力。

（3）对那些希望自己能使用数字产品的老年人来说，适老化的目标是提升和保持他们的数字素养，使他们能够有效地筛选网络信息，使用数字产品，避免网络沉迷，防范网络诈骗。

（4）对那些无法独立使用数字产品的老年人来说，适老化的目标是为他们提供安全可靠的替代选择，包括：

① 由老年人的子女或身边的照护者提供的可信代理服务。

② 在机场、车站、医院等公共场所提供的人工服务。

到目前为止，被广泛讨论的适老化目标是解决年龄数字鸿沟问题，即如何补偿老年人在数字产品使用能力上的衰退。目前，适老化的努力主要聚焦在一些可观察到的老年人感官、肢体操控和记忆等方面的能力衰退上，并采用一定的补偿措施。但是，我们在实践中发现，这些能力的衰退并不是形成年龄数字鸿沟的主要原因，补偿这些能力对帮助老年人跨越年龄数字鸿沟的作用相当有限。

那么，是什么导致老年人不愿意或不能够成功使用数字产品的呢？近年来的研究和实践[4][5]发现，影响老年人使用数字产品的因素有很多，这里列出其中五个影响最大的因素。

（1）产品的功能与老年人的需求不吻合，老年人觉得用处不大，**即需求匹配问题**。

（2）老年人担心使用这些产品的种种风险，如受骗、误操作、泄露个人隐私的风险等，**即风险问题**。这些风险会影响老年人对产品使用价值的判断。

（3）老年人认为这些产品虽可能有用，但自己已经学不会了，缺乏学习和尝试的动力，**即学习信心问题**。

（4）有太多的知识和技能需要学习，付出了相当多的努力后，仍然离能够使用这些产品很遥远，**即背景知识和学习能力的问题**。

（5）在他人的帮助下，经过努力能够使用了，但很快又忘记了，使用时难以获得及时的帮助，有了问题也没处去问，**即缺乏学习和使用支持的问题**。

对于专为老年人设计的产品，很多时候（1）和（2）是老年人拒绝尝试的原因。而对于已经被广泛应用的全龄产品，则（3）、（4）和（5）是老年人不愿或不能使用的原因。其中，老年人对学习使用数字产品的动力不足、学习能力不足、学习效率不高等非感官和非肢体的，主要由其知识结构、认知能力和心理倾向等导致的因素起主导作用。这些因素大多是由进入晚年后的生理、心理变化及相关的体验引起的，老年人以往和当前的经济状况也起了相当大的作用。有些老年人还曾经有过使用数字产品的负面经历，形成了对使用数字产品的抗拒心理。还有一个很重要的因素是，不具备老年人需要的使用培训及常态的、及时的使用支持条件。而这些问题以往是在适老化讨论范围之外的。

图 2-13　适老化—缩小能力差

下面的讨论将围绕数字产品的适老化问题，以及如何通过相关的支持体系化解这些问题来展开。其中最主要的部分，就是充分地认识数字产品对老年人的**能力要求**与其**实际能力**之间有多大差距，以及如何缩小这个差距，如图 2-13 所示。

另一个适老化需要面对的重要问题是，如何提升老年人使用数字产品的动力。老年人的心理特点和新技术快速涌现的趋势导致大批老年人在面对陌生的新技术时有畏惧感和焦虑感，缺乏尝试使用的勇气和动力。这一问题如果不解决，那我们将持续地面临大批老年人与现实数字社会严重脱节的状况。

一个目前较少受到关注的问题是，那些已经成为网民的老年人需要的适老化支持。他们为什么需要适老化支持？有两个主要原因。

（1）虽然这些老年人已经掌握了使用一些数字产品的知识和技能，并且能够持续地独立使用，但未来仍然会出现新类型的数字产品需要他们去学习使用。如果他们的知识和数字素养不能持续地保持更新，那他们仍然会面临学习使用的种种障碍。

（2）随着年龄的增长，他们在各方面的能力会持续地衰退，即使一些已经熟练使用的数字产品，仍然会在使用时遇到困难，需要某种形式的协助。

对大量具备独立使用数字产品潜在能力的老年人来说，如果适老化做得不到位，使他们不能自主地使用数字产品并融入数字社会，那么最终会导致：他们被隔绝在数字社会以外，享受不到数字社会的红利，并且增加社会治理的成本；或者需要投入大量的人工力量，帮助他们跨越数字化带来的新障碍。适老化的目标则是支持尽可能多的老年人自主使用数字产品，尽可能提高人工辅助的效率，避免使用传统的纯人工模式。

总之，即使狭义的适老化也是一项庞大且复杂的社会工程。后面的内容虽然也会涉及可信代理、技术辅助的人工绿色通道等适老化支持技术，但主要部分将聚焦于那些具备独立使用数字产品潜在能力的老年群体上，并将重点探讨针对这个群体的适老化支持体系建设、数字素养提升、产品设计优化等问题。

2.3.3　适老化中的“老”

从表面上看，适老化中的“老”一定是那些在数字产品使用上已经显现出明显的老年人特征的群体。但在实际中如何界定这个群体呢？那些明显的老年人特征又是什么呢？我们从一些关键的影响因素入手，以了解老年人的特征。

1．影响老年人使用数字产品的因素

影响老年人使用数字产品的因素有哪些？对这个问题的回答将决定适老化方案的设计方向。令人遗憾的是，到目前为止，对影响因素的认知误区导致了适老化方案的设计方向偏离。比如，如果你认为影响老年人使用数字产品的因素是界面的文字较小，那你会意外地发现，调整这个因素对于提升老年人使用率的影响微乎其微；如果你认为老年人操作数字产品

的图形界面有困难，改为语音界面问题就会迎刃而解，其结果同样会大大地出乎你的意料。

多年来对影响因素的研究已经产生了很多结果，其中较有影响力的是 Lee 总结的 15 个对老年人使用数字产品有影响的因素[4]，如表 2-2 所示。

表 2-2　影响老年人使用数字产品的 15 个因素

序　号	英 文 名 称	对应的中文含义
1	Value	老年用户感受到的产品的使用价值
2	Usability	产品的可用性/易用性
3	Affordability	产品价格的合理性
4	Accessibility	产品的使用障碍/可及性
5	Experience	以往的使用经验
6	Confidence	老年用户的信心
7	Emotion	老年用户的情感因素
8	Independence	老年用户的独立性追求
9	Technical support	使用环境所提供的技术支持
10	Social support	老年用户周边对使用产品的社会支持
11	Interoperability	产品的兼容性
12	Lifestyle fit	产品使用与老年用户生活方式的融合度
13	Conceptual fit	产品设计理念与使用场景的融合度
14	System reliability	产品的可靠性
15	Service trust	产品与服务的可信度

而 Peek 针对居家养老的智能技术总结了在**使用前**影响老年人态度的因素[5]，如表 2-3 所示。

表 2-3　在使用前影响老年人对居家养老智能技术态度的因素

类　别	序　号	英 文 名 称	对应的中文含义
关于技术的忧虑（负面）	1	High cost	高昂的价格
	2	Privacy implications	对隐私问题的担忧
	3	Forgetting or losing	对遗忘或丢失的担心
	4	False alarms	虚假报警
	5	Obtrusiveness	异物感
	6	Burdening children	给子女增加的麻烦
	7	Ineffectiveness	无效
	8	Impracticality	不实用
	9	Low ease of use	易用性低
	10	Negative effect on health	对健康的不良影响
	11	No control over technology	自己缺乏对技术的控制
	12	Stigmatization	产品的负面标签化

续表

类　别	序　号	英 文 名 称	对应的中文含义
技术带来的好处（正面）	13	Increased safety	有助于安全性提高
	14	Perceived usefulness	能够感知到的用途
	15	Increased independence	有助于提高用户的生活独立性
	16	Reduced burden on family caregivers	减轻家人照护的负担
对技术的需要	17	Perceived need	感知到的需求
	18	Subjective health status	健康状况的自我认知
可替代的其他选择	19	Help by family or spouse	家人或配偶的帮助
	20	Current technology	其他类似的新技术
社会压力与影响	21	Influence of family and friends	家人和朋友的影响
	22	Influence of professional caregivers	专业照护者的影响
	23	Use by peers	同伴已经在使用
老年人的特别视角	24	Desire to age in place	居家养老的愿望
	25	Cultural background	特定的文化背景
	26	Familiarity with electronic technology	对电子技术的熟悉程度
	27	Housing type	居住形态

对这些影响因素的充分认识，是构建适老化支持体系的基础。虽然这些影响因素具有较大的普遍性，但是哪些影响因素的作用最大常常是因人而异的。

为了有针对性地设计适老化方案，特别是使用培训方案，我们需要对老年人进行进一步的分类，以便为各个类别设立适老化的预期目标，并设计相应的方法与措施。由于老年人的多样性，不同人的各种特征会在多个维度有丰富的表现，多种组合导致可能的类别也会很多。但在实际应用中，并不是分得越多越好。分类的方法既要足够精细，使以各类老年人为对象的适老化方案的针对性足够强，又要在实际中便于操作和实施，仅需少数几个适老化方案就能够覆盖大多数老年人。因此，类别数适当很重要，这具有相当大的挑战性。就融入数字社会所面临的障碍和所需要的协助的共性来说，与老年人的几个属性的相关度较大，如受教育程度、收入水平、相关经历、健康程度、自理能力等。仅基于这些属性，就可以有很多种将老年人分类的方法。在具体操作中，具体的分类方法并不是唯一的，而是会有较大的地域性特征。实践经验告诉我们，最常见的按年龄分类虽然简单，但并不是一种科学有效的方法。

下面给出一种相对简单的、采用三个属性的分类方法，供读者参考。其核心是，按能力和数字化相关经历采用清晰的评判准则来划分。

- 退休前是否有计算机和网络的使用**经历**。
- 目前是否有**独立生活能力**。
- 目前是否有**民事行为能力**。

退休前使用过计算机和网络的老年人对数字化并不陌生，且没有那么大的恐惧感，他们的受教育程度较高，一般已经具备了一定的网络服务背景知识。有独立生活能力的老年人一般具备基本的工具性日常生活活动功能（Instrumental Activity of Daily Life，IADL），包括基本的日常财务管理能力、买东西时的比较与选择能力、常见家用器具的操作能力（如门锁、电话、空调、微波炉、洗衣机、电视等）。有民事行为能力的老年人具备基本的价值判断能力，即能够判断一件事情是否对自己有利。基于这三种准则，我们可以将老年人分为以下四类，如图 2-14 所示：①有民事行为能力和独立生活能力，有计算机和网络的使用经历；②有民事行为能力和独立生活能力，无计算机和网络的使用经历；③有民事行为能力，无独立生活能力；④无民事行为能力。

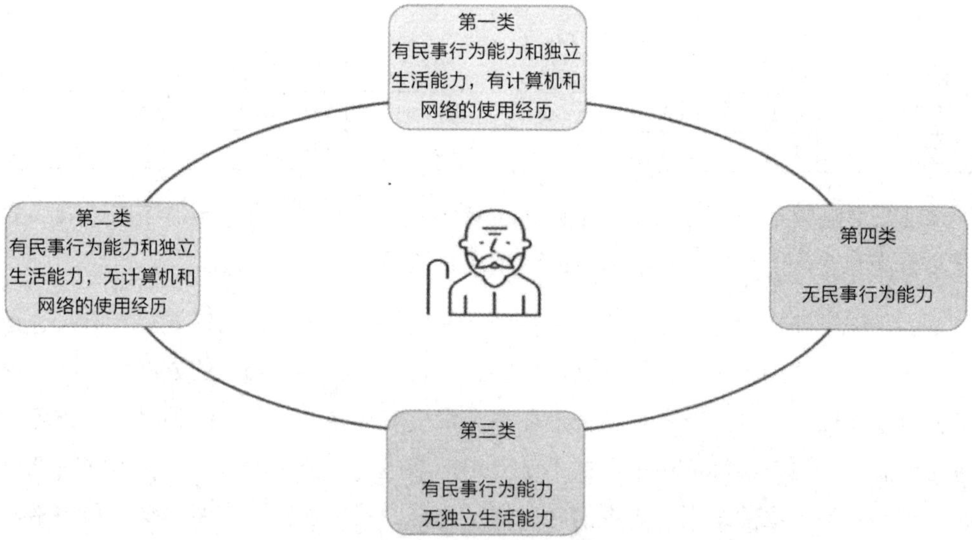

图 2-14　老年人按能力分类

这四类老年人代表了中国老年人的大多数。从图 2-14 中可以明显地看出，他们各自需要的适老化支持并不相同。前两类老年人的数量庞大，适老化的主要目标是协助他们融入数字社会；第三类老年人的身边通常有照护者协助或代替他们使用数字产品；而第四类老年人则完全需要代理使用。

2．老年人的数字生活生命周期

老年人与数字化的交互过程会一直贯穿其整个晚年，在不同的阶段交互方式各不相同，他们需要的适老化支持也是不一样的。因此，适老化中的“老”不是一成不变的，而是跨越了晚年具有不同能力和心理特点的多个时期。

目前中国的适老化热点主要集中在三个地方。

（1）数字产品的适老化改造。工业和信息化部通过发布《互联网应用适老化及无障碍改造专项行动方案》积极地督促互联网服务商和产品开发商改善其数字终端及 App 的适老化程度。

（2）面向老年人的数字产品使用培训。为响应国务院办公厅《关于切实解决老年人运用智能技术困难的实施方案》的号召，越来越多的地方政府开始安排资金落实面向老年人的智能手机使用培训。

（3）恢复一些对老年人生活有重大影响的人工服务。在目前中国尚有近 40%的老年人不能使用智能手机的情况下，在医院、车站、银行及政府服务窗口保持或恢复面向老年人的人工绿色通道。

不难看出，这几点面向的老年人和设立的目标各不相同。（1）是为了降低一些主流数字产品的使用难度，以适应更多老年人的能力。其潜在的影响对象是大批老年人，尤其是那些仍不能使用数字产品的老年人。（2）则是为了提升老年人的使用能力，帮助他们跨越使用数字产品时常见的一些障碍。由于这方面的经费有限，因此所惠及的老年人比例很低。这类项目的示范意义要大于其实际的老年非网民转化意义。而（3）是为了用传统的人工服务方式解决一批老年人当前面临的紧迫问题。

图 2-14 中的四类老年人，也可以说是一个老年人要经历的四个阶段。如果我们以 2.2.1 节中的老张为例，展望未来的 30 年，会发现他的适老化需求将随其年龄的增长、能力的衰退和新技术的涌现而发生变化，先后经历表 2-4 中展示的四个阶段。

表 2-4　老年人在不同阶段的适老化需求

个人状况及需求	老年阶段			
	活跃期	半活跃期	颐养期	临终期
生活能力状况	有独立生活能力；有民事行为能力	有独立生活能力；有民事行为能力	不具备独立生活能力；仍有民事行为能力	不具备民事行为能力
数字能力状况	能够独立学习使用数字产品	需要他人帮助才能学习使用数字产品	逐渐丧失了使用数字产品的能力	完全丧失了使用数字产品的能力
适老化需求	学习渠道与工具；数字素养提升的资源	产品适老化、使用培训和使用支持	自主委托他人代理	全权委托他人代理

2.3.4　适老化中的“适”

从上面的讨论中可以看出，对于不同的老年人“适”的意义有所不同。

1. “适”取决于目标

“适”的目标决定了适老化的内容和方式。我们在这里讨论的是数字化进程的适老化，其目的是能够更均衡、有效地推动数字化的发展，而不是放缓，更不是停止数字化进程。因此，适老化有两个主要目标：一是尽可能地减少被年龄数字鸿沟阻隔的老年人的数量，进而提高数字化的经济效益和社会效益；二是在数字化进程中尽量减小对那些无法融入数字社会的老年人的冲击。

适老化问题的本质是数字产品对老年人的能力要求和老年人的实际能力之间的差距。目前，产品开发商并没有动力在产品适老化上投入充分的资源，我们在后面的 2.5 节中将详细地阐述这一问题的原因。因此，必须考虑产品以外的其他方式来弥补产品适老化的不足。

2.2.2 节描述了老年人接触和使用数字产品的过程，以及在每个环节需要跨越的多重障碍。在任何一个环节上的失败，都会导致老年人放弃使用该产品，并且很有可能产生对未来再尝试其他产品的消极和疑虑情绪。

对上述四类老年人而言，适老化所要达成的目标、具体的内容和实施的方式会有显著的不同。

第一类老年人中有相当一部分人已经跨越了年龄数字鸿沟，融入了数字社会，他们的日常生活已经离不开当前流行的数字产品了。但是，随着年龄增长带来的学习和使用能力的衰退，他们在未来学习和使用新技术时，仍然会面临各种挑战。他们需要的是关于新技术的知识普及，渐进地适应新技术的应用渗透和扩散。而该类老年人中仍然有一部分人由于种种原因还是非网民，因此需要在他们还具备学习能力时，通过宣传展示、使用培训、使用支持和产品设计，吸引、鼓励并协助他们使用一些关键的数字产品，尽快地将他们拉入数字社会。对于这部分人，激发他们尝试和使用的动力是关键。

第二类老年人是消除年龄数字鸿沟的重点目标。他们中的大多数人处于与数字社会隔离的状态，他们的脑力状况、心理状态导致他们独立地学会使用目前流行的数字产品已经不太现实，他们的生活及居住状态又使他们身边缺乏能够在关键时刻及时帮助他们的人。这类老年人的数量庞大，因此如果他们被隔绝在年龄数字鸿沟的另一侧，不仅使他们难以享受到新技术带来的晚年生活的方便与安全，尤其是在老年人通常很重视的健康管理方面，还将严重地影响数字社会治理的效果和效率。但他们能够独立生活这一事实，说明他们具备使用一系列日常生活用具的能力。在这些能力的基础之上，只要能为他们提供一些适老化支持，相当一部分人是能够掌握一些重要的数字产品的。

针对第三类老年人，数字产品使用的可信代理模式是关键，就是由其身边可信任的人代其使用。这里既有产品设计的问题，又有法律方面的问题。比如，在老年人还有民事行为能力时，其与代理使用者之间的委托关系如何形成？如何监督代理使用者，是由老年人自己监督还是由第三方监督？在失去了民事行为能力后，老年人的代理使用者会由其监护人来指定，如由老年人的子女委托老年人身边的服务人员代其使用。因此，产品需要具有支持第三方监督和管理代理使用状况的功能。随着寿命的持续延长，这类老年人的数量也将在未来成倍地增加。

对第四类老年人来说，他们与数字社会的所有接触都是通过他人来完成的，自己不再具备这种接触的自主意识了，因此也不再是适老化所考虑的对象了。

针对数字化给部分老年人带来的不便，政府推出了一系列措施，包括恢复乃至增设一些人工服务窗口，这些主要针对第一类和第二类老年人中的一部分。

2.“适”的多个层次

我们在 2.3.3 节中提到了四类不同的老年人，依适老化目标的不同，需要向他们提供不同的适老化支持，如图 2-15 所示。

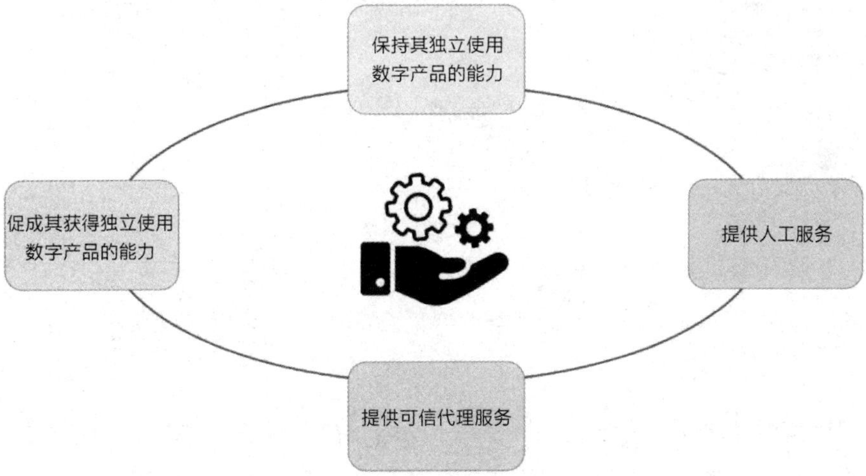

图 2-15 适老化目标按群体划分

其中，第一类和第二类老年人有望独立使用数字产品，他们是当前年龄数字鸿沟影响的主要群体，因此也是本书主要针对的对象。如果我们仔细地观察及分析那些有潜在能力但尚未成为网民的老年人使用新技术的困难和失败的原因，就会发现他们主要在五个方面有较明显的障碍：感知能力的衰退，肢体操控能力的衰退，认知能力的衰退，心理倾向影响使用动力，相关知识的缺乏。

通过适老化设计和提供使用支持来降低数字产品对老年人的能力要求，同时通过数字素养的提升和提供使用培训来提高他们的实际能力，缩小乃至消除能力差距，是解决他们当前和未来面临年龄数字鸿沟问题的关键，如图 2-16 所示。

其中，使用可信代理在目前区块链技术已经成熟的情况下，所面临的主要不是技术问题，而是法律和文化问题，尤其是在老年人和子女异地居住的情形越来越多的状况下，建立非亲属的可信代理关系将成为不可或缺的一环，因此相关机制的设计需要未雨绸缪。使用传统的非数字人工服务是不得已而为之的最后选择，主要用于那些无法使用其他方式的老年人。

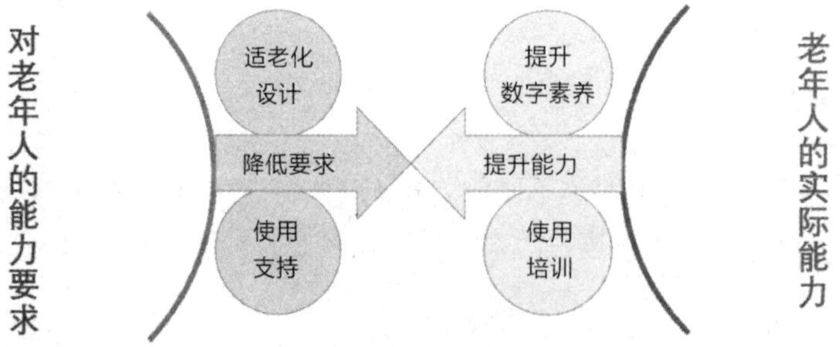

图 2-16　缩小能力差距

3. 不同阶段和状态的“适”

随着年龄的增长和能力的变化，老年人所需要的适老化支持也会发生变化。2.2.1 节中描述的四个处于晚年不同阶段、具备不同能力的老年人典型代表诠释了这种“适”的变化。

适老化需要为这四类老年人提供迥然不同的支持。对像老张那样已经跨越了年龄数字鸿沟的老年人来说，尽管使用网络和当前的数字产品已经不是问题了，但他们仍将面临能力的衰退，以及不断深入的数字化带来的在技能、知识和数字素养方面的新要求。**保持**他们的能力跟上数字化前进的步伐是适老化的主要任务。对像老魏那样有能力但缺乏动力的老年人来说，适老化的主要目标是通过宣传展示、使用培训和使用支持等多种方式，**激发**其学习使用数字产品的动力，提升其信心，最终将其转化为老年网民。对像老胡那样心有余而力不足的老年人来说，则需要通过适老化设计、使用培训和使用支持等多方面的适老化措施来**缩小**他们在使用能力上的差距，协助他们融入数字社会。对以张老为代表的高龄老年人来说，在他们身边建立一套数字代理体系，帮助他们间接地融入数字社会则是适老化的主要任务。

4. 老年人的动力

我们每个人都被以往的经历和环境灌输了很多“我们晚年该做什么，不该做什么，什么值得做，什么不值得做”的观念，这些观念决定了我们晚年做各种事情的动力，对渴望独立使用数字产品的人来说非常重要。

在面对新产品时，这种意识、以往的经历、身边其他人的态度等都会影响我们的动力。动力决定了投入的精力和时间，投入的努力和外部的环境支持决定了努力的效果，这些效果反过来又在影响我们未来的动力，形成了由“外部推动—动力—努力/外部支持—效果—动力”组成的循环。

外部推动对老年人态度的影响如图 2-17 所示。其中，“外部动员”“使用培训”“界面设计”“使用支持”等是外部推动的主要组成部分。

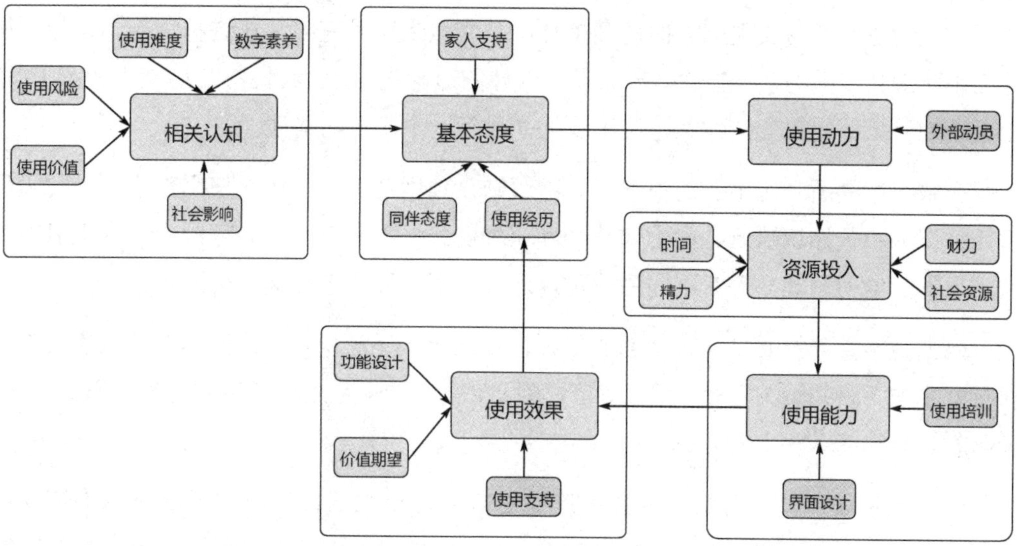

图 2-17 外部推动对老年人态度的影响

对那些有足够大动力（一般来自自己的痛点需求）的老年人来说，后续的外部支持，包括使用培训、使用支持、适老化设计等是推动循环持续的重要力量；而对初始动力不足的老年人来说，早期的以数字素养提升为主的外部推动则更为重要。

2.3.5 数字产品的适老化

我们所讨论的适老化中一个最重要的环节是数字产品的适老化。无论是人与人之间的互动，还是人与系统之间的互动，融入数字社会的第一步都是通过使用某款数字产品进入数字化的世界。我们面临的种种适老化问题最主要的根源之一，就是数字产品的适老化不足。

我们可以进一步把这一不足分解为相关主体的实施动力问题和相关人员的技术方法问题，而现在二者都严重不足。由于实施动力的缺失，目前我们看不到这一问题根源在不远的将来被消除的迹象，新的数字产品出现时仍将重蹈适老化不足的覆辙。我们将在2.5节中讨论为什么市场机制无法提供适老化设计的实施动力，如何才能通过非市场力量和技术进步来激发出足够的动力。

2.3.6 补偿数字产品的适老化不足

我们不得不接受的一个现实是，在未来的几年里，适老化将主要集中在补偿老年人的感知能力等较容易实现的方面，其整体的改善效果比较有限。在这种情况下，想要快速缩小年龄数字鸿沟，只能借助产品设计以外的适老化支持。我们将在第9章和第10章中系统地讨论适老化支持体系，这里我们先进行一个简要的描述。

在数字产品适老化不足的情况下，除了缺乏使用动力，老年人使用数字产品的障碍主要体现为相关知识缺乏、能力（感知和认知能力）不足和一些心理倾向（夸大风险、技术恐惧、能力悲观）等。这些障碍可以通过以下三种适老化支持来消除。

（1）数字素养提升。通过常态的培训，使老年人逐渐积累、提升基本的数字素养，包括基本的背景知识、风险意识、防范诈骗意识等。这也是帮助老年人逐步熟悉数字化，消除技术恐惧的一种主要方式。

（2）使用培训。针对特定的数字产品进行有针对性的使用培训。这种培训需要对目标产品和目标用户都有充分的了解，根据目标产品的能力要求和目标用户的实际能力之间的落差来设计培训方案。同时，要充分考虑老年人的学习特点，包括记忆力和注意力特点。这与通常的由讲师自己演示一遍，然后逐一手把手教的方式截然不同。最终的目的是使老年人能够在培训笔记的辅助下独立使用该产品，并增强未来使用数字产品的信心。

（3）使用支持。即使是当时学会了的东西，老年人还是会忘记。衰老是一个持续的过程，因此教会他们使用绝不是一件一劳永逸的事情。没有使用支持，一方面现有的老年用户会因为不能及时地获得支持而放弃使用，导致用户流失；另一方面会给吸引老年人尝试使用带来信心不足的问题。而使用支持本身也需要充分地考虑老年人的特点，支持人员需要对老年人的使用特点有充分的了解，知道在哪些环节最容易出问题，出什么样的问题，如何有效地与老年人配合确认问题所在，如何描述解决问题的方法，以便老年人可以理解并执行。

2.4　一些常见的认知误区

下面我们谈谈在数字化进程中，在适老化这一问题上出现的一些常见的认知误区。

2.4.1　认知误区的体现

快速的老龄化进程使整个社会对与老龄化相关的很多问题在认知上有较大的偏差，对适老化的认识也不例外。目前，关于适老化的认知误区很普遍：从相关政策的制定者、数字产品的设计人员、养老服务的从业人员，到老年人的子女，甚至老年人自己，都对适老化有着各种各样的认知误区。这些认知误区的普遍存在直接体现在两种现象上：① 市场上充斥着各种各样的老年智能产品和老年科技产品，但老年人真正愿意用并能够被老年人用起来的屈指可数；②近几年来，各地政府投入了大量资金，尝试各种各样的智慧养老项目，包括种类繁多的智慧养老产品，但效果乏善可陈。其中的一个主要原因是老年人没有兴趣用，也不愿意花精力去学习如何使用这些产品。这两种现象说明老年科技产品的厂家和销售商、老年人的子女、很多智慧养老项目的管理人员都对适老化有较明显的认知误区。

这些认知误区主要来自相关人员在数字产品普及过程中对用户使用能力的要求不太了解，对老年人的能力特点保持惯性思维，尤其是对老年人的心理特点和使用习惯缺乏认识。其实，在我们自己进入老年之前，对于老年人愿意了解哪些数字产品、喜欢使用哪些数字产品、能够使用哪些数字产品、需要一些什么帮助等问题并没有一个系统和科学的认识。令人遗憾的是，目前社会上也缺乏机会来了解这类知识，这导致很多人根据自己的感性认识在头脑中形成了适老化等同于界面上用大字这种过度简单化的认知偏差。

2.4.2　常见的认知误区

在实践中我们发现，关于适老化的认知误区有很多，在这里我们只讨论几点主要的认知误区。我们可以将常见的认知误区分为五大类：第一类是没有认识到适老化问题的长期性，认为在智能手机用户进入老年时，适老化问题将不复存在；第二类是将适老化问题过度简单化，尤其是将适老化等同于针对常见的老年人感知能力衰退的补偿；第三类是忽视老年人的心理特点和认知特点；第四类是重能力、轻素养，表现为很多老年人能够使用智能手机，但无法判断网上信息的真伪，容易信谣、传谣；第五类是将适老化问题的解决过于狭窄化，缺乏系统思维，如把适老化等同于在数字产品界面上针对老年人的设计。

我们现在来具体地分析一下这五类认知误区。

1. 适老化问题的临时性

很多人，包括一些业内人士，都认为随着熟悉智能手机的一代人进入晚年，在大多数老年人都能够上网之后，适老化将不再是一个大问题了。而实际上，未来将有层出不穷的新技术、新产品出现，并且在进入市场的早期仍会忽视适老化。但未来的适老化重心将不再是使用能力，而是数字素养和背景知识这些随时代变化的因素。

区块链、元宇宙等将是未来新的技术和应用模式，其在医疗健康、金融和旅游等领域的应用再次给用户带来了全新的使用与交互体验，而这些交互能顺利进行往往建立在用户具备必要的背景知识的基础上，这将再次带来新的适老化挑战。

因此，至少在未来几十年里，适老化将一直是一个对我们影响重大的社会问题。

2. 过度简单化

这类认知误区通常将老年人的操作特点简化为感知能力的衰退，因此将一些针对老年人感知能力衰退的补偿等同于适老化。下面是几个常见的例子。

（1）大文字=适老化。老年人的视力衰退确实是一种普遍现象，但视力衰退不仅包括老花眼，还包括对色差的敏感度降低，甚至对字形与轮廓的辨识能力降低等现象。

（2）语音界面=适老化。虽然语音是人类的一种很自然的信息传递和交互方式，但这种交互方式是“顺序性的”，需要参与者在几个方面具备基本的能力：听力、短期记忆力、清晰简洁的语言表达能力。恰恰在这几个方面，人的能力随着年龄的增长会渐渐衰退。因此，语音界面对老年人的挑战不亚于图形界面。

（3）使用电视遥控器=适老化。这是基于一个假定，即老年人愿意使用熟悉的工具。但是，这个假定还有不言自明的另一半，就是用这些工具是“做熟悉的事情”。如果期望老年人使用貌似熟悉的工具，去做不同的事情，其挑战性甚至会比学习使用一个新工具更高，因为需要克服以前使用这些工具时形成的惯性。因此，仅使用电视遥控器并不意味着老年人用起来会更容易，而很关键的一点是，需要把新应用的交互方式映射到传统电视遥控器的模型上。

（4）老年人免操作=适老化。如果一款数字产品不需要老年人参与操作，是否就达到充分适老化了呢？对一款部署在老年人生活环境中的数字产品来说，操作界面只是适老化的一个方面，还有一些可能影响老年人使用意愿的因素。比如，是否会产生干扰老年人的“噪声”，包括灯光、声音、电磁辐射等。甚至外观是否顺眼、是否费电等，都会影响老年人的使用意愿。

（5）补偿老年人肢体操控能力的衰退=适老化。很多数字产品的使用界面都采用触摸屏，需要用户用手指做多种操作来告知系统用户的选择、确认、关联等。但很多数字产品界面的屏幕较小，对操作的精细度要求较高，这对很多肢体操控能力逐渐衰退的老年人来说挑战很大，但这只是挑战之一。肢体操控能力衰退实际上反映的是大脑的功能衰退，因此常常伴随着一些其他需要大脑协调指挥的功能逐步丧失。

实际上，感知能力衰退只是影响老年人使用数字产品的因素之一，而认知能力、心理特点和知识的掌握则是影响面更广、影响力更大的方面。

3. 低估了老年人心理特点和认知特点的影响

这类认知误区忽视了一个事实：老年人的某些心理特点和认知特点对使用新产品的影响，甚至大于其老年生理变化导致的能力衰退。下面是几种常见的现象。

（1）面向老年人的数字产品的第一个挑战是，老年人缺乏动力去尝试新产品。没有尝试的动力，其他所有使用上的适老化都是空谈。这反映的是一种与时间有关的老年心理现象：随着感觉自己离生命的终点越来越近，老年人不再有强烈的好奇心和动力去了解、尝试新产品。

（2）即使老年人决定去尝试了，通常也不是抱着必定要学会使用的决心，而是仅试试看，如果感觉难学、难用，就放弃了。时间在这里再次起着一定的作用，老年人常常不愿意再下功夫在具有一定挑战性的事物上了。

（3）在尝试的时候，老年人常常倾向于套用自己熟悉的某种思维模式或套路。当这种习惯不适用时，则会给他们带来强烈的挫败感，容易导致他们放弃。

（4）很多老年人对教他们使用新产品的人所表现出来的态度很敏感，似乎一直在寻找某种别人嫌自己笨的迹象，作为自己学不会而放弃的借口。因此，教学人员无意间表露出的不耐烦等态度，会对老年人产生较大的影响。

总之，老年人尝试新事物的动力是很脆弱的。如果他们在第一次接触时留下了负面的印象，验证了其心目中的障碍预期，那他们未来再次尝试的可能性会小很多。

4. 重能力、轻素养

由于中国老年网民数字素养不足导致的问题已经十分明显。比如，很多老年人具备了操作智能手机上网的能力，但缺乏有效过滤、使用网上信息的能力，容易轻信甚至积极地传播一些貌似权威的谣言。同时，他们也更容易陷入很多针对老年人的欺诈陷阱。很多子女给父母购买了智能手机，也教会了他们使用，但并没有认真地帮助他们学会如何辨别网上各种信息的真假。而老年人自己则容易轻信那些标榜着“红头文件”“行业权威”的言论，以及在一些知名平台上的第三方“软诈骗”行为。

相比目前十分稀少的老年人智能手机使用培训，提升老年人数字素养的社会支持体系更是十分薄弱，甚至空白。

5. 迷信单点突破，缺乏系统思维

鉴于老年群体自身的多样性及其特点的复杂性，期望通过解决一个关键问题而使整个适老化问题迎刃而解是不现实的。只有利用一套系统化的适老化支持体系，在多个环节有针对性地跨越老年人的使用障碍，才能真正地吸引老年人，最终帮助他们融入数字社会。具体地说，适老化设计不是仅局限于在产品层面针对老年人进行界面设计，而是要考虑如何有针对性地帮助老年人跨越在了解、接触、学习、使用等各个环节所面临的障碍。

（1）通过适合的渠道和方式帮助老年人了解新产品。

（2）通过产品展示，使老年人感受到新产品的有用性和易用性，吸引其尝试。

（3）在产品层面设计适合老年人的使用界面，降低其使用的负担，提高使用的成功率。

（4）在使用说明和使用培训的设计上充分考虑老年人的特点，提高产品的可学习性。

（5）提供适当的使用支持，及时协助老年人解决在使用中碰到的问题。

（6）在老年人关注的安全与隐私方面，不仅要有严谨的设计，还要能清晰、明了地进行解说。

2.5　适老化问题的持久性

我们现在面临的数字化与老龄化的冲突是一种暂时的现象，还是一场持久战？20～30 年后，“70 后”一代人将进入中高龄阶段，在那时是不是那些老年非网民就成为凤毛麟角了？当上网不再是问题时，年龄数字鸿沟还存在吗？

这些问题背后的关键是，随着数字技术的不断发展，人类与数字社会交互的方式会演变成什么样子？自进入 21 世纪以来，新技术以前所未有的速度出现、扩散和普及，人类也不得不以前所未有的速度了解、熟悉、适应、学会使用这些新产品。在人工智能的助力下，新技术将以更快的速度渗透进我们的日常生活，最终的制约将取决于多数年轻人的接受速度。年轻人的学习能力使他们能适应的技术更新速度远快于老年人。因此，我们认为适老化问题将长期存在，只是其表现形式会不断地变化。

2.5.1　新技术出现、扩散和普及的加速

随着电子产品小型化及其处理能力的持续提升，将不断地出现新的数字产品。硬件的加速升级也带来了软件的不断革命和在方方面面的渗透。软件的变化将体现在新的使用界面、新的使用流程和操作逻辑上：它们会要求使用者具备新的背景知识。随着用户群体整体数字素养的提高，新的数字产品出现、扩散和普及的速度也在加快。**“新技术出现→新技术扩散→新技术普及”**这一周期在大大地缩短。从电话的 70 年、计算机的 40 年、手机的 20 年，缩短到智能手机的 10 年。新技术出现、扩散和普及有其自身的规律，并能给我们带来一些关于适老化发展趋势的启示。

1. 新技术扩散理论

创新型产品从最初进入市场到逐渐被接受，最终被广泛地使用，这一过程一般遵循由 Everett Rogers 在《创新扩散》(*Diffusion of Innovations*)[6] 一书中提出的“创新扩散”（Innovation Diffusion）或“技术扩散”（Technology Diffusion）的规律。在一款创新型产品进入市场后，它会经历早期市场和主流市场两个阶段，并在这两个阶段逐渐渗透五类用户。早期市场阶段的创新者、早期采纳者与主流市场阶段的早期主流用户、后期主流用户及怀疑者截然不同。受衰老的影响，老年用户中除少数会成为早期主流用户外，有一部分人会成为后期主流用户，而更多的则是怀疑者，如图 2-18 所示。

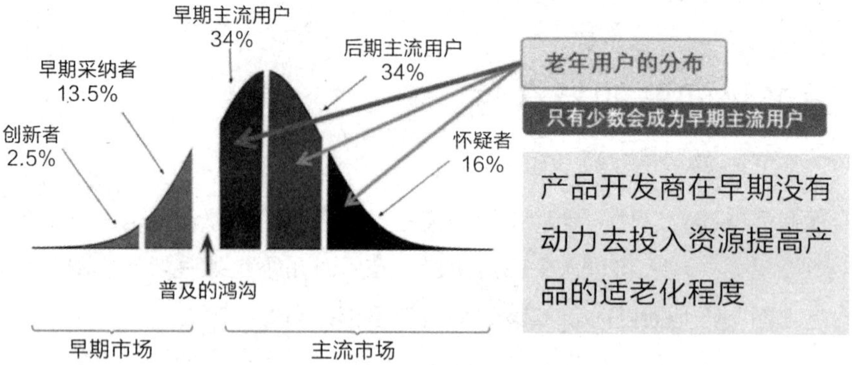

图 2-18　*新技术扩散生命周期*

［来源：Geoffrey A. Moore 的《跨越鸿沟》（*Crossing the Chasm*）］

即使在互联网接入中国后近 30 年的今天，中国的老年人中仍有近 40%没有成为互联网用户，他们占了图 2-18 中“怀疑者”的大多数。

2. 新技术与新知识

每一次新技术的出现，都会带来新的理念和新的方法，有时还会有新的使用模式，要求用户掌握新的操作能力和背景知识。虽然新产品的操作能力有一部分是通用的，如智能手机的联网、充电、打开 App、拍摄、使用二维码等基本技能，但还有一些需要特定的背景知识。比如，数字健康类的应用会要求懂得一些基本的医疗卫生术语和相关的知识。这些特定的背景知识只能用于特定的应用场景，因此随着越来越多生活场景的信息化，用户往往需要学习越来越多的背景知识。

使用一款新产品所需要的新知识往往很难从产品自身获得，而是需要产品以外的知识获取渠道。因此，产品以外的知识普及是适老化支持不可缺少的一部分。

3. 新技术的全民普及趋势

面向消费者的新技术加速出现并普及，成为全民应用，这是近几十年才有的现象，尤其是自进入 21 世纪以来的 20 多年。芯片和人工智能等核心技术的不断发展，在未来几十年内将进一步推动这一趋势。如前所述，这一趋势将给我们带来两个挑战。

（1）作为数字社会中的一员，我们将更频繁地面对新产品的出现和学习使用它们的挑战，而老年人更是首当其冲，适老化的支持作用尤为凸显。

（2）面对蜂拥而至的新产品，如何协助老年人进行取舍，选择最适合他们的去学习使用？

2.5.2 新技术与老年人

新技术在老年人中普及时所面临的困难有很多，除了我们耳熟能详的能力瓶颈，知识欠缺和老年人心理倾向所受到的关注相对较少。而这些问题更需要社会化的解决方案，产品开发商在突破这些瓶颈上的作用相对有限。因此，它们常常采取回避的策略，导致中高龄老年用户通常不被包括在目标用户范围内。

1. 老年人对新技术的态度

老年人对新技术的态度与其受教育程度、工作经历及收入水平等的关系比与年龄的关系更大。除了极少数老年人还在积极主动地寻求与发现刚出现的新技术，其余的老年人对新技术抱有的态度不是很积极。可以大致将他们分为三类，对应的是新技术扩散生命周期中的第三、第四、第五拨用户（见图 2-18）。

（1）第一类：积极主动型。他们对于身边可信的人介绍的新技术比较能够接受，也愿意尝试；有的甚至主动去了解、发现新技术。这些人属于早期主流用户。

（2）第二类：被动接受型。他们只有在身边很多人都已经使用了某款新产品后，才有兴趣和勇气去尝试。这些人属于后期主流用户。

（3）第三类：拒绝接触型。由于种种原因，他们已经得出了新技术不适合自己的结论，即使有人介绍，也不愿意再尝试新技术。这些人属于怀疑者。

2. 老年人使用新技术的能力要求

我们以智能手机上的 App 为例，对老年人使用新技术所需要的能力进行分析。这些能力可以分为以下五个层次。

（1）对智能手机的可用性有基本的理解，知道智能手机在什么状态下能够支持 App 的顺利使用，包括电量、网络条件等。

（2）对 App 的用途有足够深的理解，知道在什么场景中应该并能够使用 App。

（3）对 App 的使用流程有宏观的把握，如从哪里开始，要经过几个环节，到哪里算结束，知道中间需要和外部环境进行什么样的信息交换，如扫码、支付等。

（4）在环节内的步骤层面，能够在界面的提示下完成每一步操作，包括信息交换、判断选择、确认状态等，并进入下一步。

（5）在操作层面，能够看清、看懂界面信息，能够使用触摸屏和虚拟按键或麦克风进行信息输入。

在前三个层次，需要有长期记忆，并具备一定的背景知识，对 App 有一定的理解。在第四个层次，需要有充分的短期记忆（工作记忆），以及判断、比较、选择等基本认知能力。在第五个层次，需要有感官的感知能力、肢体配合大脑的操作能力。

对绝大多数能够独立生活的老年人来说，第四、第五个层次的能力差距不大，主要的问题在前三个层次的背景知识和理解记忆上。而这种理解记忆用传统的死记硬背是不行的，其窍门在于与身边场景中熟悉的元素关联。

3. 老年人的知识更新

新技术出现的速度在近十年明显地加快，使用这些新技术所需要的背景知识多是老年人在退休前未接触过的新知识。比如，移动互联网的普及是在 2010 年以后，对一个在 2010 年前退休的老年人来说，在移动互联网崛起和普及的早期，如果没有适当的渠道来获得诸如应用商店、Wi-Fi、二维码、移动支付等相关的背景知识，那其在后面不得不学习时，需要跨越的知识门槛就越来越高。

因此，能够方便地获得这些新的背景知识是顺利学习使用新产品的一个前提。而目前基本没有面向零基础老年人的、通俗易懂的、符合老年人学习特点的、针对老年人感兴趣的数字产品的背景知识介绍课程和书籍，老年大学和社区里也没有适合这类老年人的课程或公益性讲座。

4. 老年人的学习能力和学习效果

已经退休 10 年以上的老年人，除了少数人能参加国有企业和事业单位的离退休管理部门组织的一些数字产品使用技能培训，大多数人只能寄希望于社区举办的一些公益性讲座。就目前的状况来看，这种学习模式并没有考虑老年人的学习特点，因而其效果普遍不理想，难以承载缩小年龄数字鸿沟这一重任。

由于这些老年人的技术知识基础较薄弱，再加上对新技术本来就抱有些许恐惧，并且他们的记忆力已经开始有较明显的下降，因此他们在学习新知识时面临较多困难。期望他们能够像年轻人那样“先记住，再理解”，是不现实的。基于老年人的心理特点，他们更愿意投入时间和精力去学习与自己密切相关的知识及实用技能，对那些高深莫测的理论和概念则敬而远之。如果讲授知识的方法不得当，不仅会导致老年人听不懂、记不住、用不了，没有任何学习效果，还会严重地影响他们未来的学习积极性，进一步强化他们头脑中的新技术与他们这样的老年人毫无关系这一思维定式。

5. 老年科技产品的分类

我们现在通过对老年科技产品进行分类，分析各类产品的适老化程度。这里所说的老年科技产品是指那些老年人可能使用，需要老年人直接或间接地参与使用的产品，不包括那些老年人能从中受益，但无须参与使用的产品。目前市场上被老年人使用的科技产品按目标用户和使用的主动性可以分为以下三类。

（1）面向所有人的主动使用产品：这类产品虽然不是专门针对老年人设计的，但其有用性通常较明显，也能被相当一部分老年人理解。这类产品需要用户主动参与到使用流程中。而老年人使用的主要障碍是其（针对老年人的）易用性不足。移动支付、视频通话、滴滴出行、百度地图等都能满足老年人的一些特定需求，也能被他们理解，但相当一部分老年人缺乏使用能力。

（2）专门为老年人设计的主动使用产品：因为这类产品需要老年人主动去使用或维护、管理，所以其能够被感知到的有用性必须很强，但目前这类产品被老年人真正接受的其实很少。以智能腕表为代表的健康类和安全类产品的有用性并不能被多数老年人认可，而以智能音箱为代表的结合了社交和娱乐的语音交互类产品，则在被老年人感知到的易用性上仍有明显的不足。

（3）会涉及老年人的被动使用产品：很多用于社会治理和管理的应用属于这类产品。很多时候，其使用逻辑并不一定完全能够被老年人理解。一个典型的代表是在新冠疫情防控期间推出的“健康码”。其有用性是通过与外部环境的碰撞来体现的，不使用会导致极大的不方便，老年人的使用是被外力推动的。

另一种分类方式是按对传统应用的替代性来分，有完全替代、部分替代和零替代。

（1）新应用完全替代一个传统应用：比如智能手机替代 MP3。

（2）新应用能够辅助一个传统应用：比如视频通话。因为采用数字技术，所以通话的双方不必在同一个地点面对面交流，这极大地降低了空间和时间等因素对实现通话的限制。

（3）新应用没有相对应的传统版本：比如非同质化代币（Non-Fungible Token，NFT）交易完全没有相对应的非数字化传统版本。

通过分析 TAM 中的两个核心维度——有用性和易用性，在上述两种分类方式下，可以很清晰地揭示当前数字产品的适老化不足，如表 2-5 和表 2-6 所示。

表 2-5　按目标用户和使用的主动性分类

产品类别	被老年人感知到的有用性		被老年人感知到的易用性	
	设计目标	应用现状	设计目标	应用现状
面向所有人的主动使用产品	中	中	中	弱
专门为老年人设计的主动使用产品	强	弱	强	中、弱
会涉及老年人的被动使用产品	中	弱	中	弱

表 2-6　按对传统应用的替代性分类

产品类别	被老年人感知到的有用性		被老年人感知到的易用性	
	设计目标	应用现状	设计目标	应用现状
新应用完全替代一个传统应用	强	强	中	弱
新应用能够辅助一个传统应用	强	中	强	中、弱
新应用没有相对应的传统版本	中	弱	中	弱

2.5.3　数字产品全民应用的适老化驱动力

自 21 世纪初以来，大批的数字产品不断涌现，并且以前所未有的速度从早期用户向所有用户扩散。同时，事实也一次又一次地教育了我们，除了专门面向老年人的产品，适老化通常不在初期的产品规划之内。

1. 新产品适老化缺失的原因

创新型产品的早期用户，即那些跨越图 2-12 中**普及的鸿沟**之前所吸引的用户，是自身为创新者的群体和那些勇于并乐于尝鲜的群体。他们最看重的是产品的"新"，可以忽略产品其他方面的不足，包括易学性和可用性，他们自身很强的学习能力和使用意愿足以弥补产品易学性和可用性的不足。而产品的易用性、性价比等只有在普及的后期对后期主流用户才是关键的吸引力。因此，在产品开发商的眼中，提高可用性（适老化）对于吸引早期用户没有任何帮助，而抢占市场先机的压力足以使几乎所有的产品开发商不过多地考虑可用性。

至于是否需要提高产品的适老化程度来吸引主流市场阶段的后两类用户，则往往基于对市场回报的判断，目前来看吸引力并不是很大。

2. 未来的数字产品会更适老吗

在可见的未来，除非一款数字产品本身就是以老年人为主要对象的，在这种情况下适老化将是其必要的核心功能之一，否则其适老化程度不会有明显的改善。

数字技术的发展基本有两种形式：渐进式和跨越式。渐进式发展带来的新产品的用户使用模式的变化通常较小，很多以往的心理模型都可以借用，老年人在前期的经验上再做些许努力就能有效地使用。个人计算机（Personal Computer，PC）几十年的发展历史一直是渐进地在进步，智能手机从早期的雏形到现在的成熟产品也一直是渐进地在演变，但从 PC 到智能手机，则是一个跨越。

当一款跨越式的创新型产品出现时，其采用的技术、使用的模式往往会突破传统的框架，颠覆既有的思维模式（这是创新的本质），与以往的使用习惯不一致，导致届时的老年人不熟悉且不适应。而如果提高适老化程度所带来的成本增加**不是忽略不计的**，并且会拖延产品进入市场的时间，则产品开发商没有任何动力事先考虑适老化的问题。

因此，即使对熟悉当前技术（如 PC 和智能手机）的一代人来说，在他们进入老年后，仍然会面临陌生的新技术欠缺适老化的问题。我们可以预见的一些跨越式发展带来的将渗透到千家万户的新技术有语音交互、VR/AR（虚拟现实/增强现实）、基于 PAN（个人网络）的健康管理、自动驾驶、辅助型服务机器人、区块链及建立在其上的应用、元宇宙及建立在其上的应用。这些新技术都将带来新的适老化挑战。

3. 适老化是一场持久战

从上面的分析来看，适老化不足将不是一种短暂的现象。随着新技术的出现和老龄化的持续，这将反映在一拨接一拨的不以老年人为主要目标用户的新产品上。

而对于那些专门为老年人开发的产品，适老化不足不是因为产品开发商缺乏动力，而是因为产品开发商缺乏适老化设计的相关知识。在产品的适老化设计不到位的情况下，只能依靠产品以外的使用培训和使用支持来弥补。

产品以外的适老化支持对改变老年人的态度和提升他们的使用动力极为重要。图 2-19 是一个扩展了的 TAM，其重点是增加了外部适老化支持的影响。

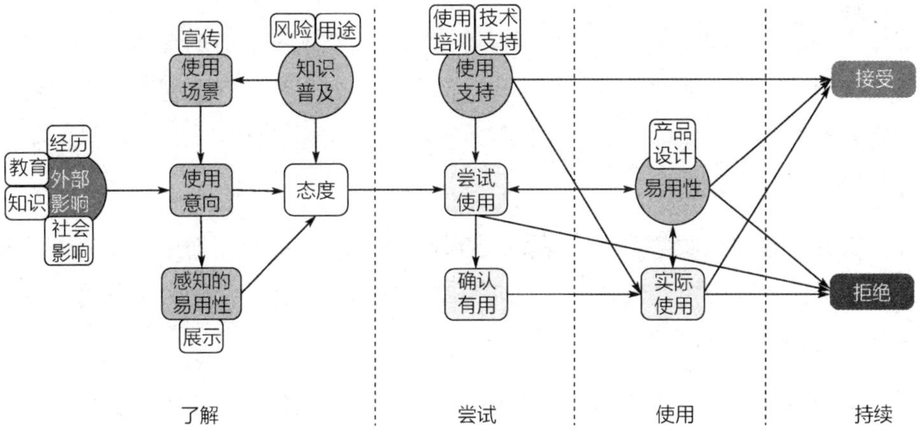

图 2-19　包括外部适老化支持的 TAM

在了解、尝试、使用和持续这四个阶段中，外部适老化支持起了很大的作用，有的甚至是决定性的作用。

2.6 适老化的发展趋势

2.6.1 数字化与老龄化的持续影响

中国社会的数字化与老龄化进程在未来的几十年将持续地加速，这两者将是驱动适老化需求的根本动力。而其具体的影响将非常多样化，至少会体现在以下这些方面。

（1）**传统服务的界面被数字化。**传统的公共服务和市场化服务的**用户交互界面**将持续地被数字化，从单纯的人对人逐渐过渡到机器辅助，最后实现完全以 App 为代表的机器对人。

（2）**传统服务的内容被数字化。**一些传统的市场化服务的内容将持续地被数字化，尤其是信息、健康和娱乐类等与老年人关系较大的服务，而其内容送达的流程和方式会与人工服务有所差异。

（3）**新的数字化服务大量涌现。**大量基于新概念和新模式的纯数字化的全新服务会持续涌现，使用这些服务不仅涉及应用新的技术和模式，还需要用户对服务的概念和逻辑有足够的理解。

（4）**既丰富了生活，也使生活更复杂。**新技术的出现使老年人的视野变宽，关注的细节变多，生活变得更复杂，并且要求具备更多的知识和更强的处理能力。

（5）**服务扁平化增加了用户的负担。**数字化在替代人工服务的过程中，也把更多的选择责任推给了用户，因此除使用数字产品的界面外，用户还需要拥有更多的相关知识和能力做判断与选择。比如，制定旅游行程所涉及的交通、酒店、门票、导游服务、饮食和保险等需要逐个地比较、选择。

（6）**部分非数字化服务将继续保留。**随着老年人的寿命持续地延长，其中很大一部分人还是非网民，社会需要给他们提供非数字化的服务选择，而这种选择的供给难以具备市场竞争力，并且将产生巨大的社会成本。

（7）**部分市场化服务转变为公共服务。**一些市场化的传统人工服务由于成本过高，竞争力越来越弱，因此将逐渐萎缩、消失，或者转变为公共服务。就像一些传统的艺术表演形式无法以市场化的方式持续生存，最终以公共服务的方式保留了下来。

（8）**数字社会治理的覆盖面拓展缓慢。**因为大量老年非网民的存在，所以数字社会治理将面临更大的挑战，随着各种人工窗口的恢复，将给社会成本带来巨大的压力。

（9）**数字化助力老年人力资源整合。**数字化将大幅度地降低整合老年人力资源的成本，使老年网民能够更容易地进行社会参与，实现“老有所为”。

（10）**数字化也将影响老年非网民的生活。**随着老年人力资源的整合越来越依赖数字化，社会参与的渠道越来越狭窄，这将影响大批老年非网民的社会参与，以及一些解决老龄化危机的有效模式的实施（如互助养老），使中国的老龄化危机更具挑战。

（11）**一些老年人将永久地成为非网民。**高龄老年人将逐渐进入晚年的学习困难期，对其中的非网民来说，从头学习使用智能手机将越来越难，相当一部分人将错过学习窗口，成为永久的非网民。

（12）**新的适老化问题将在后智能手机时期出现。**未来再出现的新技术和新服务，尤其是其所依赖的新的背景知识，对老年人来说会更陌生，学习使用时需要付出更多的努力，导致其中大批老年人放弃学习使用。

如果没有制定及时的适老化战略来应对上述这些现象，那对中国老年人的晚年福祉和社会参与、老年人力资源的利用，乃至数字社会治理都会产生重大影响。

2.6.2　从可有可无到必不可少

适老化的需求与数字产品向老年群体的扩散、普及密切相关，在过去的几十年中我们目睹了适老化从可有可无逐渐变成必不可少。

当“20 后”“30 后”一代老年人在 20 世纪 80 年代、90 年代进入其晚年退休生活时，传统电话、彩色电视、VCR 等家用电器刚刚开始在中国的家庭中普及，而 PC 和互联网等新一代信息技术仍处于信息查询及收发电子邮件阶段，尚未渗透到大众的日常生活中。这是信息革命爆发的前夕，计算机的用户还只局限于少数技术精英，基本与老年人没有什么关系。

当“40 后”随着 21 世纪的开始逐渐退休时，互联网的热潮已经如火如荼了。各种互联网服务开始大显身手，并逐渐渗透到人们的日常生活。除了网上聊天室，网上购书、网上订票等也开始普及，但其用户仍然是中青年人。即使有少许老年人想用，也要自己去努力克服适老化的严重不足。虽然 PC 的适老化严重不足，但想使用 PC 的老年人仍然是少数，因此适老化仍然是一个小众的问题。

等到“50 后”退休时，已经是移动互联网爆发的前夕。互联网应用已经进入千家万户，大批网民的日常生活已经和互联网密不可分了。随着智能手机和移动互联网的普及，各种日常生活中的线上服务快速地扩散到大批 PC 时代的非网民群体中，并开始出现以微信、支付宝、滴滴出行为代表的全民性应用，非网民在生活中开始遭遇种种不便。这时大批已经退休的老年人面临着需要学习使用智能手机和 App 的挑战，而他们之中的很多人并没有经过 PC 和互联网的洗礼，并且遭受着记忆力下降的困扰，这时适老化的问题开始暴露出来了。

当“60 后”开始退休时，智能手机和 App 已经成为大多数人生活中必不可少的日常工具了。而对那些非网民来说，社会的数字化似乎已将他们抛弃。当社保、防疫等都离不开智能手机和 App 时，我们突然意识到，还有很多老年人没有搭上数字化的快车，这时的适老化对于数字社会的发展已经必不可少了。

2.6.3 向高龄老年人渗透

随着中国老龄化和老年人空巢与独居化的加剧，高龄老年人的日常社交逐渐收缩到由少数子女和亲友组成的小圈子。对大批空巢和独居老年人来说，真正频繁的线下社交越来越少，而智能手机、智能音箱或其他社交助手将极大地丰富其与家人亲友、同学同事的线上连接，他们之中越来越多的人会寻求新途径以丰富自己的线上生活。

当社会对适老化逐渐重视，各种社会化的适老化支持越来越普遍时，成为老年网民的门槛会越来越低。这将给越来越多 75 岁以上的高龄老年人更多的信心，吸引他们尝试学习使用智能终端，努力跨越年龄数字鸿沟。而大量能够熟练使用智能手机的“50 后”“60 后”将在 75 岁以后仍继续保持使用能力，但是他们将面临使用新应用所需要更多新的背景知识的挑战。因此，对于他们，适老化的重心将有所改变。

2.6.4 向半失能老年人渗透

与适老化同时在发展的信息无障碍技术将使更多的半失能老年人有可能通过网络与外部世界重新建立连接。即使行动不便被长期困在家中，甚至卧床不起的半失能老年人，只要其脑力属于同龄人的正常状态，就有可能利用多种辅助工具和多样化的用户界面来使用智能终端。对这类老年人来说，智能终端等于是在电视以外，打开了另一扇通向外部世界的，更丰富多彩并能够看得更远的窗户。

2.6.5 应用更加多样化

随着老年网民的比例增加，将有更多专门面向老年人的应用涌现。根据老年人的自身特点和典型生活场景，可以大致将这些应用分为三类，如图 2-20 所示。

（1）面向活跃和半活跃老年人的应用：这些老年人常常会外出开展社交、购物、健身、旅游等活动。针对他们这种生活状态，智能出行、移动支付、健康管理、社交娱乐等应用能方便他们的生活。

（2）面向非活跃自理老年人的应用：这些老年人由于身体原因已经不再活跃，但仍然能够管理自己的日常生活，这常常导致他们处于空巢或独居的状态，并且较少外出活动。对他们来说，线上社会连接、智能生活助理、网购、线上娱乐、老年教育、益智老年游戏等应用能改善他们的日常生活。

（3）面向非自理老年人的应用：很多老年人仍然有着清醒的头脑，渴望拥有丰富的精神生活。数字化能够给他们提供一系列前所未有的应用。除线上社交、线上娱乐、老年教育、网购等应用能丰富他们的生活外，借助智能化应用来发挥他们的余热，能大幅度地增强他们的自主性感受。比如，智能秘书可以协助他们口述、记录个人经历/回忆，浏览家庭照片/视频等，以丰富他们的精神生活。此外，他们还能通过数字化工具来管理、监督自己身边的服务。

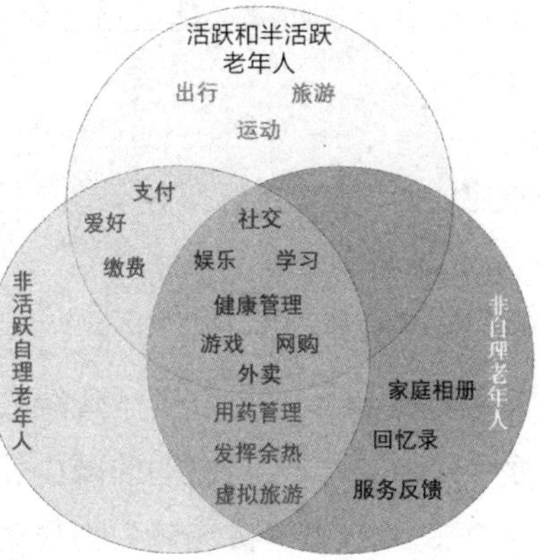

图 2-20　一些专门面向老年人的典型应用

2.6.6　从普通的图形界面向增强的图形界面转变

随着 VR/AR 等技术开始大规模地普及，新一类应用的用户界面将和普通的图形界面完全不同，并且是用户以前从未体验过的。这类 VR/AR 应用的界面带来了其特有的适老化问题[7]。

比如，VR/AR 等界面往往提供比普通图形界面更丰富的、多维的反馈信息，需要用户能够从中筛选出有用的部分，用于决定下一步的操作。这种模式本身就不是老年人所熟悉的，没有现成的心理模型可以借助，并且这时还需要用到一些老年人正在衰退的感知能力。

2.6.7 从屏幕界面向多元化界面转变

随着各种交互技术的完善，除传统的屏幕图形界面外，语音、气味、触感等更多的交互模式将被用于沉浸式的体验中。这种多维环境的全方位交互，会给老年人带来不熟悉的异样感和额外的认知负担，使很多人望而却步。

2.6.8 人工智能辅助的适老化

人工智能能够助力加速适老化的进程。无论是产品的适老化设计和改造、老年人的使用培训与使用支持，还是数字素养提升，其核心都是发现老年人在使用数字产品时出现的问题，以设计有针对性的解决方案并在实际应用中不断地进行调整。随着在适老化实施中大量相关数据的积累，机器学习在适老化知识积累方面将带来颠覆性的变化，大大地提高适老化的精准度，降低适老化的成本，促进适老化在数字产品生命周期中前移，扭转以亡羊补牢为主的适老化现状。

2.6.9 适老化元年——2020 年

在 2020 年我们迎来了数字社会适老化的元年。

为了降低传染的风险，很多商家减少甚至取消了传统的收款方式，移动支付从一个方便的可选项变为必不可少的交易工具。人员流动的减少使数字化的社会连接成为大批空巢和独居老年人与外界的主要联系。以“健康码”为代表的借助数字技术的防疫措施进一步暴露出社会适老化的严重不足，并被媒体加以广泛、深入的报道。

随着社会的关注，政府迅速采取了相关的应对行动。国务院办公厅发布的《关于切实解决老年人运用智能技术困难的实施方案》第一次明确地、具体地提出了涉及老年人生活多个方面的适老化要求。随后，工业和信息化部、民政部、国家卫生健康委员会也陆续出台了相关的措施和计划。很快，地方政府也开始有了积极的响应动作。

可以说，新冠疫情防控确实在推动适老化引起社会关注、暴露其短板等方面起到了很大的作用。

第二部分　适老化支持体系基础

适老化作为一个跨越多个专业学科的领域，尚未形成一套严密的理论体系。但是，其所涉及的那些专业学科都已经较为成熟，与适老化的关系也相当清晰，适老化理论的框架已经初见雏形。我们在这里重点讨论那些与适老化关系密切的学科中的相关理论，以及适老化如何在这些理论的基础上形成一个相对独立且完整的体系框架。本书中所讨论的适老化，是指通过设计、培训、支持等一系列方法来缩小乃至消除老年人在衰老过程中所具备的能力和使用数字产品所需要的能力之间的差距的努力。这种努力主要分为两类：降低对使用能力的要求，提升老年人的使用能力。此外，适老化还包括采用数字技术协助老年人应对、克服一些传统的老年问题，改善老年人的晚年生活质量。

在实际中常常采用的以人工服务来弥补适老化不足等方式不属于我们讨论的适老化范畴。

第 3 章　老年用户分析

适老化的理论基础之一是老年学。老年用户与其他用户相比，有其显著的特点，这些特点既有随着年龄增长出现的生理变化，也有进入晚年生活阶段后逐渐明显的新的心理倾向，还有他们所经历的特殊年代留下的时代印记。我们在本章重点讨论与分析老年用户的那些与使用数字产品密切相关的特点。

要特别指出的是，老年用户是一个庞大而复杂的群体，尤其是中国数以亿计的老年人，更是极具多样性。虽然他们呈现一些共性的特点，但由于每个人的生活经历、受教育程度、健康状况、家庭结构、收入水平等的不同，因此又极具个性化。当我们从老年群体的某一个维度做分析时，特别是聚焦到某些具体的结论或方法时，切忌一刀切的思维。即使被广泛采用的按年龄划分的方式，在很多时候也是极不准确的。

3.1　人类寿命的变化

我们今天之所以在探讨适老化的问题，究其根源是人类寿命在 200 多年来的变化。随着经济的发展，人类寿命在世界范围内有了大幅度的延长。根据非营利性研究机构全球变化数据实验室（Global Change Data Lab）的 Our World in Data 项目，全球人口平均期望寿命从 1800 年的 32 岁，延长到 1950 年的 48 岁，再到 2012 年的 70 岁，如图 3-1 所示。其中的三条曲线分别展示了不同国家人口在这三个时间节点上的期望寿命。中国人口平均期望寿命从 1960 年到 2020 年的 60 年间延长了约 35 岁，如图 3-2 所示。

经济发展与人类寿命大幅度延长的一个直接结果就是晚年生活阶段，即退休生活的出现。而直到近一二十年，晚年的闲暇生活与过去并没有很大区别。虽然电视曾经是很多老年人晚年生活的重心之一，最终常常成为聊胜于无的一种选择，但互联网，尤其是移动互联网，改变了这一切！数字化已经使数以亿计的老年人有了与上一代人极其不同的晚年生活，并且在未来的二三十年将继续重新塑造“数字化的晚年”。

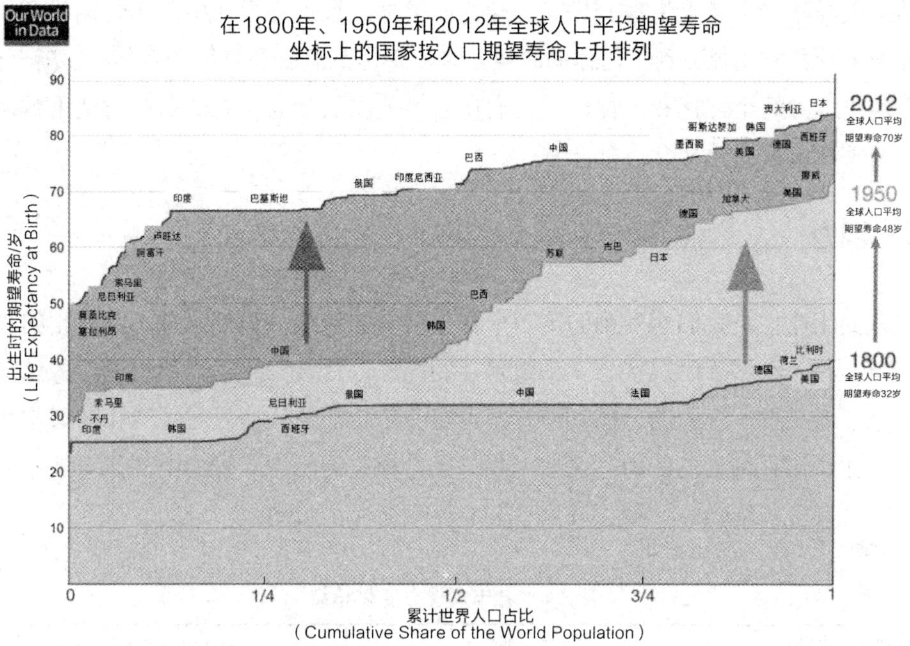

图 3-1　全球人口平均期望寿命变化

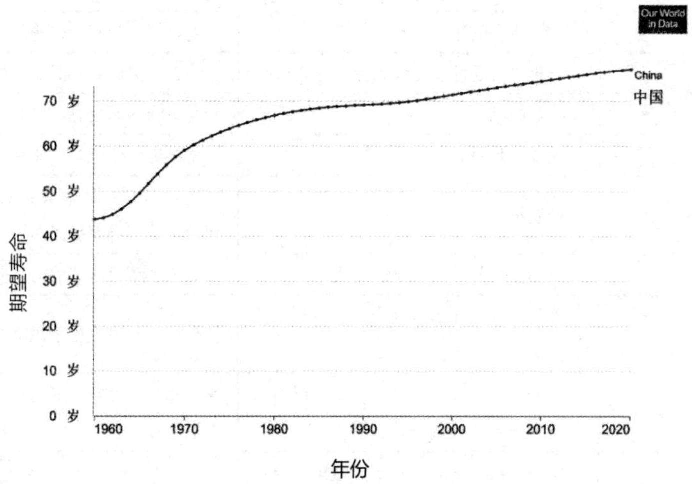

图 3-2　中国人口平均期望寿命变化

（来源：世界银行）

3.2　老年人的生理变化

寿命的延长使我们更容易地看到了老年人的很多表面的生理变化。与我们通常的认识不同，人类器官衰老等生理变化其实开始得很早，有的甚至在中青年时期就开始了，但从外表上看并不明显。到了退休的时候，这种变化不但已经持续了多年，逐渐表面化，而且呈现出丰富的个性化和多样性。我们在这里关注的是老年人的那些与使用数字产品的能力相关的生理变化。

3.2.1 视力

视力变化往往是我们感受到的第一个身体衰老的迹象，虽然它并不是真正的“第一个”：多数人在 40 多岁时已经感觉到眼睛开始花了，体会到了“老眼昏花”的意义。实际上，除了老花眼，视力的一些其他方面也随着年龄的增长而发生了变化。通常我们说“视力”，往往指看得见的能力，包括一些与视力相关的能力。视力的变化对老年人使用数字产品会有多种影响[8]，我们在表 3-1 中对此进行了归纳。

表 3-1 老年人视力变化总结

视 力 变 化	视力变化的描述	对使用数字产品的影响
远视（老花眼）	看近处的小字需要戴老花镜了	阅读手机、腕表等小屏幕终端显示的信息比较困难
视觉敏锐度降低	阅读小字的速度变慢	需要更长的时间、更慢的节奏使用用户界面
视野变窄	不再能容易地看见余光范围内的东西	不容易关注到界面上非中心区域的信息
黄斑病变	视觉模糊	看不清界面信息，影响理解和操作的成功率
光感度降低	光线不足时看不清楚	需要更强的光线才能看清楚
反差敏感度降低	辨别细微差异的能力降低	区分、识别、理解界面上差异不明显的信息有困难；失误率提高
色差敏感度降低	不再能容易地辨别相近的颜色	对依靠颜色区分的信息的识别准确率下降
眩光敏感度提高	夜间迎面灯光影响视力；白色显示屏上的黑字容易使人疲劳	在特定环境里使用数字产品的效率降低
亮度变化适应速度变慢	在光线亮度发生变化时，需要更长的时间才能适应并重新看清楚	在光线亮度发生变化时，对信息的识别准确率下降
辨别不明显标识的能力下降	这是几种能力叠加衰退的结果，导致对较小的标识辨别不清	对较小标识的识别准确率下降
眼睛更容易疲劳	眼睛使用几十分钟后视力就大幅度下降	长时间使用将导致失误率提高
视觉信息处理速度变慢	这也是几种能力衰退，包括视力、认知能力等叠加的结果，需要更长的时间来理解看到的信息	需要更长的时间、更慢的节奏使用用户界面
对视觉干扰的敏感度提高	更容易被视野内的一些无关的东西不自觉地干扰	虽然难以准确地捕捉到视野内的信息，但无关的东西会对正常的信息处理产生干扰

3.2.2 听力与语言

听力是另一种随着年龄的增长会有明显下降的能力。听力的下降也有多个方面的表现，并且老年人听力的下降还往往伴随着语言能力的一些变化。表 3-2 总结了和使用数字产品关系比较大的一些听力与语言变化。

表 3-2　老年人听力与语言变化总结

听力与语言变化	听力与语言变化的描述	对使用数字产品的影响
辨别轻声（低音量）的能力降低，即耳背	与其交谈常常需要高于常人的音量	语音界面默认音量的设置
对高频率声音的敏感度降低	相比其他声音，老年人更容易听不见或听不清频率高的声音	很多语音界面中系统的声音采用的是女声，如果频率过高，则会影响老年人理解的准确性
定位声源的能力降低	判断声源方向的成功率下降	对于通过声音来指示方向的应用效果有较大的影响
过滤背景噪声的能力降低	难以从嘈杂的声音中分辨出自己想听的部分	需要更安静的环境，嘈杂的环境对老年人的干扰更大
理解快速话语的能力降低	这是听力和大脑结合的处理能力衰退的表现；即使听清楚了，理解的速度也跟不上	理解快速话语的成功率降低
讲话的速度变慢、犹豫	由于记忆力变差和大脑处理语言的速度变慢，因此讲话的速度会变慢，经常在选择适当的词汇时犹豫不决，或者反复地说某些词汇	对语音界面需要具备的理解老年人语言表达的能力要求更高，需要能够理解不流畅、不连贯的表达
发声频率变高	虽然老年人对高频率声音的敏感度降低，但他们自己的发声频率会变高	会影响到使用用户语音回放的应用
语句组织能力下降	语句结构趋于简单；越来越少使用大段的、前后有逻辑关系的语句；语言的丰富程度降低	影响语音交互的节奏和频率
词不达意的情况明显增加	选择使用不当词汇的现象增多，有时自己很快也能意识到，但是无法避免	语音界面需要能够识别和过滤常见的口误

如果在设计语音界面时，没有充分地考虑上述因素，那么在识别和理解老年人的语音输入时，界面的准确率会大幅度下降。这个问题已经在目前有限的有老年用户参与的将语音作为交互界面的系统试用中暴露了出来。比如，医院的导医系统在面对老年用户时的语音识别准确率显著下降，严重地影响系统的持续使用。

3.2.3 肢体操控

我们平时仔细观察就可以留意到，很多老年人会有肢体操控方面的问题。其实，这还是大脑衰老的一种体现。具体到与操作数字产品的终端设备直接相关的一些现象，可分为以下三类。

（1）肢体颤抖，即老年震颤。这是一个比较常见的问题，尤其是对帕金森病患者来说。这个问题对操作比较敏感的按键会有影响，如一些有震颤问题的老年人经常在使用自动柜员机的键盘时存在输入错误。现在越来越多的自动柜员机把物理键盘更新为触摸屏，这实际上提高了老年人操作失败的概率。显而易见，有震颤问题的老年人在操作智能手机、平板电脑等触摸屏界面时会有很大的问题，更不用说智能腕表一类的小屏幕终端了。

（2）手指敏感度下降。老年人手指末梢神经的退化，导致手指敏感度下降，这对操作触摸屏有比较大的影响。两种经常发生的现象是多点和误点。有的时候老年人在点击了触摸屏后，不能肯定自己是否成功操作了。如果界面不能及时地提供反馈，那老年人会认为自己没有点击成功，然后连续重复点击，导致重复输入。如果系统不能识别出这是同一个操作，则会引发意想不到的后果。还有一些时候，老年人随意触摸屏幕导致了一个无意的点击行为，其后续的界面反馈会给老年人带来极大的困惑，甚至是恐慌。

（3）动作精准度下降。即使没有震颤问题的老年人，实施精准的位置操作也有困难，如在地图上选择位置容易偏离，在比较密集的按钮中选择点击常会点错。这具体表现在以下几个方面。

① 精细动作能力下降。按小按钮、双击等操作的失误率显著提高。

② 手眼协调能力下降。类似在按住按钮的同时讲话等操作的失误率显著提高。

③ 动作变得更缓慢。需要更长的时间来完成一个动作，并确认操作成功，只有这样才会开始下一个动作。

④ 动作的一致性下降。重复性的动作会有不同的随机扰动，如这次可能是双击过快，下次又会过慢，这次点击的位置偏左，下次可能偏下。

⑤ 动作的控制力下降。按键或点击的力度时轻时重；为了赶速度，动作力度经常过轻，但加重力度往往又会导致动作变慢。

频繁的肢体操控失败，会严重地影响老年人尝试使用的积极性，并且肢体精细操作的能力势必随着年龄的增长、身体的衰老而下降。

3.2.4 大脑

可以说大脑的衰老是老年人学习使用新产品最大的障碍。因为它不仅使学习的难度提高，还会对老年人产生很大的心理影响，尤其是对学习动力的影响。这是一个需要借助适老化来逾越的巨大障碍。

大脑衰老最主要的体现是认知能力下降，我们较容易观察到以下现象。

（1）短期记忆能力下降。近期发生的事情很容易就会忘记。

（2）长期记忆的存储和提取效率下降。利用记忆来辅助当前任务的能力下降。

（3）举一反三的能力下降。举一反三所需要的识别事物共性的能力下降。

（4）专注的能力下降。很容易被其他事情打扰、分心。

（5）一心多用的能力下降。往往顾此失彼，开始厌恶需要一心多用的任务。

（6）空间记忆能力下降。涉及相对位置和归属关系的记忆能力下降。

（7）认知死角增加。全面或从多个方面考虑一个问题的能力下降。

（8）反应速度和处理速度变慢。需要更长的时间做决策，经常犹豫。

（9）多种认知能力下降的叠加。上述多种能力叠加下降，导致整体能力加速衰退。

3.3　老年人的心理特点

除了上述那些生理变化，随着年龄的增长，老年人还逐渐呈现一些新的共同的心理特点。了解这些心理特点对我们充分认识老年人学习使用数字产品的困难会有很大帮助。可以说，目前的产品设计、培训方式等对老年人不友好，造成老年人学习困难的主要原因之一是，相关的设计人员和培训人员对老年人的心理特点不够了解。下面我们对一些影响数字产品使用的老年人心理特点进行分析。

3.3.1　探索的欲望

到了晚年后，老年人的一个常见的特点是在面对未知或不确定的事物时，探索的欲望明显下降了，他们更容易选择放弃而不是尝试探索。对未知的探索在很大程度上要运用一些老年人已经显著下降了的能力，不仅要记住过去的探索动作，还要根据探索的结果做出推断，或者选择下一步的尝试动作，这些都会频繁地使用短期记忆能力。由于使用短期记忆能力、分析和判断能力等已经力不从心，往往难以得到理想的结果，因此老年人常常会回避探索。

因此，在产品使用界面上有些含糊的指示对年轻人来说可以通过探索来应对，但对老年人来说，其影响要大得多，甚至导致他们放弃使用。在培训老年用户并为他们提供技术支持时，指令一定要清晰、明确，避免模棱两可的描述，不要依赖“你试一试就明白了”这样的想法。

3.3.2 态度

很多老年人在面对学习使用数字产品时的态度会有一些共同的特点，下面列出一些常见的、相关性较大的特点。

1. 有意避免“老年”标签

相当一部分老年人对于老年标识较敏感，对于那些被标识为老年产品的应用，有着本能的抗拒，会自觉或不自觉地避免使用。如果在适老化设计、使用培训和使用支持中过度地使用“老年”标签，则会有较大可能流失这部分人。

2. 喜旧厌新：技术恐惧症

多数老年人随着年龄的增长会越来越不喜欢花时间和精力去学习新的事物，学习使用新的数字产品就是这类老年人常常回避的事情，除非该产品有极大的用处。根据 TAM，在吸引老年人投入时间和精力来尝试一款数字产品**之前**，需要让他们感受到其易用性和使用价值，否则他们持有的默认看法就是难用或没用。了解这一特点会使我们知道在设计和培训时，合理安排任务的顺序非常重要，要把展现易用性和使用价值放在最前面。

这种心理倾向也常常表现为凡事都更容易采用惯性思维，不愿意或不能够从新的角度审视事物。其原因是我们后面要谈到的建立全新的心理模型会带来较大的认知负担，因此多数老年人会尽力避免建立新的心理模型，而是采用自己熟悉的心理模型。

3. 时间感与价值取向

老年人的时间感对他们晚年时期的价值取向有很大的影响。在短短的几十年里，中国人口平均期望寿命延长了三四十岁，但我们的心理状态尚未能快速做出相应的调整。“时日无多”的惯性思维使老年人不知不觉中不再愿意花“有限的”时间和精力去做那些不能马上见效的事情，也不愿意学习那些将来用不了多少次的知识和技能。这正是很多老年人，甚至是低龄老年人拒绝提高数字素养和学习使用数字产品的原因。

而现实情况是，很多老年人在退休后还会有二三十年的晚年生活。因此，十年以后能够看到效果的事情都值得去做，一年能用上几次的知识和技能也值得去学。

4．珍视自主性

不少老年人随着年龄的增长、身体的衰弱，逐渐失去了生活中很多方面的自主权，因而更珍视自主性和对事物的控制。对事物失去控制，尤其是把控制权让渡给自己不熟悉的人，往往会给他们带来较大的焦虑感和恐惧感。如果一款产品或一项服务让这些老年人觉得大幅度地限制了其自主性，则很容易被追求自主性的他们所抛弃。如果他们能够感受到，通过使用数字产品自己可以重新获得某些自主权，不用再向他人求助，那对他们是有很大吸引力的。

5．厌恶风险（对安全与隐私的担忧）

这就是我们常说的老年人不喜欢冒险。这里的风险有多种类别，包括失败的风险。比如，一种常见的现象是，老年人不愿意尝试去做他们感觉有可能不成功的事情。这不仅是所谓的面子问题，因为即使在“面子文化”并不流行的西方国家，这也是一种普遍现象。此外，一些被认为有安全风险、金融风险或隐私风险的产品在得到充分的解释之前，往往也会被老年人回避，这主要是因为老年人判断风险所需要的认知能力逐渐衰退了。

令人遗憾的是，有的时候帮助老年人防范金融诈骗的一些讲座和宣传，并没有取得预期的效果。它们虽然讲述了风险的存在，但对其防范措施讲解得不够具体或不够直观，令一些老年人无所适从，最终导致他们拒绝使用相关产品。风险的问题我们在后面还会更详细地讨论。

6．厌恶不确定性

这是随着老年人认知能力的下降而常出现的一种心理倾向。事物的不确定性往往意味着更高的复杂性，需要更多的信息来描述。因此，在面对不确定的环境和事物时，老年人需要具备更强的认知能力来消化与处理这些更多的信息，这常常导致他们回避、放弃乃至拒绝面对。

在做针对老年用户的应用和培训设计时，尽可能地使他们处于一个结构化的环境中，会有助于减轻他们的认知负担，减少他们的焦虑感。比如，通过适当的信息展示使他们了解目前处于整个应用流程的哪个环节，后面还有哪些环节。

7．易于放弃

多数老年人承受挫折的程度逐渐降低。当他们学习使用新产品时，经常在尝试了一两次但没有得到预期的效果后，就选择放弃，真正能够百折不挠、持续摸索与使用的老年人很少。一次尝试的失败对老年人使用动力的影响要比对年轻人大得多。因此，无论是在产品功能和界面设计上，还是在产品使用培训的方式和内容设计上，都需要做出特别多的努力，以大幅度地降低用户使用的失败率。

老年人常常喜欢归责，包括归责于自己。很多老年人对于尝试的失败会寻找一个理由，并设定一个责任方：可能是产品设计方、产品厂商、培训方，很多时候甚至是自己。总之，要为放弃提供一个说服自己的理由。将责任方转变为方法不得当或努力不够，则有可能鼓励、吸引老年人继续尝试，避免他们过早放弃。

3.3.3 受他人影响

老年人的判断和行为受他人影响的程度也在发生变化。

1. 迷信权威

很多老年人感觉到随着认知能力的下降，自己对很多事情做独立的判断越来越困难，也越来越没有信心了。这时，他们会倾向于信任并听从“权威”人士或机构。他们在年轻时熟知和认可的一些权威机构或渠道，会持续地影响他们的判断。直到今天，仍然有很多老年人对报纸上刊登的内容和广播电视里播放的内容深信不疑，容易被其中的广告和软文所迷惑。

老年人心目中的权威形象不断地被利用来影响他们的决策。比如，向老年人兜售产品的不实广告和针对老年人的欺诈活动常常会找一些貌似权威的“专家”现身说法，这些“专家”往往具有唬人的头衔，用以建立其权威形象。一旦权威形象建立起来了，对老年人的影响就是巨大且深远的。另一种对老年人有一定影响的是近年来出现的“老年网红”现象，尤其是对一些相对年轻的活跃老年人影响较大。

2. 从众心态

老年人比年轻时更容易从众。当他们面对未知的事物，或者做一个需要权衡多种因素、比较困难的决定时，很容易受他人，尤其是与自己类似的人的影响。其实，这是一种回避认知负担、应对未知风险的方式。

一些面向老年人的产品销售就会利用所谓的“同伴压力”（Peer Pressure），建立“大家都买了，估计不会错”的意识，来影响老年人的购买决定。而很多面向老年人的金融、旅游、健康方面的欺诈圈套，也会利用老年人的这一特点，借助某些托儿，给老年人营造一种“这是一个大家共识”“过了这个村就没这个店了”的假象，来影响他们的决定。

如果我们在针对老年人的培训中，借助这一心理特点，形成大家都会学的“风气”，那对提高老年人的数字素养，促进数字产品的普及会有很大帮助。

3.4 老年人的知识特点

虽然老年群体内部差异巨大，但我们仍能够归纳出他们的一些共同的知识特点。这里所关注的知识是那些与融入数字社会相关的知识，包括我们常说的数字素养的一部分。在第 9 章中，我们将重点讨论如何提升和保持老年人的数字素养；在本节中，我们把注意力放在老年人现有的知识特点上，以便了解目前不同老年人的数字素养缺口究竟有多大。

3.4.1 知识的时代烙印

与数字素养一样，一个处于特定时代的老年人的知识结构有其鲜明的时代特点。这些特点既反映了当时社会经济的发展水平，也折射了个人的教育和工作经历。在目前中国面向老年人的数字素养提升体系尚未建立起来的情况下，老年人的知识结构体现的是其在退休前所积累的相关知识和少部分在退休后自主获得的知识。

虽然世界上第一台电子计算机产生于 20 世纪 40 年代，第一台国产电子计算机出现在 1958 年，但在很长的时间内，计算机只是科研人员的专业工具。即使在 20 世纪七八十年代，商用的计算机开始进入中国的金融、气象等行业，但这时仍属于大型机年代，只有很少一部分专业人士在工作中使用计算机，并掌握关于计算机的基本背景知识，包括数据存储、信息显示、文字输入等。在这一阶段，计算机与普通老百姓相距甚远，数字素养的概念也尚未出现。

从 20 世纪 90 年代中期开始，正式进入 PC 和互联网时代。随着 PC 和互联网进入家庭，在日常生活中使用计算机和网络逐渐成为家常便饭。这时计算机和网络的基本知识急剧增多，不仅包括计算机的一些常识，如比特和二进制、字节、文件、文件夹等，和 PC 的基本硬件知识，如 CPU、内存、键盘、鼠标、硬盘、软盘、CD-ROM 等，以及操作系统、Office、浏览器、电子邮件、杀毒软件等，还包括网站、搜索引擎、网速等网络概念，以及病毒、用户名和密码、加密等信息安全概念。随着计算机和网络的家庭应用逐渐普及，上述这些知识慢慢成为部分职场上必要的知识。但由于社会的数字化程度仍然较低，因此还不足以称之为公民需要具备的数字素养。

随着以苹果手机为代表的新一代智能手机在 2007 年进入市场，移动互联网和智能手机时代来临了。智能手机的广泛普及与应用大幅度地提高了网民的比例，尤其是在中小城市和农村地区。“配有高像素摄像镜头的智能手机+移动互联网”使今天深入人心的各种生活应用成为可能，也使 App、二维码、扫一扫、摇一摇、朋友圈、社交群、手机钱包、手机支付等词汇成为这个时代的数字素养必不可少的内容。

2015 年前后，随着“可穿戴设备”这一名词被广为传播，万物互联的时代开始了。智能腕表、智能手环等又带来了一批新的术语和词汇，但这远不能和智能手机同日而语。一方面，这些可穿戴设备的使用者只是智能手机使用者中的一部分，其普及效果还远没有达到这些词汇需要尽人皆知的程度；另一方面，这些可穿戴设备的功能比较单一，因而不太可能像智能手机那样成为进入数字社会的门户。

3.4.2 老年人的既有知识

对于占当前老年人口多数的“40 后”“50 后”来说，其所掌握的知识反映了他们在中国改革开放以后，尤其是在互联网普及以后的 20 多年来的生活经历。要强调的是，这一老年群体内部的差异巨大，其中既有改革开放后接受了正规高等教育的知识分子，也有大批退休的城镇职工，还有数以亿计的农村老年人。整体来说，这一老年群体的受教育程度仍处于较低的水平，并且在工作时期并没有赶上中国移动互联网普及推动的数字经济起飞，导致他们中多数人的知识结构（与数字产品有关）存在以下问题。

（1）对技术术语不熟悉。产品使用说明或产品界面标识中使用了很多老年人不熟悉的技术术语，大大提高了老年人学习的难度，对其使用意愿产生阻碍作用。

（2）对技术标识不熟悉。有的产品为了设计美观、简单和有格调，使用一些标识代表某些功能，但老年人往往不能准确理解标识的含义，无法建立抽象的连接关系。例如，我们常看到的代表“设置”的标识是一个齿轮，但是很多老年人实际上并不明白为什么齿轮会代表“设置”。

（3）不熟悉新产品的操作动作。新产品的操作有时候会与现有产品的习惯不一致，甚至相反。例如，在计算机上显示当前屏幕下方的内容，是将鼠标的滚轮向下滚动，或者下拉右侧的滚动条；而在触摸屏上显示当前屏幕下方的内容，则是手动将屏幕向上滑动。这些在年轻人看起来非常简单的事情，在很多初次使用的老年人眼中并不直观。

（4）对技术产品的理解过时。上述对“设置”标识的理解就是一个典型的例子。此外，一些社交网络应用的模式，对某些老年用户来说很难关联和类比到生活中熟悉的场景上，因此难以被老年用户理解。

熟悉老年人的既有知识有助于了解并利用其熟悉的心理模型，这对适老化设计、使用培训和使用支持会有很大的帮助。

3.4.3　晚年的新知识获取

虽然“活到老，学到老”是我们理想中的晚年心态，但对大多数人来说，真正做到其实很难。大部分人在退休后，脱离了原来的工作单位，就失去了他们习以为常的学习渠道。只有少数老年人能够自主地、不断地学习新知识。

1. 获取新知识的渠道

对老年人来说，目前获取新知识的渠道存在严重的短缺。在计划经济时期，退休人员大多由原单位管理，包括退休后的学习。随着向市场经济的转型，大批民营企业退休人员的原单位无能力或不愿意管理退休人员。而近年来随着退休人员的管理从原单位转向所居住的社区，即使国有企业和事业单位原来为退休人员提供的一些学习机会也逐渐消失了。而由于资源有限，社区尚不能及时弥补这些学习机会。

由于中国的老年学习体系尚未建立起来，因此目前老年大学几乎是唯一的成体系的学习渠道。虽然很多老年大学已经从只面向党政干部转变为面向社会，但其覆盖的群体仍然极其有限，并且其学习的内容以消遣娱乐方面的知识为主。近年来，有些社区在逐步增加面向老年人的知识讲座，特别是科普、健康和防诈骗知识。但这种知识讲座作为大多数老年人晚年教育的承载者，存在一些明显的先天不足。

（1）知识讲座作为一种公益性的服务，面临经费短缺的问题。在目前社区的各种活动预算中很少有专项老年教育经费，因此其能安排的课程数目极为有限。

（2）缺乏专业的课程设计。无论是在内容上还是在形式上，都缺乏针对性和系统性。

（3）因为使用的是社区的活动经费，授课通常以社区为单位，只面向本社区的老年人，因此常常受场地所限，规模偏小，且覆盖率较低。

（4）受经费稳定性的影响，一直没有长期的规划，在内容上无效的重复较多。

（5）目前开办的老年人知识讲座基本没有针对老年人学习特点的设计，即缺乏适老化设计，导致其实际效果大打折扣。

（6）大多数老年人对于健康知识以外的讲座缺乏兴趣，来参加讲座多是将其作为一种社交活动或为了拿到小礼物，真正有意识地了解新知识的老年人所占的比例很低。

总而言之，除了一些健康知识，大多数老年人的知识积累，尤其是与数字社会紧密相关的科技方面的知识，基本停留在退休前的状态。而对很多在退休前尚未接触与使用过这些知识的中高龄老年人来说，则基本属于空白。

2. 对新知识的倾向性过滤

除了通过老年大学和社区讲座等渠道，老年人还可以通过很多非正式的场合接触大量的信息。其中最具代表性的是在社交活动中从老友那里（线下或线上）和从家人那里获得各种信息。在当前信息时代，鱼龙混杂的各种信息源源不断地涌来，这时如何筛选和过滤这些信息对老年人来说成了一项巨大的挑战。

在面对信息爆炸时，老年人处理信息的能力和速度大大降低，尤其缺乏的是另一种可能更重要的能力——从杂乱无章的信息中筛选出真实和有用的部分。我们已经看到了这些能力缺失导致的后果：那些在老年人中疯传的毫无依据的各种科技新发现、虚假的保健秘诀、耸人听闻的惊天秘密，甚至破绽百出的假新闻，将老年人面对信息爆炸时的脆弱与无助暴露无遗。常见的一些针对老年人的欺诈行为，就是利用老年人在识别和筛选信息上的能力缺陷，再借助老年人心理上的一些特点而实施的。我们不得不承认，这些欺诈手段相当有效。

为什么在我们看来很明显言过其实的，甚至虚假的信息，却会被很多老年人相信并接受呢？这与老年人处理信息的过程有着密切的联系，其中他们的生理变化及其导致的心理特点起着决定性作用。随着年龄的增长，当老年人对信息进行深度处理的能力显著下降时，就会倾向于使用简单化的处理方式。最常见的就是不再自己进行分析和判断，而是选择性地赋予信任。这时，信息呈现时的“正式性”“官方性”“权威性”会影响他们的判断。而来自熟人的信息往往被打上可信的标签，很少被质疑。

3.5 老年人的学习特点

身体衰老带来的各种能力变化，使老年人的学习也有鲜明的特点。

3.5.1 学习动力

随着年龄的增长，老年人对未来生活的预期会逐渐发生变化，这会直接影响其对当前事物的价值判断，包括学习。大多数老年人对近期看不到效果的学习不感兴趣，缺乏动力，而学习本身的困难对老年人的学习动力会有更大的影响。

TAM 中的两个核心因素也适用于学习动力的分析，在这里的体现就是学的东西是否有用，学起来是否容易或是否能学会。毫不奇怪，我们从老年人那里听到最多的关于学习的两个问题是："学这个有什么用？""我这个年纪还学得会吗？"如何激发老年人的学习动力对提升全民的数字素养来说是一项巨大的挑战。

3.5.2　时间观的影响

对大多数老年人来说，包括那些能力没有明显下降的老年人，随着年龄的增长，即剩余寿命的缩短，其学习新知识的兴趣会逐渐下降。在他们的意识中，未来使用这些新知识的可能性随着剩余寿命的缩短而降低，导致其对学习的价值判断发生变化。

3.5.3　记忆的障碍

除了动力，导致老年人学习成功率低的主要原因是其短期记忆能力的衰退。对大多数老年人来说，在学习新知识时，记不住是一种常态，常常是事倍功半，投入与产出不匹配。这也是影响老年人学习动力的一个主要因素（难学）。

因此，在协助老年人学习时，克服短期记忆困难是关键。无论是在方法上减少需要记忆的内容，还是借助其他工具来辅助记忆，总之，老年人需要不同的学习方式。

3.5.4　经验的依赖

由于年老后学习新知识的能力和动力都有一定的下降，因此依靠建立全新的心理模型才能获得的新知识的吸引力相对而言不如那些借助现有心理模型能掌握的新知识的吸引力强。具有丰富学习经历的老年人更容易运用其以往积累的学习方法和大量心理模型来关联及学习新知识。

因此，在协助老年人学习时，按照其学习经历进行有针对性的指导和辅助，是提高学习成功率的有效手段。

3.5.5　信息的选择、判断和过滤

随着年龄的增长，老年人处理信息的能力也在逐渐降低，处理信息产生的认知负担越来越重。这导致他们在对信息做判断时，更倾向于依赖一些外部因素，而不是自己完全搞懂，并且独立地做判断。常见的一些现象包括迷信权威、依赖熟人、盲目拒绝。

权威人士宣传或认可的判断，更容易获得老年人的接受。老年人也容易跟随熟人做判断，特别是与自己关系亲密、自己信任的人。而对于完全陌生的信息，又没有外部因素可以依赖时，常常倾向于全盘拒绝。很多针对老年人的诈骗行为，会利用老年人的这

种倾向，营造一种专家权威认可的假象，或者利用各种老年人容易认同的托儿来获得他们的信任。

3.6 老年人的需求判断

什么是老年人的真实需求？这并没有一个确定的答案。可以说，自从中国有了养老产业以来，老年人的真实需求就一直是一个争论不休的问题。孩子的需求往往由父母来确定，成年人的需求由自己来确定，但是到了老年人身上，就不是那么简单了。

是老年人自己说的需求吗？基于对老年用户的调研结果而上马的社区老年餐最终门可罗雀，虎头蛇尾地结束，让养老人伤心而去。是老年人愿意花钱满足的需求吗？数不清的老年人心甘情愿地把自己的毕生积蓄花在了毫无用处的保健品上，令家人痛心不已。虽然有的老年人最终坦言，买保健品并不是因为觉得它们有用，而是因为卖保健品的人对自己无微不至的关心，使自己获得了从子女那里无法获得的情感慰藉，但是如果从子女那里获得了情感慰藉，那他们还会花钱去买这种关怀与慰藉吗？我们不得不承认这个可能性基本没有。

3.6.1 直接需求

直接需求的核心是老年人理解并认可满足这些需求的产品或服务的价值，并愿意购买。它大致分为以下两类。

（1）老年人愿意购买产品或服务来满足的，直接影响其当前生活的需求。比如，购买钟点工服务，使用美团外卖，购买助浴服务，购买旅程服务等。

（2）老年人在理解其价值的基础上愿意购买产品或服务来满足的，影响其当前和未来生活的需求。比如，购买某些保健品或营养品，购买某些保险，购买付费的老年教育服务等。

在上面提到的购买保健品以获得关怀与慰藉的例子中，很多老年人购买了保健品之后并不会真的使用，使用保健品并不是一种直接需求，但关怀与慰藉似乎也不是一种直接需求，因为老年人并不愿意花钱购买，这进一步说明了老年人需求的复杂性。

3.6.2 间接需求

确定一款产品是否满足我们的需求是一种基于对产品理解的主观判断，虽然有时会受外部因素的影响。但除了基于自身的理解和感受做判断，很多时候我们也可能接受他人做的判断，尤其是我们信任的人。我们认为父母为年幼的子女、子女为年迈的父母做出需求判断是天经地义的。此外，老师为学生、医生为病人做判断也是被社会普遍接受的。但老年人在这方面仍然面临一些独特的问题。

1. 基于信任传递的需求判断

除了子女，其他自己熟悉和信任的人做出的判断，老年人也会接受，尽管他们常常对判断背后的逻辑并没有真正理解。老年人会认为：第一，这是别人为自己好；第二，虽然这背后的逻辑自己无法明白，但可以接受。

很多时候，当自己判断不出某款产品对自己是否有用时，如果子女不在身边，老年人就会征求身边其他值得信任的人的意见，如所在社区的工作人员，或者老同事、老同学。以一些老年用品为例，在一个老年人购买了以后，如果他劝说其他相熟的老伙伴也购买，大家就很有可能跟着购买，即使他们还没有搞明白这款产品对自己究竟有多大用处。因此，老年示范用户起的作用很大。

2. 第三方权威的需求判断

前面我们讲到了迷信权威的现象，老年人经常会接受由貌似专业的第三方人员做出的需求判断，即使他们并不一定是自己所熟悉的人。某些广告往往会借貌似专业的“权威人士”之口进行宣传，从而大大地提高其在老年人心目中的可信度。当电视上的一个“名医”或“专家”说老年人有某种需求，并且应该用某款产品时，很多老年人会欣然接受这一说法，即使自己并没有切身体会，仍会主动购买这款产品。

3.7　老年人的个性化差异

前面我们讨论了很多老年人共同的特点。历史的经验告诉我们，任何特点都不能盲目地推广到全部老年人，总有一些人展现出很大的不同。老年人除具有衰老这一共同的特点外，其后天的社会塑造，包括教育背景、工作经历、收入水平、生活环境、家庭环境、健康状况、经济状况等都对其特质的形成有相当大的影响。由于中国仍是一个处于快速发展中的发展中国家，并且区域之间、城乡之间和行业之间的发展并不均衡，因此不同老年人之间的差异极大。下面我们讨论一下其中几个关键因素对老年人使用数字产品的影响。

3.7.1 教育背景

以往的教育背景对用户使用数字产品有着较大的影响，这一点对老年人也不例外。受教育程度越高的老年人使用数字产品的可能性越大。现在中国 60 岁以上的老年人的构成主要为少数“30 后”、大量“40 后”和“50 后”，还有少数“60 后”。根据他们年轻时所处的年代可以推断出，他们的受教育程度参差不齐。仍有为数不少的人是文盲或小学未毕业，大多数人是小学或初中毕业，少数人是高中毕业，大专院校及以上毕业的则是比例最低的群体。

在教育背景上的差异对使用数字产品的动力和能力有较大的影响。

3.7.2 工作经历

工作经历是另一种对老年人使用数字产品有很大影响的因素。在退休之前的工作中使用过计算机和网络的老年人，对新技术就没有那么强的恐惧感，通常已经具备了一定的数字素养。很多人也逐步建立了使用支持或互助的网络，在遇到困难时有地方可以求助。而那些在退休之前没有接触过计算机和网络的老年人，则不仅缺乏相关的数字素养和技能，还没有一个能够帮助他们解决数字产品使用问题的支持网络，其交往的大多是和他们一样不使用数字产品的人，导致他们往往对新技术有着心理上的抵触和恐惧。

3.7.3 收入水平

国内外的统计数据显示，收入水平与使用数字产品有较大的正相关性，对老年人来说这种正相关性也非常显著。

在中国，使用付费网络流量对很多收入有限的老年人来说足以让他们打消使用智能手机的念头。网络费用很多时候限制了这些老年人使用数字产品的应用场景，影响了数字化在老年群体中的普及。

3.7.4 健康状况

中国老年人整体的健康状况不够理想。国家卫生健康委员会老龄健康司司长王海东 2019 年 11 月 1 日在国家卫生健康委员会新闻发布会上表示，到 2018 年年底中国人均期望寿命为 77 岁，但人均健康期望寿命仅为 68.7 岁。中国 60 岁及以上的老年人患有心脏病、高血压或糖尿病之一的比例高达 75%，失能和部分失能老年人超过 4000 万人。

老年人的健康状况对其使用数字产品有着双向的影响。对一部分老年人来说，了解应对疾病的各种信息是他们学习使用数字产品的重要动力；而对另一部分老年人来说，健康状况不佳则使他们忧心忡忡，感觉时日不多，不愿意再把时间花在学习使用新技术上。

3.7.5　归属感

由于老年人的生活、工作和教育经历不同，因此不同的老年人呈现出差异巨大的归属感。有的是对退休前的工作单位有强烈的归属感，尤其是从政府、事业单位和国有企业退休的人或军人；有的是对自己毕业的学校，特别是大学有强烈的归属感；有的则是对自己参加的志愿者组织有强烈的归属感；还有的是对自己参与的社团，如歌唱团、舞蹈队等有强烈的归属感。这些归属感会强烈地影响老年人使用数字产品的动力。归属于同一单位或组织的老年人一起学习会获得额外的动力。

3.8　老年群体的多样性

从 3.7 节的讨论中我们可以看出，中国社会经济发展所处的阶段和发展的不均衡，以及一些历史遗留的养老体制问题，使老年群体的社会经济状况十分复杂。再加上他们的受教育程度、工作经历、居住形态、身体状况等，在很大程度上影响了他们多年来与数字化接触和交融的体验，导致他们在积累的数字素养和技能、身边的社会支持体系等方面具有极大的多样性。

在与数字化的关系上，大多数老年人仍然展现出某些共性，排在首位的就是心理上对数字产品的恐惧、对学习使用数字产品缺乏自信和对其价值的怀疑。

总而言之，虽然在适老化的工作中，我们总是在寻找能够有助于提高效率的老年人的某些共性，但是事实已经一再向我们证明，任何一刀切的思维和做法都是注定会失败的。

第 4 章　数字产品的用户使用能力要求与使用负担分析

适老化的理论基础之一是数字产品的使用理论，主要是可用性（Usability）理论，或者说是使用负担理论。在本章中我们分析一下使用数字产品给用户带来的负担及对用户使用能力的要求。

4.1　用户使用能力要求的演变

从旧石器时代开始，人类就在一直不断地创造工具。这些工具大致分为两类：用于生产活动的生产工具和用于人类日常生活的生活工具。在前人发明了这些工具后，一代一代的后人需要学会使用它们才能享受到前人智慧的结晶。在生活工具普及千家万户后，每个人自己摸索或跟着父母就学会了。锅碗瓢盆等，看一看就能学会。而生产工具学起来就要难得多，尤其是随着社会分工越来越细，生产工具越来越专业化，学会使用生产工具需要的时间也越来越长。从早期的镰刀、锄头等农用工具，到斧头、刨子等手工业工具，再到工业时代的机床、汽车等，以及信息时代的各种企业用的计算机程序，学习使用这些工具对能力的要求越来越高。除了使用工具的技能，使用工具的场景及相关背景知识的学习所需要的时间也更长。像一个外科医生，需要长达二三十年的知识和经验积累才能胜任。

在一些生产工具进入家庭，成为生活工具后，其用户范围大幅度地扩大，有时甚至是成千上万倍地扩大，从一小批受过培训的专业人士，扩大到普通的老百姓。这时，这些产品必须能够适应非专业用户的能力和知识水平。

也许我们现在难以想象，汽车曾经是当之无愧的新产品。在相当长的时间内，汽车在中国属于生产工具。汽车驾驶员需要接受特定的培训，除了交通知识和驾驶技能，他们还需要学习一定的汽车维护和修理技能，常常需要花几个月甚至更长的时间来学习才能成为正式的司机。但是，在汽车开始向家庭普及后，成为汽车驾驶员所需要的技能和知识大幅度地减少了，基本上只要了解交通规则，能够安全、合规地驾驶就足够了。这是一个新产品在普及时逐渐降低其对用户使用能力要求的典型例子。

在进入数字时代后，随着数字化从生产领域向生活领域的渗透，一些传统的用于生产领域的工具进入了家庭，同时越来越多的生活工具也在被数字化。从电话、传真机和PC，到智能手机和智能电视，再到智能音箱和扫地机器人，使用这些数字产品所需要的能力和用户所具备的能力始终在你追我赶。这些所需要的能力是指特定的技能和知识，而使用电话所需要的能力只是接打技能，涉及的知识有限，所以零基础的人在几分钟内也能学会。从零开始学习那些使用数字产品必须具备的技能和知识所需要的时间更是快速地增长，早已不是几十分钟或几小时，有的需要几天甚至几周。如果没有前期的相关数字产品的使用经历，按照常规的方式学习，那其需要的时间动辄以年来计算。

这就是我们现在和将来会面临的一项巨大的挑战：用于日常生活的数字产品在不断更新。使用那些我们退休以后才出现的新产品需要积累可观的知识，而学习这些知识对已经退休的老年人来说具有相当大的难度。

对普通用户（非老年用户）来说，数字产品的用户使用能力主要包括操作产品所需要的认知能力和相关的背景知识。但当用户是老年人时，还需要额外考虑老年人的感知能力、肢体操控能力，以及老年人的一些常见的心理倾向。因此，影响老年人使用数字产品能力的因素可以进一步分解为五个方面，如图 4-1 所示。

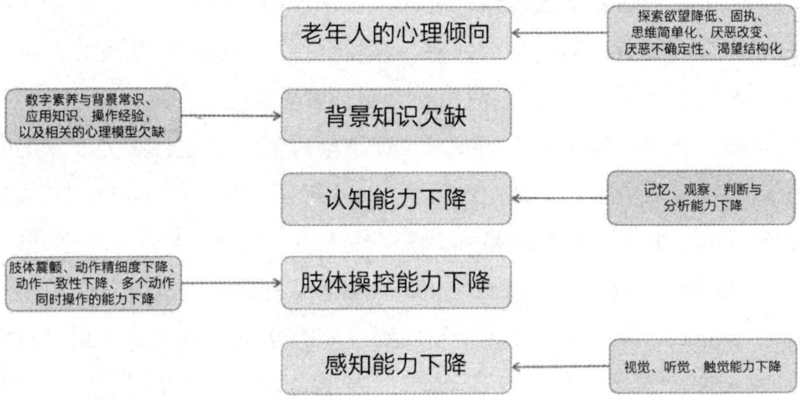

图 4-1　影响老年人使用数字产品能力的五个方面

具体解读一下，从下向上分别为：

（1）感知能力下降：主要是视觉、听觉、触觉能力下降。这些能力影响到对数字产品界面的图文信息和语音交互信息的准确接收与理解，以及对触摸屏的操作。

（2）肢体操控能力下降：随着年迈而来的大脑和神经系统的衰老，造成肢体震颤，使老年人的动作精细度下降、动作一致性下降，以及多个动作同时操作的能力下降。

（3）认知能力下降：包括记忆、观察、判断与分析能力下降。这些能力是学习新技能的基础，也是正确操作数字产品所必需的能力。

（4）背景知识欠缺：这既包括数字素养与背景常识、应用知识、操作经验欠缺，也包括相关的心理模型欠缺。比如，在使用医疗健康 App 时，除了需要具备通用的数字素养，还需要具备一定的医疗健康背景知识，但老年人对这类知识通常较为欠缺。

（5）老年人的心理倾向：老年人的一些常见的心理倾向也会对其使用数字产品的能力有较大影响，包括探索欲望降低、固执、思维简单化、厌恶改变、厌恶不确定性、渴望结构化。

在本章中，我们系统地梳理一下常见的数字产品对用户使用能力的要求，以及这些要求在使用过程中给用户带来的生理、心理和认知方面的负担。

4.2 数字产品的普及与用户使用能力要求

数字产品的自主使用会对用户使用能力有一定的要求。用户的使用目的、偏好及对服务的各种个性化要求需要通过“用户界面”告知产品，这个“用户界面”决定了对用户使用能力的要求。随着一款产品的成熟，其目标用户会逐渐发生变化，从创新者、早期采纳者、早期主流用户，向后期主流用户乃至怀疑者扩散。在这一过程中，“用户界面”越来越简单易用，对用户使用能力的要求也在逐渐降低。但这种能力要求的降低是有限度的，一个众所周知的例子是 PC。在 20 世纪 80 年代，其主要用户是 IT 人员，其界面是命令行 MS-DOS。到了 20 世纪 90 年代初，越来越多的非 IT 专业人士开始使用 PC，促使微软在 1992 年发布了基于图形界面的 Windows 3.1X，大大降低了对用户使用能力的要求。随后 Windows 从 3.1 一路更新发展到当前的 Windows 11。但对一直没有接触过 PC 的老年人来说，学习使用 Windows 11 并不是一件容易的事情，因此出现了以 grandPad【9】为代表的老年友好平板电脑。与 Windows 11 相比，其功能要简单得多，也进一步降低了对用户使用能力的要求。图 4-2 概括地展现了这一发展过程。

grandPad 的设计适合一些用不了常规 PC 的老年人，但它仍有一定的使用门槛。就目前的人机交互技术而言，这种对用户使用能力，尤其是认知能力要求的降低依然是有限度的，进一步降低对用户使用能力的要求则需要设计者对目标用户的能力特点有深刻的理解，并在设计上下功夫。由于老年人市场的开拓在速度上通常要慢得多，在市场驱动下的产品开发商并没有展现很强的动机来进一步改善界面，使其能够适应更多的老年用户，因而我们在现实中看到大多数数字产品的适老化程度都不高。

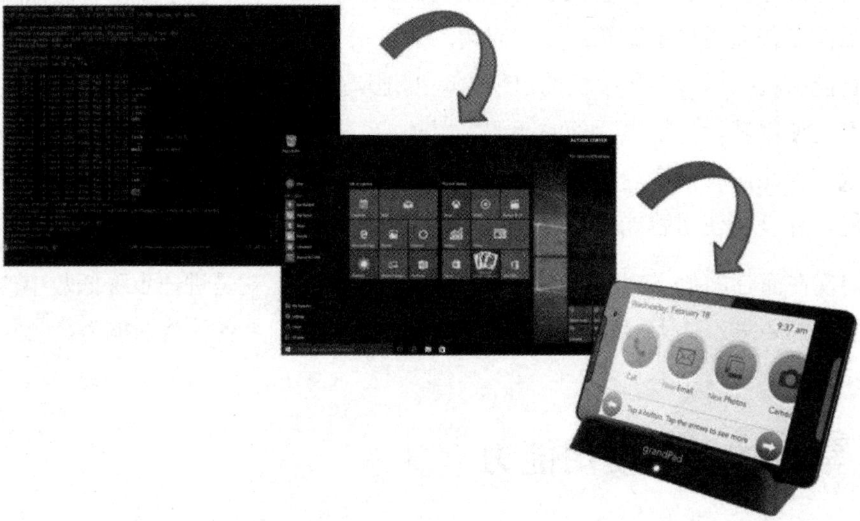

图 4-2　PC 操作界面的演变

有些智能化应用不需要用户的频繁干预，而是按照出厂时事先学习到的默认设定运行，然后不断地根据自动采集到的用户的（非有意识的）反馈进行自动调节。一个例子是各种环境参数的自动调节，如温度、湿度、亮度等。而需要用户深度参与的应用，往往是那些用户的个性化偏好在使用中对使用体验的影响很大，即个性化很强的应用。未来将大批出现的与健康管理有关的数字产品就属于这种高度个性化的应用。因此，一款数字产品能够普及的广度与它要求其用户所具备的使用能力关系很大。当对用户使用能力的要求很高时，产品就只能在少部分人中使用；只有将对用户使用能力的要求降到普通人都具备的程度，才有可能成为真正的大众产品。但如果想让大多数老年人能够使用，则其对用户使用能力的要求还需要进一步降低。

下面的几个实际例子很好地说明了这一规律。

- 传统电话：由美国电报电话公司推动普及的传统电话将对用户使用能力的要求降到了极低的程度，因此能够大面积地普及，包括老年群体、文盲群体，甚至是有认知障碍的群体。
- 传统电视：传统电视只有开关、音量和频道等选择，操作简单，一旦价格不再是障碍，就能在全民中普及。
- 录像机：这是第一代能够广泛地传播影像资源的手段，在一定时期内，还是唯一能够录制和回放电视节目的方式。由于录制的操作对用户使用能力的要求过高，因此其使用普及程度远低于播放功能，甚至有很多录像机从未被用于录制。

- 传统手机：尽管它继承了传统电话的大部分使用模式，但因为需要充电和蜂窝网络的覆盖，与传统电话相比，传统手机还是提高了对用户使用能力和知识的要求。虽然在普通用户中普及并没有问题，但是很多老年人最终还是没有使用。
- 智能手机：尽管苹果手机的出现大幅度地降低了智能终端的用户使用能力门槛，但是使用其除传统电话外的智能应用功能，对很多老年人来说还是一项较大的挑战。因此，有很多老年人拥有智能手机，但只是使用其传统电话和照相等基础功能，并没有使用智能终端的真正功能。

我们现在面临的数字产品适老化的核心问题，实际上就是进一步降低数字产品对用户使用能力的要求，使大多数能独立生活的老年人经培训具备使用的能力。

4.3 常见的用户使用能力

用户使用能力是一个统称，包括很多方面的能力。不言而喻，用户使用能力要求越高，具备这些能力的用户群就会越小。比如，驾驶飞机所要求的能力就比开汽车要高很多，飞行员的人数自然比汽车驾驶员要少很多。通常，一款设计得当的大众产品的用户使用能力要求不应该对用户群的规模产生决定性的影响，但面向老年人的产品在这个方面似乎是例外。当很多老年人想用而用不了的时候，老年用户群的实际规模就常常与其用户使用能力要求有直接关系了。

一般成年人的使用能力主要包括感知能力、肢体操控能力、认知能力、基本知识的掌握能力、学习能力。而对老年人来说，还要再加一个关键的因素——老年人的心理倾向。如果一款产品的用户界面与老年人的心理倾向背道而驰，则会严重影响他们的使用动力。关于老年人的心理倾向，我们将在 5.4.3 节具体介绍。

4.3.1 感知能力

人的感知能力有很多，我们在这里只集中讨论目前在数字产品的用户界面上常用到的，造成老年人使用困难的那些能力。

1. 视觉能力

绝大多数数字产品的用户界面使用文字和图像等视觉信息向用户提供系统反馈。要想准确、及时地阅读这些信息，要求用户具备一定的视觉能力。这是进入老年后最容易直接感受到下降的感知能力之一。与我们目前的讨论比较相关的有以下几项。

- 老花眼：近距离识别小字的能力降低，需要戴老花镜矫正视力；阅读时对光线的要求比以前高了，光线弱时会看不清。
- 色差辨别能力：在色差较小的界面显示上，辨别信息的能力和速度都在下降。这还会增加认知负担，造成大脑疲劳。
- “背景噪声”的处理能力：在界面上除主要信息外，还有过多的其他信息（如广告），或者美化用的内容，这些属于“背景噪声”。这些信息会对很多老年人有较大的干扰，导致其注意力分散，使其处理信息的速度变慢，成功率下降。同时，这也会增加认知负担，易导致大脑疲劳。
- 对图形边界的识别能力：老年人对图形边界等细微处的识别能力降低，可能导致的后果是对相距过近的文字辨别不清，并且阅读时所需要的时间增多。

很多时候，视觉能力问题的背后是大脑处理视觉信息能力的下降。视觉能力下降的影响不仅是无法完成某些任务，或者使某些操作的时间更长，更是在心理层面使很多老年人形成自己已经过了学习新事物的年纪这一观念，从而影响其学习动力。

2. 听觉能力

我们对老年人听觉能力下降的直接感受就是“耳背”，专业术语为“老年性耳聋”（Presbycusis），即老年人随年龄的增长而逐渐下降的听觉能力，尤其是对高频音区。根据美国国立卫生研究院（National Institutes of Health，NIH）的数据，65 岁及以上的老年人中 30%～35%有不同程度的听觉能力下降。与老年人听觉能力相关的能力变化有以下几种[8]。

- 音量：需要较高的音量才能听见。
- 频率：随着年龄的增长，老年人对某些频率范围内的声音不再敏感。
- 方向：对声音来源的判断能力下降。
- 噪声过滤：从噪声中识别出所需声音信息的能力下降。
- 处理速度：这实际上是听觉器官和大脑连接机制的退化，使其处理所听到信息的速度变慢。

3. 触觉能力

通过智能终端的物理按钮或触摸屏按钮等用户界面输入信息，或者获得系统的反馈、提醒时，常常会用到用户的触觉能力。最常见的有以下两种。

- 对指尖触碰的敏感度：用于有效地控制触控的力度和时长，对触摸屏按钮的点击、长按、滑动等操作有较大的影响。

- 对设备震动的敏感度：用于接收系统的确认、提示等。

当用户在这个方面的能力不足时，会导致相关的操作失误率提高，进而增强使用的挫折感，增加重复操作引发的额外的认知负担。

4.3.2 肢体操控能力

这里主要是指用手指操作界面上的各种按钮和使用触摸屏，以及混合操作的能力。这实际上是大脑和肢体的协调能力，具体体现为能够顺利地完成以下几种常见的操作。

- 准确地点击在目标位置上。
- 以适当的力度点击目标位置。
- 点击时能够较准确地保持适当的接触时长。
- 双击时能够适当地保持两次点击各自的时长、力度及其之间的时长。
- 使用混合操作机制：如在长按按钮的同时讲话。

这一能力对机能正常的年轻人来说人人具备，但到了晚年会逐步下降。

4.3.3 认知能力

使用数字产品需要具备一系列基本的认知能力，主要包括记忆能力、观察能力、判断与分析能力。

1. 记忆能力

记忆分为三类。

- 感知记忆：对由身体感官接收的环境信息的记忆，包括前面提到的触觉。
- 短期记忆/工作记忆：对临时存储在大脑中的信息的记忆，如上一步操作了什么，当前任务的目标是什么等。
- 长期记忆：对以前积累的、可以在需要时调用的知识和技能的记忆，如扫描二维码的方式和目的。

目前与使用数字产品密切相关的主要是短期记忆和长期记忆。随着 VR/AR 的应用普及，感知记忆将来也会扮演重要的角色。记忆能力对使用数字产品的用户界面极为重要。调用大脑中的心理模型，要用长期记忆；而理解操作步骤的内容，以及操作步骤之间的逻辑关系，则用到短期记忆。

2. 观察能力

这种能力是在用户界面上能够迅速、准确地找到与使用流程相关的部分，而忽略无关的噪声部分（如为了美观的修饰部分、广告和其他无关紧要的提示信息等）。

随着年龄的增长，人的关注视野逐渐变窄，到了晚年，则会感受到观察能力显著下降。这时，如果数字产品的用户界面过于烦琐，一些关键的信息布局不自然，或者广告等干扰信息过多，就会对老年人的使用造成较大的影响。

3. 判断与分析能力

在使用数字产品的过程中很多时候需要做判断与分析。常见的使用流程中既有简单、一维的判断与分析，也有复杂、多维的判断与分析。在一类产品中选择一款价格最低的是典型的一维判断与分析。而在选择一条由多个航段组成的飞行旅程时，则需要综合地考虑价格、总的飞行时长、转机等待时长、起飞与到达的时间、行李要求、飞机上的餐饮、可选择的座位乃至里程积分等一系列因素。老年人做多维的判断与分析的能力会随年龄的增长而逐渐下降。

4.3.4 基本知识的掌握能力

这里所说的基本知识，是指使用数字产品时经常用到的一些知识。这些知识虽然看起来庞杂且广泛，但大致可以分为四大类。

- 基本数字素养：这是指那些用数字手段发现、生成、评估和交流信息的能力及知识。这些知识涉及的范围比较广，包括很多基本的理念、术语、技能，分为多个层次，影响用户对数字产品的操作、理解、消化和使用，对其是否能独立自主地融入数字社会有很大影响。举例来说，对二维码含义的理解及具备扫码操作技能就属于数字素养的一部分，具备一定的风险意识也是数字素养的一部分。数字素养的内容庞杂且零碎，除了系统的集中培训，很多知识是在使用数字产品的过程中不断积累的。数字素养中的知识除了关系到是否“用得了”，还能决定是否“用得好”。
- 对数字产品的了解：数字经济的特性导致数字化会持续深化，数字产品会不断涌现。作为生活在数字社会中的一员，需要及时了解市场上有哪些新的数字产品，尤其是那些进入早期主流市场的新产品，清楚它们可以解决哪些问题，哪些又被替代或淘汰了，哪些适老化程度较高，哪些与自己的关系更大。
- 操作特定数字设备的知识和技能：以智能手机为代表的数字设备将越来越普及，

同时也会越来越多样化。智能腕表、智能音箱，以及经过多年沉寂再次“复活”的智能眼镜，还有老年人极为关注的医疗健康领域的各种监测设备，这些数字设备各自有不同的操作模式。操作这些设备所需要的知识和技能会逐渐成为一项对数字社会公民的基本要求。

- 使用特定应用所需要的背景知识：在使用很多应用时，除了具备操作技能，还需要具备充分的背景知识。在使用医疗健康应用时，需要具备基本的医疗行业背景知识，如常见的疾病名称、分科、药物名称、症状描述所用的词汇和术语等；在使用出行应用时，需要对旅游行业的背景知识有所了解，如乘坐飞机的基本知识、旅行证件、航空公司与航线、机场名称、直飞与中转、座位分配、行李要求、安全要求，以及常见的住宿形式、保险、外汇等。

后两类知识与使用特定的数字产品有关，通常使用培训中会包含相关的内容。数字素养则因为涉及的内容广泛，所以往往并不与使用某款数字产品密切相关，其普及和提升需要更有力的社会支持。增进老年人对数字产品的了解则需要把握好市场宣传与公共服务之间的平衡。对年轻人来说，这些基本知识很多是在使用中摸索出来的，或者是通过网上的攻略学习到的。而对尚未能上网或刚刚能上网的老年人来说，完全靠自己去学习这些基本知识是不现实的。因此，协助老年人获得这些基本知识是适老化支持体系的一项重要功能。

4.3.5 学习能力

除非一款新数字产品的使用流程完全复制了某款已经广为流行的产品，否则其新用户都会面临学习使用的问题。无论是通过使用培训学习，还是自己参照用户手册学习，抑或是跟着教学视频学习，都要求用户具备一定的学习能力。这一能力主要体现在以下几个方面。

- 记忆能力：能够在短期记忆中存放一定的信息，并保持一定的时间，以便在学习的过程中可以随时调用。
- 主动摸索：能够通过摸索来发现适合自己记忆和习惯的使用路径。
- 内容分解：能够将需要完成的流程分解为多个相对独立、易于理解和记忆的子任务。
- 确定重点：能够找出自己所面临的主要难点，重点花精力去解决。
- 借助既有经验：能够通过将使用流程与自己熟悉的事物（长期记忆）相关联，减轻短期记忆的负担。
- 归纳总结：能够确定主要的里程碑、需要重点记忆的部分、容易发生错误的地方。
- 制作参考手册：能够根据自身的情况，制作供使用时参考的简易手册。

其中，记忆能力既是一种认知能力，也是一种学习能力，对于用户的学习体验有极大的影响。但后面几项能力也可以相辅相成，甚至可以弥补记忆能力的不足。对年轻人来说，这些能力的运用往往是非显性的，自然地融合在摸索和尝试的过程中。由于年轻人拥有较强的记忆能力，因此他们延续少年时代养成的依赖短期记忆能力的学习习惯并没有什么大问题。

但对老年人来说，其短期记忆能力已经明显衰退了。绝大部分老年人在脱离工作单位后，并没有调整、更新自己的学习习惯，导致他们在学习中仍然不自觉地依赖短期记忆能力，因此常常感到学习新知识越来越难。由于没有在学习方法上扬长避短，充分地利用他们丰富的经验和归纳总结能力，因此表现出来的是学习能力的下降。

4.4　数字产品的使用负担分析

使用负担分析涉及 TAM 中的易用性。这里所说的使用负担，是指在使用一款数字产品时，对前面描述的那些能力的使用给用户造成的感官、肢体和认知等方面的负担，是衡量使用难度的一种方式。我们经常听到一些老年人抱怨某款产品使用起来太累，这往往意味着这款产品对上述那些能力的使用，接近甚至**超过了**这些老年人的能力范围，导致两种结果发生：①使用起来十分疲劳，提高失误率，无法成功地完成整体的操作；②在使用中的某个环节无所适从，不知道该做什么，即丢失了或无法建立一条操作路径。对老年人来说，“能用”但是“难用”也会严重影响其使用积极性。

4.4.1　感官负担

最常见的感官负担是视力和听力上带来的负担。不当的视觉信息展示会使用户很快产生视觉疲劳，影响注意力的集中，降低获取及处理信息的速度和准确率，增加认知负担，最终导致失误率提高。视觉负担主要来自视觉信息的可视程度，包括文字的大小、字体边缘的清晰度（如隶书与仿宋的差别）、文字与背景的色差、信息本身的密度（单位面积上的信息量）、背景噪声（与应用无关的其他视觉信息）等。

不当的听觉信息展示容易使用户产生听觉疲劳，同样影响注意力的集中，降低获取及处理信息的速度和准确率。听觉负担主要包括说话的速度、口音、咬字的清晰度、语音信息的复杂度、语音的信息量、用户对信息内容的熟悉度等。

适当的视觉和听觉设计应减轻用户的感官负担，避免或延迟使用产品引起的过度疲劳。

4.4.2 肢体负担

绝大多数智能终端会要求用户使用交互界面来输入指令、选择和确认等用户反馈，这些都需要运用手指来操作。

当用户界面从命令行界面转变为图形界面时，其操作也从以键盘为主转变为以鼠标为主，由此带来了完全不同的手指操作方式：从双手敲击键盘，转变为单手操作鼠标、食指与中指操作鼠标的按键和滚轮。使用鼠标对手指操作的精细度有了更高的要求，从精准地移动光标，到左右键的单击、左键的双击和滚轮的滚动粒度，都要求使用者具备更高的手指操控能力和触觉能力。而从键盘、鼠标到触摸屏，对手指的操作又有了不同的要求。除了在触摸屏上的点击、双击，还增加了长按、滑动，以及在物理键上的双按等。这些操作对手指触觉的感知能力有了更高的要求。

老年人完成一个较高精细度的动作往往需要付出更多的努力，甚至尝试多次。因此，在设计上应考虑老年人的肢体操控能力，避免对其有过度精细操作的要求。

4.4.3 认知负担

任何数字产品的使用都会要求其用户具备一定的认知能力，包括（短期）记忆能力、观察能力、判断与分析能力。这些能力的使用会引发用户的一系列认知负担，而不当的界面设计会加重用户的认知负担。

在操作流程的每一步，用户需要了解其在操作路径上的位置，即当前步骤在整体任务中的哪个环节，当前需要做什么，上一步做了什么，下一步将做什么。这通常是借助短期记忆来完成的。如果设计不当，则会给老年人带来较大的认知负担。此外，在每一步的操作中，用户还需要做一系列的观察、比较、判断与分析，然后决定下一个操作动作的选择。这里会用到用户的观察能力、判断与分析能力等。

因此在设计时，通过分解任务、界面提示、缩小选择范围等方式可以显著减轻老年人的认知负担。

4.4.4 知识要求带来的负担

在 4.3.4 节，我们提出了四类知识的掌握是在数字社会中使用数字产品需要具备的能力之一。这些知识要求在数字产品的使用前和使用中会给用户带来认知负担与心理负担。由于缺乏相关知识，很多老年人难以理解数字产品的使用场景、使用方法和使用风险，因此他们很容易形成一种心理倾向，认为数字产品的用户不包括自己这样的老年人。

对很多老年人来说，掌握这些知识并不是一件轻松的事情。他们需要在认知能力逐渐下降的情况下学习大量陌生领域的新知识，并且很多时候是从零开始的，缺乏在学习过程中可以帮助他们减轻认知负担的心理模型。而需要掌握这些难学的知识又会影响老年人接触、尝试数字产品的动力。

4.5　数字素养

上面我们简略地提到了数字素养。在现实中，数字产品的用户使用能力常常和数字素养被混为一谈，实际上数字素养的内容要丰富得多。值得注意的是，目前在我国的老年网民中有相当一部分人不具备充分的数字素养。虽然他们能够使用智能手机，但常常无法判断网上信息的真伪，容易信谣、传谣。此外，他们也更容易陷入网络沉迷，成为欺诈陷阱的受害者。

4.5.1　数字素养的定义

那么，数字素养究竟是什么呢？不同的权威机构给出的定义不尽相同。联合国教科文组织给出的定义[10]是："数字素养是指安全地、适当地使用数字技术去访问、管理、理解、集成、交流、评估和生成信息以满足就业和创业等要求的能力，包括那些被称为计算机素养、信息技术素养、信息素养和媒体素养等方面的能力。"根据美国图书馆协会（American Library Association，ALA）的定义，数字素养是"使用信息化和通信技术去发现、评估、生成和交流信息的能力，包括认知和技术能力"。在这两个定义中，评估、生成和交流是其共同的内容。

Hague 和 Payton 总结了数字素养的八大元素[11]，如图 4-3 所示。

从图 4-3 中不难看出，数字社会的一般公民所需要具备的数字素养包括一系列使用信息化工具完成特定任务的能力，而不仅是会使用某几款应用。其中的四大类能力其实隐含着使用一系列信息化工具所需要的知识和技能。

（1）发现信息：使用某个搜索工具发现自己想找的信息。我们知道搜索工具是网络应用，因此这一能力隐含着使用网络应用的能力。此外，发现信息的搜索范围是"网络"，而不是一本书或一张光盘，这要求使用者对信息网络和网络信息提供者的概念有基本的理解。而发现信息的方式也不是一成不变的，从现在的文字搜索、图像搜索，到将来人工智能辅助的聊天机器人搜索，发现信息的方式也在与时俱进。

（2）评估信息：网络上的信息良莠不齐、鱼龙混杂，要想辨别其真伪和价值就需要对其做评估，包括对信息来源、内容、时效等方面做评估。这一点其实对老年人尤其重要。很多言过其实的广告、耸人听闻的消息都是利用老年人在这一评估能力上的弱点来传播的。随着信息的爆炸，老年人被暴露在大量来自自媒体和新媒体的未经过滤的、鱼龙混杂的信息面前，这时其评估信息的方式和准则也会发生变化。

图 4-3　数字素养的八大元素

（3）生成信息：无论是微信消息、抖音视频，还是全民 K 歌的分享，都属于生成的信息。采用这些应用生成信息常常涉及拍照、录音、录像、文字输入等操作，因此涉及使用摄像头、麦克风、汉语拼音或手写输入等工具的技能。而随着未来 VR/AR、人工智能等新技术的应用与普及，生成信息的方式也会发生变化。

（4）交流信息：微博上的公开展示、朋友圈分享、群内发帖、个人之间的私聊都是信息交流。同样，随着技术的发展，交流信息的方式也会发生变化。

不难想象，拥有数字素养并不是一劳永逸的。如果不随着技术的发展不断更新自己的知识和能力，那已有的数字素养也会逐渐过时，最终落伍。在 PC 时代值得夸耀的一些数字素养，在移动互联网时代可能已经落后了。

4.5.2　数字素养的四项原则

数字素养在我们使用数字信息和参与数字社会活动时发挥着一系列关键的作用。目前，这些作用被归纳为一些基本原则，并获得了广泛的共识。图 4-4 中所展示的是由 Teach

Thought 网站的 Terry Heick 归纳的四项原则。

图 4-4　数字素养的四项原则

（1）理解：能够从信息中提取出并理解显性和隐性的意义。这包括有效地使用工具来获取信息，理解相关信息，筛选有用的信息，识别信息的真伪等。

（2）内在联系：在信息元素之间建立相关性和象征性的联系。数字世界给我们带来了很多抽象的符号与标识，能够在这些抽象的内容之间建立起联系，是我们理解数字世界的基础。

（3）社会因素：在自己的社会网络中及时地、适宜地分享信息。信息的分享驱动其流动，分享是信息使用者参与数字社会活动的一种关键体现。

（4）保存与维护：以便于提取的方式对信息进行组织和存放。我们使用重要的信息不会是一次性的，有效地反复使用需要对信息进行整理、加工、保存。

这四项原则的运用，涉及一系列组成数字素养的基本知识、基本技能和意识。

4.5.3　数字素养的标准

随着数字素养越来越受到重视，其所包含的内容及评估方法等也逐渐被标准化。很多国家已经将数字素养纳入公民教育，并且已经将其内容、评估方法等标准化。在这里我们简要介绍一下电气电子工程师学会（Institute of Electrical and Electronics Engineers，IEEE）于 2020 年 9 月颁布的第一个国际数字智能标准：IEEE 3527.1, 2020 版-数字智能—数字素养、技能和就绪度框架（IEEE 3527.1, 2020 Edition, September 24, 2020 - Digital Intelligence (DQ)—Framework for Digital Literacy, Skills, and Readiness）。

数字智能是一组包括技术、认知、社会情感等多个方面的，用以面对数字社会各种挑战并从中获益的能力。IEEE 这次颁布的数字智能标准建立了一个涵盖数字素养、技能和就绪度的框架，包括涉及数字生活的八大领域——身份、使用、安全、保障、情商、素养、通信和权利，分别体现为公民、创意和竞争力三个层面。

颁布这一标准的目的是建立一个全球统一的框架，用以保障在全球范围内提升数字素养及相关能力所做的努力。该标准包括一套定义、描述语言，以及对数字素养、技能和就绪度的理解，供全球范围内的相关机构，包括政府、教育机构、高新技术企业乃至整个社会使用。

4.5.4 老年人数字素养的提升

从数字素养的定义中不难看出，即使对年轻人来说，拥有完备的数字素养也不是一件容易的事情，对能力和动力都在渐渐衰退的老年人而言更是一项艰巨的挑战。但是，老年人数字素养的提升直接影响中国老龄社会的数字化进程。因此，对于老年人数字素养的提升，一方面势在必行，另一方面不能操之过急，而需要分出轻重缓急，循序渐进。

1. 老年人需要的数字素养

当我们聚焦老年人的数字素养时，首先要认识到，老年人使用数字产品的目的、方式、能力，以及获得技能的渠道等都与年轻人不同，因此要充分考虑其特点。

很多老年人使用数字产品是迫不得已的，如为了使用视频通话功能以维持其社会交往，为了解决出行或看病等生活中的痛点。他们在使用过程中的体验时时地提醒他们，自己使用数字产品的能力处于一种勉为其难的程度，因此他们常常抱有一种“够用即可”的态度。在提升数字素养的问题上，他们也会追求适可而止，而不是出于好奇心去学习新知识。因此，对老年人来说，提升数字素养是为了获得能够使用并用好那些他们想用的数字产品的能力。基于这些原因，我们进一步将数字素养的内容浓缩、简化并具体化，归纳为以下五类。

（1）基础知识和技能：包括一些通用的知识，如设备的充电、网络、二维码、实名认证、好友与社交圈、搜索引擎、浏览器、购物车、银行账户关联等。

（2）使用数字产品的风险：包括隐私、安全、金融风险，以及基本的防范常识。

（3）提升数字素养的社会资源：也就是在哪里可以学，如教材、网站/公众号、求助、交流等。

（4）工具：包括具体的教学内容、视频、攻略等。

（5）应用的背景知识：包括理解数字化与数字社会所需要的一些必要的常识，如应用场景、应用的好处、所需要的条件和主要的障碍等。

而在提升老年人数字素养的具体培训操作中，以高度的针对性为代表的适老化特点极为重要。培训的四项基本原则如下。

（1）强调学以致用：学习的任何知识及技能都要能和具体的应用与问题解决之间建立起明确的联系，避免为了学习而学习，避免纯粹满足好奇心的学习。

（2）鼓励协同合作：鼓励共同学习，互帮互学，分享经验和资源。这一方面可以大幅度地提高学习效率，另一方面学习本身也可以是社交活动，对老年人来说更是这样。

（3）改善社会连接：强调获得的知识有助于改善老年人的社会连接，减少孤独感。因此，应推荐并协助老年人使用改善社会连接的应用。

（4）鼓励自主学习：提升数字素养是以老年人为中心的，其内容、方式都需要适合老年人的个人预期和条件，鼓励他们自主学习。

2. 当前老年人数字素养提升的重点

数字素养的提升有两条途径：自学和培训。有能力和动力自学的老年人一般已经具备基本的数字素养，能够通过自己的主动努力不断提升数字素养。目前这类老年人只占一小部分。大部分老年人，包括那些已经具备一定数字素养的老年人，继续提升和保持其数字素养则需要通过培训等方式。

在中国数以亿计的老年人中，目前绝大多数人并没有在一个能够常态地获得提升数字素养机会的体系内。参与老年大学的只是老年人中的很少一部分，能够获得退休前工作单位某种程度支持的也仅是部分国有企业、事业单位和政府的退休人员。因此，大多数老年人将依赖社区、村镇的培训来提升其数字素养，此时能精准地选择重点十分重要。

1）信息的识别与使用

从 4.5.1 节给出的数字素养的定义中可以看出，评估信息是其关键的内容之一，而这一点对老年人来说更加重要。近年来，在社交媒体上充斥着各种虚假信息。其中既有大量夸张和不实的广告宣传信息，尤其是面向老年人的各种“延年益寿”的全新科技产品或“包治百病”的祖传灵丹妙药，利用老年人的一些心理特点，骗取他们的信任以牟取暴利。同时，在自媒体广泛流行的今天，也有各种以耸人听闻的标题吸引眼球，为了流量无所不用其极的商业噱头。

每个网民在使用从网络上获得的信息时，通常会经历以下四个阶段。

（1）消化信息：理解信息的含义；必要时，使用搜索引擎和网络百科等工具，或者向他人咨询，以便完全理解其内容及价值，包括与自己的相关性。

（2）对信息做出判断：根据信息的来源和内容、第三方的佐证等，做出该信息是否真实、准确的判断。

（3）使用信息：根据对信息的理解和判断，采取相应的行动，包括更新自己的认知、对当前和未来的行动进行调整。

（4）分享和传播信息：将信息（有时加上自己的评论）分享给好友或陌生人。

其中，第二点的关键是识别虚假信息，包括三个简单步骤。

（1）追根溯源：对于获得的信息，首先要判断其源头是否可确认。信息的源头是要承担相应责任的，即使不是法律上的责任，道义上的责任也直接影响着其可信度和声誉。因此，很多虚假信息的发布者会有意识地掩盖其源头，或者编造一个难辨真伪的源头。由于我们在基础教育阶段对于批判性思维的强调不够，因此多年来在面对真假难辨的各种“据说”“据报道”时，没有追溯源头的习惯。

（2）识别推手：谁在积极地传播这些信息？任何有明显的商业和政治动机的信息，都值得推敲。

（3）与可信的媒体及第三方做比较：看看别人怎么说，了解信息是否符合逻辑。

这三步的操作会用到一个关键的工具——搜索引擎。因此，能够灵活有效地使用搜索引擎是老年人需要具备的数字素养的一部分。

2）风险意识

充分的风险意识是独立自主地融入数字社会所需要具备的核心能力之一，缺乏充分的风险意识教育常使人无法理性地面对风险。在老年群体身上，我们常看到两种极端的现象。一部分老年人对风险完全不了解，或者不想去了解，以掩耳盗铃的态度面对风险，没有任何防范措施，最终成为网络犯罪的受害人。他们还盲目地相信来自网络的任何信息，尤其是那些貌似来自权威机构或权威人士的信息，因而常信谣、传谣，甚至被鼓动参与网络暴力、助纣为虐而不自知。还有一部分老年人会不自觉地过度夸大风险，同样拒绝深入了解风险，抗拒使用数字产品，导致与数字社会隔绝，感受到被数字社会遗弃的失落感。

因此，具备一定的风险意识是老年人需要的关键数字素养。

3）工具使用

使用一些能够协助自己获得、评估、整合及展示信息的工具的能力也是数字素养的关键内容。对老年人来说，获得和评估信息相对更重要，其中搜索引擎和网络百科是两个重要的工具。

由于目前很多工具被过度商业化，类似竞价排名等商业化的干扰使使用这些工具对老年人来说增加了额外的困难。因此，除学习使用这些工具本身外，还需要了解使用这些工具的指南，以帮助老年人绕过各种陷阱，获得他们需要的信息。

4）防范沉迷

随着老年网民数量的增加，沉迷于网络的老年人越来越多。这既给他们的身心健康带来了种种问题，也严重地影响了他们正常的社会交往，还会增加他们遭受网上欺诈的风险。老年人的网络沉迷与青少年的差异很大，其防范与干预的方式也大不相同。

首先，与青少年常常沉迷于游戏等容易让人上瘾的娱乐活动不同，老年人的网络沉迷是从缓解孤独、填补大量的空白时间开始的，那些沉迷于网络的老年人往往能在网络里获得现实生活中缺乏的关怀和慰藉。不法分子往往利用老年人的弱点，通过一些满足老年人心理需求的方式，骗取他们的信任，进而诱使他们投入金钱。其次，与青少年通常身边有父母的监督不同，大批的空巢和独居老年人即使学会了上网，身边也并没有人来监督、干预他们的不良上网行为。作为独立自主的成年人，老年人的上网活动受法律保护。硬性的干预既缺乏相关的法律依据，又会激化矛盾，进一步促使他们回避现实，到网络中寻求关怀和慰藉。

一旦空巢和独居老年人陷入网络，就很难有有效的干预方式，这往往会导致悲剧性的后果。我们应该认识到，通过社会化的适老化努力，那些被协助跨越了年龄数字鸿沟的老年人往往是最脆弱的，也是最需要关怀的，他们面临的网络沉迷风险更大。

因此，在提升老年人上网能力的同时，培养他们的数字素养，提前防范网络沉迷十分重要。作为数字素养教育的一部分，我们需要通过一些活生生的例子让老年人了解到网络沉迷的危害、表现征兆和自我约束的重要性，从而帮助他们认识到就像年老了身体会多病，需要通过保健增强免疫力一样，针对自身的心理弱点也需要建立相应的防范意识，只有这样才能健康地使用网络。

4.6 知识与使用动力

在实践中我们观察到的一种现象是，具有充分数字素养的老年人通常会有较强的意愿使用数字产品。这说明，数字素养和使用动力是相辅相成的。

从 TAM 的框架来看，提升老年人的数字素养有助于加深他们对新技术使用价值的理解，提高其感知到的有用性，同时能减少他们的使用障碍，增强其感知到的易用性。

第 5 章　数字产品的适老化设计

本章的内容主要涉及如何设计数字产品和服务，以使尽可能多的有独立生活能力的老年人能够独立使用。即如何设计产品和服务的使用流程与界面，以便这些老年人愿意尝试、能够学会并持续使用。

多年来，国内外学术界就数字产品如何适应老年人的问题有大量的理论研究，经历了从通用设计（Universal Design）【12】、包容性设计（Inclusive Design）【13】，到当前的适老化设计（Age Friendly Design）多个阶段，其老年针对性越来越强，对老年人传统能力以外的因素，如心理倾向、知识储备，乃至使用环境支持等考虑得越来越深入。同时，也有实践者做了一些实际尝试【14】【15】。自工业和信息化部发布《互联网应用适老化及无障碍改造专项行动方案》以来，数字产品的适老化设计在中国受到了前所未有的关注，一批设计规范和设计指南自 2021 年以来陆续面世。但整体来说，我们仍处于适老化设计研究与实践的起步阶段，对适老化设计的认识还比较粗浅。对于哪些适老化目标是能够通过产品的适老化设计达到的，哪些是需要产品以外的其他配套支持的，尤其是如何借助社会体制的特点，来弥补市场动力的严重不足，推动适老化设计的深化和普及，仍处于探索中。

在本章中，我们会详细地讨论适老化设计的核心问题。首先，我们会明确适老化设计的目标。其次，我们会概括地介绍可用性设计和用户体验设计这两个与适老化设计密切相关的领域。然后，在系统地阐述适老化设计时，我们会重点讨论那些在传统设计中不受重视的部分及较少被关注的地方。最后，我们会介绍一些有关可信代理和准人工服务的内容。

5.1　适老化设计的目标

前面讲到，年龄数字鸿沟涉及两大领域：老年人使用数字产品的动力问题和能力问题。虽然在某些情况下适老化设计对老年人的使用动力会有一定的促进作用，但目前几乎所有数字产品的适老化设计直接针对的是弥补老年人的能力问题。

阿里巴巴在 UCAN2021 设计大会上发布了以下九条适老化设计指南。

（1）信息文字>36 号。

（2）对比度“强烈”好于“柔和”。

（3）插图具象好于抽象。

（4）文案表达“行动”性词汇好于“描述”性词汇。

（5）功能“熟悉”好于“新鲜”。

（6）“色彩”好于“图形”（用颜色区分功能可以让老年人更易查找）。

（7）“点击”好于“滑动”。

（8）“点击”好于“输入”。

（9）“多模态”好于“单模态”。

仔细地分析可以看出，（1）、（2）、（6）是针对视觉能力的，（3）、（4）、（5）、（6）、（8）、（9）是涉及认知能力的，（7）是关于肢体操控能力的。此外，除了（1）、（7）和（8）具有具体的可操作性，其他的六条均属于原则性的指南。那么，如果一种设计遵循了上述指南，是否就能达到足够的适老化呢？

适老化设计要解决的主要问题是“能力差”问题：使用数字产品所要求的用户多方面的能力与老年人通常所具备的能力之间的差距。当用户感觉某款应用不好用时，通常是直接感受到了某些“能力差”。比如，有的是使用流程不直观，这反映的是认知能力方面的差距；有的是某些步骤难操作，这反映的是肢体操控能力方面的差距；还有的是看不清，这反映的是视觉能力方面的差距。目前的适老化设计本身并不理想，这样的差距有很多。但由于老年群体内部彼此之间的差异巨大，因此不同的人感受的“能力差”会不同。在第 3 章中，我们梳理了老年人的生理、心理、知识和学习等方面的特点。而目前普遍采用的用户交互设计实际上对用户的能力程度有着隐含的假定，这些假定与大多数老年人的实际能力之间有着显著的差异，这些差异是导致当前老年人在使用数字产品时不会用、用不好的主要原因。

图 5-1 的中间部分列出了差距的五个主要类别。这五个主要类别涵盖了“能力差”的主要方面，自下而上也是五个不同的层次。

（1）感知能力：是否能看得清、听得见、感觉得到智能终端的各种反馈，包括文字、图像、光亮、声音、震动等。老年人随着年龄的增长会出现视觉、听觉、触觉等方面的能力衰退，使获取信息反馈变得困难。

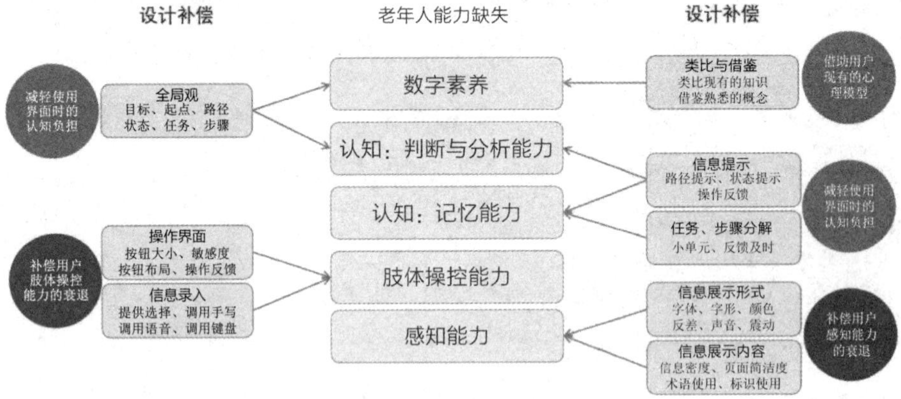

图 5-1 常见的老年人能力缺失及设计补偿

（2）肢体操控能力：是否能准确与及时地操作按钮、旋钮、按键等。在狭小的交互设备上操作对大脑已经有一定程度退化的老年人来说是具有相当大的挑战性的，肢体震颤、触觉能力衰退等给准确有效地完成操作增加了难度。

（3）记忆能力：这是认知能力的一部分，主要用于了解当前的状态。了解当前的状态需要记得前面做了什么，当前任务的目标是什么，以及目前在任务路径上的位置。老年人常见的短期记忆能力衰退使他们很难记住若干个界面之前的信息，在这种情况下，如何协助老年人了解当前的状态是适老化设计的挑战之一。

（4）判断与分析能力：这也是认知能力的一部分，即根据现有的信息和背景知识做出一些判断与分析。比如，网购中的商品比较，出行中的交通工具选择。这些判断与分析往往不是基于单一的准则，而是综合考虑多种因素。比较商品时除了价格，还会考虑外观、其他买家的评语、配送速度、退货的难易度等；交通工具的选择除了价格，还要考虑时间、衔接度、徒步的距离等。这种基于多种因素的判断与分析能力也会随着年龄的增长而逐渐衰退。

（5）数字素养：使用数字产品需要具备一定的数字素养，包括一些基本的知识和技能。这方面的欠缺，会使老年人无法看懂和理解界面信息、使用逻辑和操作流程，或者在中途遇到障碍而无法逾越。

而适老化设计的目标就是在上述五个层次中尽可能地降低对用户使用能力的要求，使其能够与大多数老年人的实际能力大致匹配，只有这样才能减少乃至消除老年人使用的障碍。

除补偿老年人的能力外，适老化设计的另一个重要目标是增强产品的可学习性。这在当前普遍缺乏面向老年人的产品使用培训的现实状况下显得尤为重要。

最后，适老化设计还需要有针对性地提高老年人对产品有用性和易用性的感知程度。这对提升老年人尝试使用数字产品的动力非常重要。

5.2　传统的可用性设计

我们现在讨论的适老化设计可以说是传统设计理论在某个维度的延伸，其中一个理论是可用性设计。将可用性设计的目标用户定位到特定的老年群体上，这时所谓可用性的用户使用能力参照是指与这一老年群体通常具备的能力相比。

5.2.1　概念与历史

可用性理论的出现远早于数字产品。根据 Jeff Sauro 的可用性发展简史，早在 1911 年，Frederick Taylor 就出版了《科学管理原理》（*The Principles of Scientific Management*）一书，其中描述了对工人操作的时间与动作的研究及提高效率的方法。那时，可用性的重点是如何使用户（流水线上的工人）高效地完成重复性的工具使用动作。

但是随后，可用性的重点逐渐转向如何使大众用户更有效地使用面向大众的各种产品。以下是可用性理论发展史上的一些重要的里程碑，从中可以看出其逐渐演化的过程，以及心理学在其中扮演的角色。

- 1936 年：美国佛罗里达州的一家报纸《棕榈滩邮报》（*The Palm Beach Post*）上刊登了一则 Frigidaire 牌子的冰箱广告，第一次明确地把可用性作为一款商品的卖点功能提出来。
- 1943 年：陆军中尉 Alphonse Chapanis 证明了通过更直观的飞机驾驶舱布局设计能够极大地减少飞行员的失误。
- 1947 年：贝尔实验室的 John Karlin 被任命为新成立的“用户偏好部”（后来改名为“人类因素部”）的负责人。在那里，他带领同事完善了直到今天仍被使用的现代数字拨号系统和数字键盘。这期间，他做过一项著名的实验来证明电话听筒连线可以被缩短多少。他持续在晚上“潜入”贝尔实验室的办公室，将电话听筒连线缩短，直至第二天有人抱怨听筒的线太短了。
- 1954 年：Paul Fitts 在学术期刊《实验心理学》（*Journal of Experimental Psychology*）上发表了一个以目标的大小和需要移动的距离来预测移动该目标所需要的时间的数学模型，即菲茨定律。
- 1956 年：心理学家 George Miller 经过一系列实验，提出了“神奇的数字 7±2”

的理念，用以描述人类难以在短期记忆中同时存放 5～9 个记忆对象的现象。

- 1979 年：第一篇在标题中有“可用性”（Usability）的学术文章——John Bennett 所著的《交互系统可用性的商业影响》（The Commercial Impact of Usability in Interactive Systems）在《信息技术最新建站报告》（*Infotech State of the Art Report*）上发表。
- 1983 年：卡内基梅隆大学和施乐帕克研究中心的 Stuart Card、Thomas Moran、Allen Newell 出版了《人机交互的心理学》（*The Psychology of Human Computer Interaction*）一书。该书描述与解释了基于 Taylor、Fitts 和 Gilbreth 等人前期研究结果的目标、操作、方法和选择规则（Goals, Operators, Methods, and Selection Rules，GOMS）及键盘级别模型。
- 1984 年：苹果电脑公司在美式足球“超级碗”赛间广告中第一次向世界介绍了其 Macintosh 个人电脑，并将其易用性作为一个主要的卖点。
- 1989 年：Fred Davis 发表了其在麻省理工学院的博士论文，包括技术采纳模型（Technology Acceptance Model，TAM）及一份度量用户感知的有用性和易用性的问卷。
- 1998 年：可用性成为国际标准 ISO 9241 中的一部分。
- 2001 年：美国国家标准学会（American National Standards Institute，ANSI）发布了《可用性测试报告的通用工业格式》（*Common Industry Format for Usability Test Reports*）。

从上述发展史中可以看出，经过学术界、产业界和政府几十年的共同努力，可用性已经发展成一个成熟的领域，渗透进了我们生活的各个方面。

5.2.2 可用性的 5E 理论

可用性理论已经相当成熟，有兴趣的读者可以参考 Jakob Nielsen[16] 和 William Lidwell[17] 的相关著作进行更深入的了解。我们在这里简要地介绍一下可用性理论的核心，即所谓的 5E 理论[18]。它概括了可用性设计的五个主要方面，如图 5-2 所示。

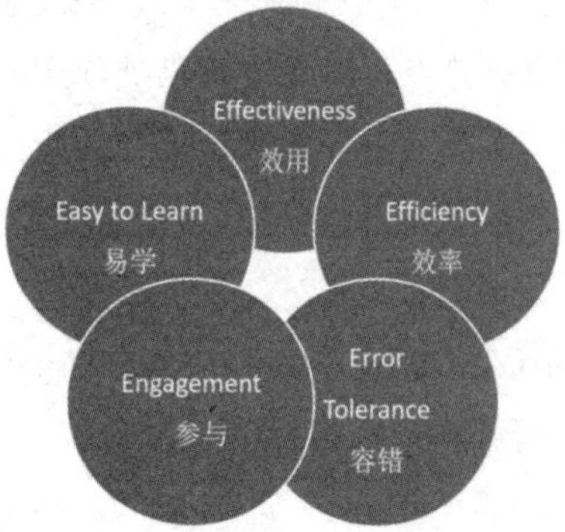

图 5-2 可用性的 5E 理论

- **E**ffectiveness（效用）：具有充分的效用，能够达到使用目的。
- **E**fficiency（效率）：使用过程中的效率，能够较高效地达到使用目的。
- **E**asy to Learn（易学）：容易学会如何使用。

- Engagement（参与）：用户的参与感。
- Error Tolerance（容错）：有效地应对和补救用户所犯的错误。

从上述解释中不难看出，适老化在很多地方与 5E 理论高度重合。

5.2.3 可用性与适老化

当可用性理论针对的是老年人这一特定的用户群体时，会与适老化的主要部分（但并不是全部），发生明显的重叠。将上面的 5E 理论投射到老年人身上，一方面展现了其与适老化的很多共性，另一方面凸显了针对老年人的特点：产品的可用性对老年人使用动力的影响及对其使用能力的补偿。

- Effectiveness（效用）：这个因素与 TAM 中的产品有用性高度重叠。感受到的有用性对老年人的使用动力有极大的影响。
- Efficiency（效率）：这个因素在老年人眼中的重要性远不如其他用户的感受。对老年人来说，成功地完成操作比提高效率更重要。
- Easy to Learn（易学）：这个因素对老年人来说也很重要。而此时的易学是针对短期记忆能力下降的老年人而言的。
- Engagement（参与）：这个因素对老年人持续使用的动力有较大的影响。
- Error Tolerance（容错）：老年人更容易在操作中发生失误。当出现误操作时，为其提供及时、方便的补救措施是适老化的重要内容之一。

总而言之，相比之下，5E 理论中的效用、易学和容错，对老年人来说更重要。

5.2.4 度量与评估可用性

如何度量与评估可用性一直是一个热门的研究领域，多年来积累了大量的理论研究结果[19]和指导实践的指南与方法、工具[20]。其中几种经典的方法如下。

- 1986 年，美国数字设备公司（Digital Equipment Corporation，DEC）的 John Brooke 发布了一份快速评估软件可用性的问卷——《系统可用性度量》，最终成为使用广泛的用于评估用户感受到的系统可用性的问卷。
- 1987 年，马里兰大学人机交互实验室的 Ben Shneiderman 发布了《用户交互满意度问卷》。
- 1990 年，Jakob Nielsen 和 Rolf Molich 发表了开创性的论文《用户界面的经验性评估》（Heuristic Evaluation of User Interfaces）。在文中他们描述了极具影响力的可用性简易评估方法。
- 1996 年，John Brooke 正式发布了在工业界被广泛使用了多年的系统可用性度量

（System Usability Scale，SUS）。

在目前的适老化设计中，类似 Jakob Nielsen 的经验性评估比基于用户问卷反馈的评估更有效和实用。

5.3 传统的用户体验设计

另一个与适老化设计关系更密切的是用户体验（User Experience，UE/UX）设计。UX 是可用性的延伸，它将产品的用户体验从使用中扩展到使用前和使用后，这和我们普遍观察到的影响老年人态度及使用的，与数字产品产生联系的多个环节更契合。

自从 Donald Norman 提出 UX 设计理念以来[21]，UX 成为设计领域中的一个新的热点。在智能化应用大面积普及的今天，仅依靠产品功能上的新颖独特已经不能保证在市场上的竞争优势了，还需要在用户使用这些功能时能够有良好的体验。换句话说，用户的使用体验已经成为产品的一项核心功能。

近年来，UX 设计中采用了大量的心理学原理和方法，逐渐形成了一套日益完善的设计理论和方法体系[22]。其中有一批设计准则被广为使用，包括下面这些具有代表性且与适老化高度相关的设计准则。

（1）希克定律（Hick's Law）：这是指一个人的可选项越多，其做出选择决定所需要的时间就越长。这一点在适老化设计中有其特殊的意义。老年人持续集中注意力的时间通常较短，因此需要在转移注意力前完成选择。如果给他们提供过多的选项，导致决策时间超过其注意力集中的持续时间，则会引发他们的迷惑，造成选择的随意性甚至放弃选择。

（2）格式塔视觉感受原理（Gestalt Principles of Visual Perception）：这是在 20 世纪 20 年代由一批德国的心理学家提出的一套人类感知周边世界时的规律，主要有七条。

① 图形与背景的关系原理（Figure-Ground Principle）。

② 相似性原理（The Principle of Similarity）。

③ 距离原理（The Principle of Proximity）。

④ 同域原理（The Principle of Common Region）。

⑤ 连续性原理（The Principle of Continuity）。

⑥ 闭合原理（The Principle of Closure）。

⑦ 焦点原理（The Focal Point Principle）。

这些原理都是借助人类内在和本能的行为倾向，通常无须经过任何有意识的思考。在设计中采用这些原理能大幅度地减轻用户的认知负担。

（3）说服的心理学（Psychology of Persuasion）：心理学家 Robert Cialdini 在 1984 年出版了《影响力：劝说的心理学》（*Influence: The Psychology of Persuasion*）一书，归纳了影响说服力的六个原理。

① 对等（Reciprocity）：我们倾向于投桃报李，别人对我们做了什么，我们常不自觉地去回报。

② 社会认同（Social Proof）：我们倾向于随大溜，尤其是在行为上和与我们类似的人趋同。

③ 权威崇拜（Authority）：我们倾向于偏信专家，那些被认为可信的信息源，对我们的影响更大。

④ 一致性（Consistency）：我们倾向于在行为上保持前后一致。

⑤ 喜欢与相似（Liking）：我们更容易被我们所喜欢的人说服，也倾向于附和与我们相似的人。

⑥ 紧缺性（Scarcity）：我们崇尚“物以稀为贵”的准则。

这些规律中的行为通常并不是深思熟虑的结果，而是内心的自然流露。因此，在设计中借助这些规律常常能取得事半功倍的效果。

（4）选择性忽略与变化盲视（Selective Disregard and Change Blindness）：这是一种视觉感知现象，即某些可视的变化常常被观察者忽略。随着年龄的增长，老年人的视野将逐渐变窄，这种变化盲视的现象将更加严重。因此，在设计时期望老年人能够关注到界面上多个元素的变化是不现实的。

（5）记忆的有限性（Memory Limitations）：人类的记忆是有限的。这里的记忆是指短期记忆。到了晚年，这个限度还会随年龄的增长而不断下降。因为短期记忆的缩短，老年人无法再有效地使用年轻时习以为常的依赖短期记忆的学习方法。在为老年人设计用户界面和用户手册时需要充分地考虑这一因素。

（6）心理模型（Mental Model）：这是指一个人对某个事物及其如何工作的印象、理解和解释。在我们熟悉某个事物的过程中，通过经验会形成与该事物有关的心理模型。在遇到类似的事物时，我们会不自觉地套用相关的心理模型来解释或预测该事物是如何工作的。心理模型已经被广泛地应用于 UX 设计中，以减轻用户使用时的认知负担。老年人在其人生经历中积累了很多心理模型，因此在进行适老化设计时，如果可以借助目标老年用户熟悉的心理模型，就能够使他们感觉到产品的使用很直观、易懂，从而大幅度地提高他们的使用效率和使用动力。

（7）颜色的心理学（Psychology of Colors）：对数字产品的用户来说，界面上不同的颜色有着不同的含义和心理影响。巧妙地运用这一原理，能够使用户的使用过程更具愉悦感，并且使产品更吸引人，以改善其使用体验。但同时要考虑老年人的视觉能力，否则单纯的美观有时可能会以降低老年人视觉感知的成功率为代价。曾经一度流行的浅蓝色背景上的灰色文字就给老年人带来了辨识文字的困难，进而加重了其认知负担。

（8）冯·雷斯托夫效应（Von Restorff Effect）：这是指在任何一组需要被熟悉的物品中，如果有一个在尺寸、颜色或其他基本特征上与其余的明显不同，则会更容易被记住。在老年人的短期记忆进一步缩短的情况下，借助这样的效应来减轻老年人的记忆负担能够改善其使用体验。

（9）本能反应（Visceral Reactions）：这是指身体对外部刺激或体验的不经过大脑思考的反应。在游戏开发中借助本能反应的设计很常见，这是为用户在使用过程中提供满足感的根源。同样，在适老化设计中借助本能反应能够增强老年人使用时的愉悦感，减轻他们的大脑负担。

（10）双重编码理论（Dual Coding Theory）：这是由 Allan Paivio 于 1971 年提出的一种认知领域的理论。其核心是画面和语言文字都可以传递信息，并且二者能被大脑以不同的方式在不同的频道上进行处理。二者的叠加使用能够提高信息传递的可靠性，减少因感知和认知能力下降而导致的失误。

（11）形状的心理学（Psychology of Shapes）：这是指任何一种形状都有其特定的意义，并对我们的内心和反应有着独特的影响。因此，产品外观和用户界面上各种元素的形状对我们的态度会有影响，而有些形状对老年人有特别的影响，如老年人较抗拒尖锐的形状。这类启示有助于提升适老化设计的效率。

（12）80/20 法则（Pareto Principle）：又称二八法则、帕累托法则，是由经济学家 Vilfredo Pareto 在 1896 年归纳与总结出来的一种常见的因果不均衡现象——80%的结果源自 20%的原因。在适老化的语境下，该法则给我们的启示是多数老年人不愿意或不能够使用数字产品是由少数几个原因决定的，而这些原因应该是适老化工作需要重点去消除的。

（13）菲茨定律（Fitts' Law）：它指出用户将一个指针（Pointer）从一点移到一个目标区域中去所需要的时间是“所移动的距离除以目标区域面积大小”的函数；距离越远，目标区域面积越小，所需要的时间就越长。而对老年人来说这一现象尤其明显。

（14）雅各布定律（Jakob's Law）：这是由 Jakob Nielsen 在 2000 年提出的一条定律。

其内容为：用户在网上的多数时间是在使用其他网站和应用，因此希望你的应用也采用相同的、用户已经熟悉的使用方式。这条定律并没有专门针对老年用户，但由于老年用户的认知容量和学习能力下降，因此它实际上更适用于老年用户。

（15）峰终定律（Peak-End Rule）：这是由 2002 年诺贝尔经济学奖获得者 Daniel Kahneman 教授总结并提出的。他认为，在经历某个事件之后，人的大脑往往只能记住“峰”（高潮）和“终”（结束）时的感受。这对于如何提高老年人的学习效率有深刻的启示。如果将学习内容分割为若干个单元，并在每个单元中突出一个重点，然后在单元结束时强调该重点，则会有助于提高学习效率。

（16）美即好用效应（The Aesthetic Usability Effect）：这是指当界面被设计得足够美观时，用户往往倾向于认为其会更好用一些。因此，数字产品的界面外观在一定程度上可以影响用户的尝试意愿。通过外观的美化来传递可用性的信息可以作为适老化设计的一部分。

以 iPhone 为代表的 UX 设计理念对移动互联网的普及起到了关键的作用。可以说，按照图 2-18 中所展示的新技术扩散理论的原则，智能手机用户渗透率从以技术发烧友为主的 16%（创新者和早期采纳者）到覆盖除怀疑者外的所有潜在用户，UX 设计功不可没。但是，最后这 16%的怀疑者转化靠传统的 UX 设计已经不够了。这些以老年人为主的非网民在态度、心理倾向、能力等方面呈现出与其他用户显著的差异。虽然很多 UX 设计原理仍然适用于这些老年用户，但还有很多方面需要调整，甚至考虑全新的思路。

很多老年人基于其以往接触技术产品的经历，已经形成了一些固有的偏见，这些偏见在严重地影响着他们尝试、使用新产品的积极性，形成了一种“精神门槛”。另外，老年人的各方面能力还会随着年龄的增长继续下降，其克服困难的勇气也会逐渐减弱。尤为重要的是，随着时间的推移，他们认为当前的努力在未来会越来越贬值，越来越觉得不值得花费时间和精力去学习。图 5-3 所示为老年用户需要持续跨越的障碍，这些障碍逐步形成了一个“陡坡”。当老年用户由于衰老或疾病导致进一步失去学习和使用能力时，其面临的障碍会变得更陡峭。而面向老年用户的 UX 设计就是要尽可能地减缓陡坡的坡度。

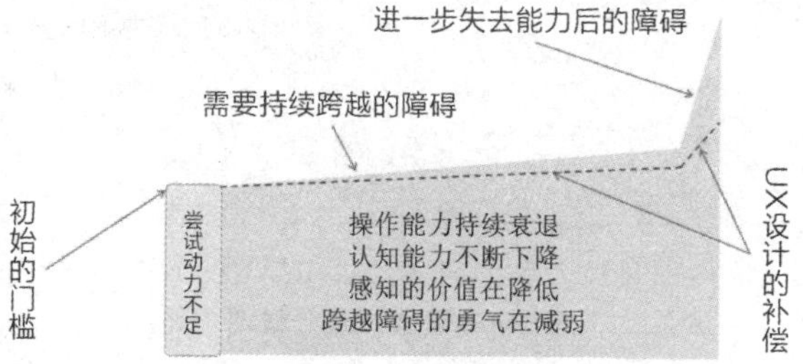

图 5-3　老年用户需要持续跨越的障碍

因此，为了吸引这些老年用户尝试、持续使用，在与用户交互的所有环节都需要考虑适老化的问题，即适老化设计。

5.4 适老化设计概要

一说到“适老化设计”，我们通常会想到简化的操作界面和较大的文字。还记得老人手机吗？有大文字和简化的操作界面，但是并没有获得多数老年人的认可。真正的适老化其实要复杂得多。与家庭设施适老化相比，数字产品的适老化除了涉及老年人的感知和肢体操控能力，大脑和心理的变化在其中往往也起着决定性作用。

从字面上看，数字产品的适老化设计就是将数字产品设计得适合老年人使用。但如何实现呢？需要在产品的哪些方面做出调整呢？从 TAM 的角度来看，适老化设计分为“有用性”和“易用性”两大方面。前者是指产品的功能符合老年人的真实需求，后者是指产品的使用操作符合老年人所具备的能力。环顾我们身边的数字产品，不难得出结论，真正在这两个方面都能使多数老年人满意的产品真是很少。

这里的一个关键词是“多数老年人”。从有一些老年人能够使用到多数老年人能够使用是一种极大的跨越。适老化设计是为了改变多数甚至大多数老年人使用数字产品的状况。

在本节中，我们将系统地讨论适老化设计的一些基本原则和方法，包括适老化设计的八个层次、适老化设计的范畴、几个相关的概念、适老化设计的流程，如图 5-4 所示。

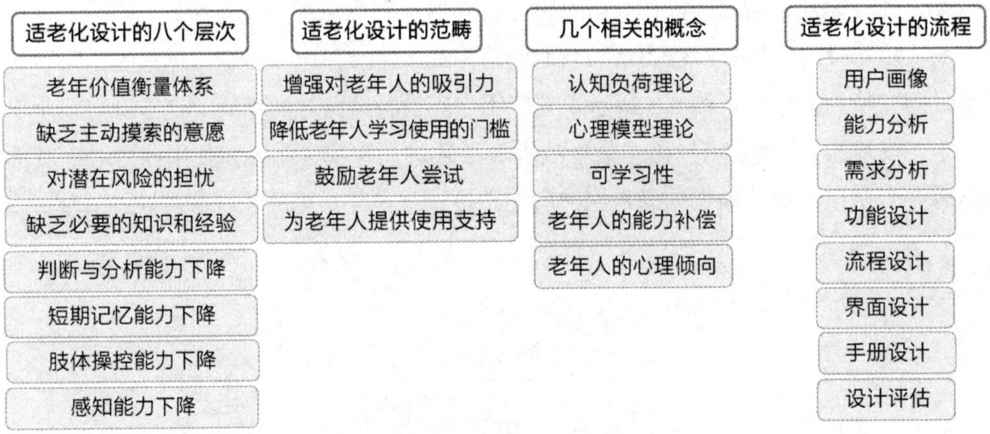

图 5-4　适老化设计概要

我们要指出的是，数字产品适老化设计的重点是适应老年人的大脑变化和心理特点，主要解决大批老年人想用但不能用的问题，也要为解决更多的老年人（情愿或不情愿）不想用的问题提供协助。

我们先对现在流行的各种智能化应用所遭遇的适老化问题进行梳理。

- **初始的用户对象群体不是老年人**：要分析这些应用是专门针对老年人设计的还是针对一般人设计的（可能包括部分老年人）。绝大多数应用是针对一般人设计的，如滴滴出行、美团外卖、微信、支付宝等。因为不是专门针对老年人设计的，所以产品开发商一般不会下功夫去提高针对老年人的易用性。
- **部分老年人愿意使用但无法使用**：虽然是针对一般人的应用，但也会有一部分老年人愿意使用，因为这些应用满足了这些老年人的需求。对于上述那些涉及日常生活的流行应用，有一部分老年人愿意使用：其中一部分老年人具备使用能力，能够独立使用，而其余老年人则是虽然愿意用，但不具备使用能力，无法独立使用。愿意使用但无法使用令这些老年人感到遗憾。
- **有些老年人不得不使用又用不了**：有些应用当初并不是专门针对老年人设计的，但后来在实际使用中由于一些特定的原因，一部分老年人不得不使用。大家都知道的例子是在新冠疫情防控期间所有出行的人员必须使用的“健康码”。这时，仅有一部分老年人能够独立使用，而其余老年人则不能使用。当老年人不得不使用，但同时智能化应用因较低的易用性又使他们用不了的时候，具有负面影响的社会矛盾就爆发了。
- **那些面向老年人的应用的有用性和易用性较低**：近年来，陆续出现了一批面向老年人的应用，尤其是在智慧养老领域，很多与老年人的安全和健康相关。但它们是否满足了老年人的真实需求呢？到目前为止，能够满足大多数老年人需求的应用可以说是凤毛麟角。也就是说，面向老年人的应用普遍存在有用性低的问题。而同时，尽管它们是面向老年人的，但仍然缺乏足够的易用性。

图 5-5 总结了适老化设计的现状。

综上所述，目前数字产品适老化的问题主要在通用产品的易用性，以及老年产品的有用性和易用性上。

对通用产品来说，适老化设计的需求集中体现在三个地方。

（1）产品的用户界面：包括信息展示方式，如文字大小、颜色反差、字形与轮廓、文字密度、背景上的信息、术语、标识、布局、美观等；用户操作方式，如选择方式、输入方式等。

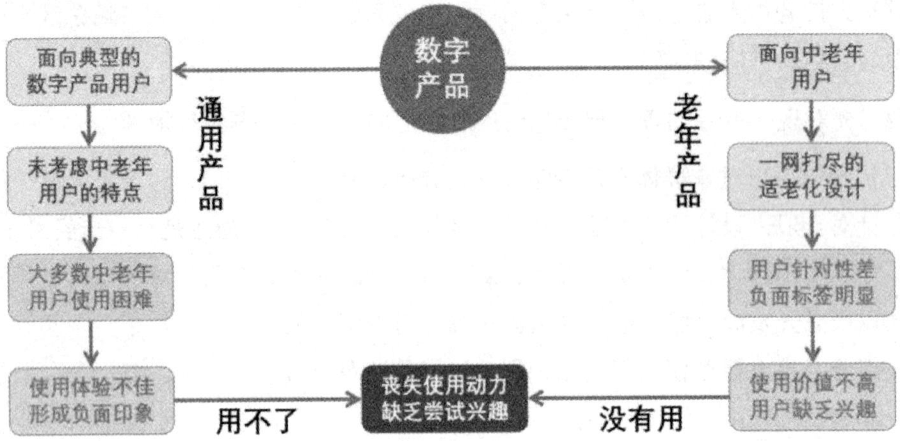

图 5-5　适老化设计的现状

（2）产品的使用流程：包括一系列界面的顺序、各个界面上展现的协助用户进行操作的信息内容、各个界面上用户需要进行的操作等。这里隐含着对用户在各个界面上进行操作所需要的知识和能力的假定，包括记忆能力，比较、判断和选择能力等。

（3）产品的使用说明：包括对产品的使用场景、使用方法和具体步骤进行直观易懂的说明，对一些难以避免的新概念和术语给予一定的解释。

这正是通常所说的用户界面（User Interface，UI）和 UX 两种不同的设计。因此，粗略地说，通用产品的适老化设计具体落实在 UX 的适老化和 UI 的适老化上。

5.4.1　适老化设计的八个层次

在第 2 章中，我们讨论了适老化中“适”的四个方面；在第 3 章中，我们分析了老年用户的主要特点。而适老化设计正是针对这些特点中影响老年人使用数字产品的感知能力、肢体操控能力、认知能力、心理特点和知识背景五个方面进行补偿或适应的设计。目前常见的一些适老化措施，只是局限于针对老年人视觉能力（感知能力的一种）的补偿设计。

全面的适老化设计涉及的方面有很多，从生理、心理、知识、认知、习惯等多个角度都能够对特定的老年群体进行有针对性的设计，使产品更有吸引力、更容易学习和持续使用。在这里我们挑选出最具普遍性的八个层次，如图 5-6 所示。产品开发商可以通过对老年人在这八个不同层次上的特点进行有针对性的设计来提高产品的适老化程度。针对这些特点的设计需要分别体现在产品的用户界面、使用流程和使用说明上。

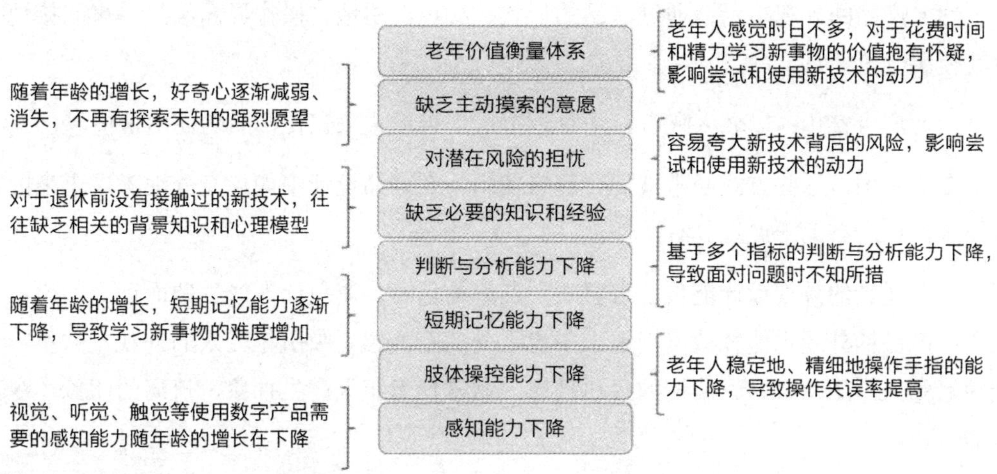

图 5-6　适老化设计的八个层次

5.4.2　适老化设计的范畴

数字产品适老化设计的目标究竟是什么？简单而直接的回答是让老年人更容易使用。其实答案并非这么简单。使用是老年人和数字产品交互的关键环节，但它只是其中的一个环节。在使用前有了解、判断、学习、尝试等环节，在使用中还会有使用支持。前者对吸引老年人使用极其重要，后者对促使老年人持续使用必不可少。而适老化设计对这两部分也有重大影响。

因此，与常规的可用性设计和 UX 设计不同，适老化设计有一些针对老年人接触数字产品时面临的障碍而特有的目标。除了在使用流程和用户界面上要适合老年人的身心特点，增强对老年人的吸引力，降低老年人学习使用的门槛，鼓励老年人尝试，为老年人提供使用支持也是适老化设计的范畴。

1. 增强对老年人的吸引力

老年人尝试使用数字产品的动力主要有两个：感觉它对自己有用，即具有使用价值；感觉自己经过一定的努力能够成功、顺利地使用，即自己可以实现其使用价值。因为老年人在尝试使用数字产品时需要跨越的障碍更多，所以其价值判断中尝试的成本更高，此时如何有效地展现产品的有用性十分重要。

产品的有用性主要通过四种方式来展现。

（1）产品的使用展示：直接通过产品的实际使用来展示其应用场景及其解决的问题。

（2）产品的使用说明：通过使用说明来明确地告诉潜在用户产品的用途和用法。

（3）产品的外观暗示：通过产品的形状、颜色、质地、操作界面信息等来间接地传达其使用价值信息。

（4）广告宣传：以名人代言、场景模拟等广告形式来宣传产品的使用价值。

在实际中，这些方式经常被混合起来使用。在产品设计中如果充分地考虑未来的宣传展示，则会有助于展现其有用性。

一种适老的外观设计能传达出温暖、友好的信息，避免让人产生敬而远之的想法。反之，产品的外观也能释放出拒人于千里之外的距离感。吸引年轻人的外观，并不一定能使老年人产生亲近感。所谓的“科技感”常常使老年人产生抽象、疏离的印象，令其望而生畏。

（1）颜色：选择颜色时主要有两个因素要考虑——老年人通常偏爱什么颜色，什么颜色在视觉上能让老年人放松。这两个因素并不总是一致的。温暖、安静的颜色通常比较安全。

（2）质地：这里的质地可以是实体产品的外壳触感，也可以是数字化界面所呈现的观感。采用厚重的质地能传递出一种稳重踏实的感觉。

（3）形状：同样，形状可以是实体产品的形状，也可以是数字化界面所呈现的形状。要采用圆润的形状，避免尖锐、锋利的感觉。

（4）信息：对数字产品来说，在首页上传递的老年友好信息十分重要。至少要做到中性，而不是堆砌过多的可能令老年人敬而远之的科技元素。

2. 降低老年人学习使用的门槛

很多老年人在决定是否尝试使用数字产品时，会将感觉自己能否学会使用作为一个关键因素。因此，通过适老化设计降低老年人学习使用的门槛是十分重要的目标。同时，尽可能地将易学性和易用性信息让老年人在使用前就能感受到。比如，在使用须知部分，重点阐述一下产品的适老化特点。

（1）不过多地依赖记忆，特别是短期记忆。

（2）进行任务分解，避免用户做复杂的判断和选择。

（3）提供操作流程的全局观和当前状态。

（4）使用新概念时，通过界面提示协助用户建立新的心理模型。

（5）通过提醒和确认来降低用户误操作的可能性。

（6）提供误操作的弥补措施。

（7）补偿用户衰退的肢体精准操控的能力。

（8）标注重点，降低重复学习的门槛。

（9）为熟练用户提供捷径，补偿处理速度。

总之，要使潜在的老年用户了解当前的产品是经过适老化设计的，并且充分地考虑了其能力特点，以增强他们尝试使用的信心和积极性。

3．鼓励老年人尝试

数字产品的适老化会面临一个持续性的问题：老年人的能力不断衰退，只是快慢的问题。伴随而来的是老年人在不断地评估着自己是否仍然值得付出努力去学习使用数字产品。任何使用中的挫折，都可能导致其放弃使用。在使用的过程中，老年人不可避免地会遇到各种问题：既有产品本身的问题（尤其是早期版本），也有用户使用的问题。因此，鼓励老年人付出努力，跨越障碍，避免放弃使用，也是适老化设计的目标之一。

根据从持续使用数字产品的老年用户，以及曾经使用新技术，后来又放弃使用的老年用户那里获得的反馈[23]，我们分析导致老年人放弃的主要原因是其感受到的好处与付出的努力不匹配。

对老年人来说，真正感受到使用数字产品的好处，是在成功地完成整个操作流程以后，即需要先付出足够多的努力，才能体会到好处。这样的机制会引起很多老年人的疑虑，尤其是在遇到一些困难，需要付出一些额外的努力时，如果他们看不到自己什么时候才能享受到成果，就容易中途放弃。因此，提供阶段性的鼓励，对于老年人坚持尝试、跨越障碍，是十分重要的。一些常用的鼓励方法如下。

（1）及时提供进度展示，尤其是距离终点（完成整个操作流程）的距离。

（2）在完成阶段性任务后提供及时的鼓励。

（3）提供游戏性的物质和非物质奖励。

（4）提供展示进度和分享的机会。

（5）在遇到困难时，提供获得帮助的方式。

4．为老年人提供使用支持

老年人在使用数字产品时，有很大的可能性会需要使用支持。考虑到老年人的使用能力会逐渐下降，即使在开始时经过培训的老年人可以顺利地独立使用，伴随着能力下降也会时而需要帮助才能继续使用，原因既可能是偶然进入了一条较陌生的使用路径，也可能是不经意的误操作，还可能是系统进入了某种异常状态。总之，这时老年人需要他人的协助才能继续使用。我们希望老年人在碰到困难时不是放弃，而是通过使用支持跨越障碍，延续其独立使用期。

使用支持的形式最大的可能是远程协助。这时如何准确地描述当前状态、使用路径、面临的困难是远程解决问题的关键。依赖一个有使用障碍的老年人完成问题的描述是不现实的。而适当的设计可以使这些信息一目了然，或者比较容易获得。因此，在做适老化设计时，要时刻考虑如何协助老年人准确地识别当前的使用环节和状态，如何描述遇到的障碍。

通过设计上的一些努力，可以极大地提高使用支持的效率，这对于大规模的使用普及尤为重要。

5.4.3 几个相关的概念

下面我们讨论几个与适老化设计相关的概念。这些概念属于老年心理学和教育心理学的范畴，能够帮助我们理解老年人学习使用数字产品的困难和心理负担，对于适老化设计有着非常重要的指导作用。

1. 认知负荷理论

在现实中，我们观察到很多老年人缺乏学习新知识的勇气。尤其是在需要使用一款新产品时，他们往往将自己年纪太大了，学不会、记不住等理由作为借口，回避尝试、逃避学习。这背后确实有一个现实的原因，就是老年人的以短期记忆为基础的“传统学习能力”随着年龄的增长在逐步下降。他们的直观感觉是，随着年龄的增长，自己在一定时间内能够有效地处理和吸收的信息量会减少，导致学习新知识的速度会变慢，学起来力不从心，越来越难。

这里涉及一个描述认知能力的概念：认知容量（Cognitive Capacity）[24]。这是一个在教育心理学领域被广泛运用的概念，是指我们的大脑在某个时刻所能够正常处理的信息量。注意，认知容量不是能够记忆的信息量，而是能够正常处理的信息量。而我们接收的信息量，既包括那些我们需要学习和掌握的有用信息，也包括那些夹杂在有用信息中、需要经过判断和过滤的无关紧要的信息，还包括一些完全无用、分散注意力的噪声，需要大脑来处理。处理这些信息会占据大脑的认知容量。根据 Atkinson 和 Shiffrin 的大脑信息处理模型[25]，如图 5-7 所示，在这个过程中需要用到短期记忆。而当老年人的短期记忆的容量随年龄增长而下降时，他们不能再像年轻时那样先临时记住较多的信息，再慢慢地消化和理解了，只能将需要学习的信息分解成多个小部分，每次记住一小部分，等消化和理解后再将注意力放到下一部分。这导致老年人学习的速度和效率都下降了，并且对于有些抽象、信息量比较大、不太容易分解的问题就更难以学会了。

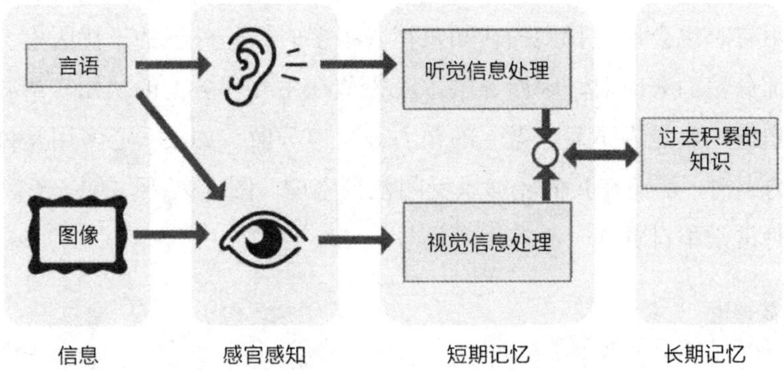

图 5-7 Atkinson 和 Shiffrin 的大脑信息处理模型

总之，老年人学习新知识的困难来自认知容量的下降，其根本原因是短期记忆能力的下降。因此，适老化设计中极其重要的一点是降低老年人在学习和使用过程中对短期记忆的要求。当接收的信息是我们所熟悉的时，我们一般将它们存放在长期记忆中，这样在处理它们时就不会占用很多短期记忆。相反，如果这些信息对我们来说是全新的，就需要将它们存放在短期记忆中。当一次接收的全新信息太多时，短期记忆存放不下，只能分多次存放，逐步处理，也就是慢慢学。那些需要在短期记忆中存放的信息量，叫作认知负荷（Cognitive Load）[26]。认知负荷概念的出现要追溯到 1988 年澳大利亚心理学家 John Sweller 的研究[27]。认知负荷理论在教育领域有着广泛的应用。

老年人在使用数字产品的过程中，学习如何使用是一个关键的环节。由于记忆能力的下降，因此对于那些不是每天使用的数字产品，老年人不可避免地要反复重新学习。而用户界面和使用流程的设计、用户手册及术语的使用等都对老年人学习使用该产品时承受的认知负荷有着很大的影响。过重的认知负荷会使老年人感觉力不从心，抱怨太难学了，从而中途放弃。因此，在适老化设计中需要考虑的一个关键因素，是如何为那些认知容量已经有了明显下降的老年人设计出能够使他们顺利使用的用户界面和使用流程。遗憾的是，目前数字产品的设计中鲜少基于认知负荷理论来提升针对老年人的可用性。

根据认知负荷理论，我们在学习新事物时，会承受三种认知负荷[28]，分别是内在的（Intrinsic）、增生的（Germane）和外在的（Extraneous），如图 5-8 所示。“内在的”是指学习对象自身的复杂程度带来的认知负荷，如学习使用智能手机本身有若干个难易不同的知识点。“增生的”是指我们在学习时付出努力（记忆、判断、选择等）带来的认知负荷。在这里以往的经验会起作用，如有计算机使用经验和网络知识的人学习使用智能手机相对容易一些，感受到的认知负荷就轻一些。“外在的”是指外部环境带来的、我们被动承受的认知负荷。比如，感官感受到的环境干扰会使我们分心，突如其来的广告需要我们判断是不是与当前的使用相关。

一心多用有时也会加重我们的认知负荷。很多时候，外界的干扰因素会迫使我们不得不分出一部分精力来应对，因而导致本应投放在主要任务上的认知容量减少。高考时保持考场的安静，就是为了避免考生的精力被噪声分散。如果一心多用是做已经养成习惯的、熟悉的事情，那还在我们能够承受的范围之内。图 5-9 展示的是一个具体的例子：我们在开车时常常不自觉地一心多用的场景。

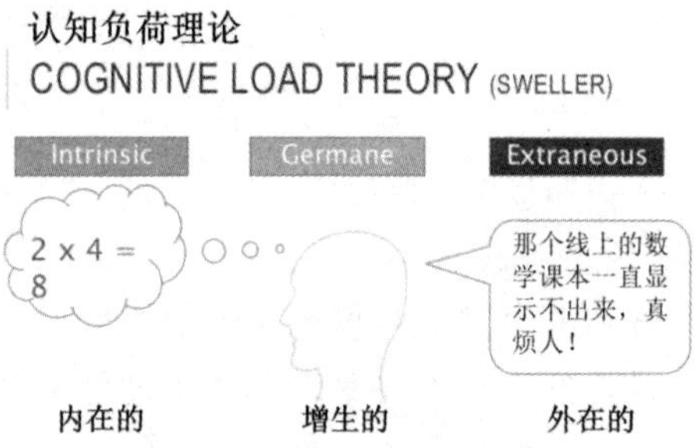

图 5-8　三种认知负荷

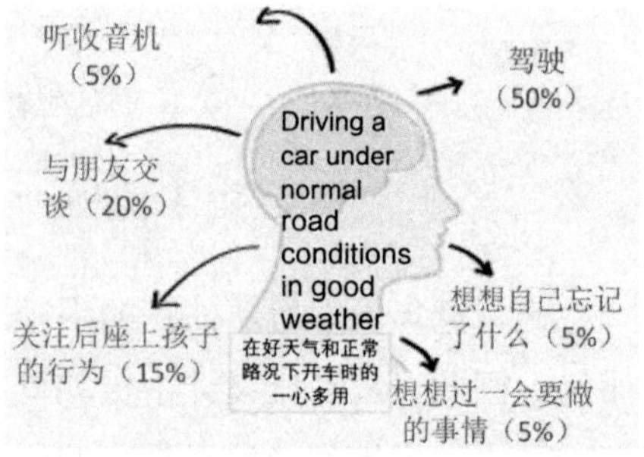

图 5-9　一心多用对认知负荷的影响

我们常感叹，在年轻的时候不仅能够快速地记住大量陌生的信息，还能够毫无障碍地一心多用，但现在新东西学了就忘，一心多用时往往顾此失彼。其实，这正揭示了年龄和衰老对我们的学习能力及学习方式的影响。因此，以大量记忆为基础的学习方式和提供丰富选择的使用模式并不适合老年人。

除了使用一些单一功能的数字产品，使用其他数字产品都需要先有一个学习过程。在这个过程中，用户会了解产品的使用场景和方法，消化与理解在使用过程中碰到的新概念，逐步将对短期记忆的使用转化为借助长期记忆，即建立对应的心理模型，以减轻使用时的认知负荷。而在这个过程中，认知负荷理论给我们的启示是：通过设计来合理地分配内在的认知负荷，即控制信息输入的节奏，以适应老年人短期记忆能力的下降，并使他们尽可能地借鉴和利用那些存放在长期记忆中的经验（后面的心理模型部分会更详细地讨论），以减轻增生的认知负荷；通过消除不必要的无关干扰，如影响老年人感知的字体、颜色，界面上的信息密度，无关的广告，以及出于美观等目的而加入的渲染等，减轻老年人感受到的外在认知负荷。

2. 心理模型理论

我们在前面提到的心理模型（Mental Model）也是一个在数字产品适老化设计中扮演着重要角色的概念。心理模型理论的历史最早可以追溯到 1896 年美国哲学家 Charles Sanders Peirce【29】提出的“心理模型是现实、假设和想象的情形的心理表述”这一理念。后来该理论不断完善，并在很多领域产生了广泛的应用。

我们在以往的经历中不断地认识新事物，在头脑中形成了一套“这些新事物是什么样子的，它们是如何运作和相互影响的”理念，也就是建立起一个又一个的心理模型，这些心理模型反映了我们对这些事物主要方面的认知。建立心理模型的过程是我们的大脑将复杂的现实世界中的事物和现象归纳、抽象为一些易懂与易记的描述，以便在需要的时候能够及时提取出来，帮助我们理解碰到的各种问题，如图 5-10 所示。

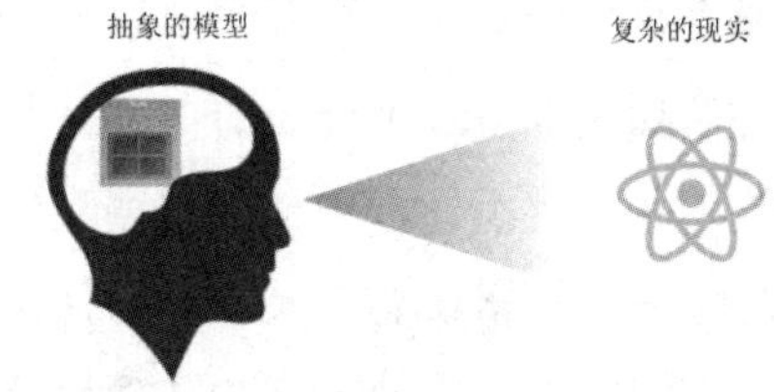

图 5-10　心理模型

举例来说，当我们最初学习使用计算机时，需要学习内存、硬盘、光标、文件系统、拷贝、删除、鼠标与键盘等一系列新的概念和术语，在这个学习过程中我们建立了一系列新的心理模型。计算机的软硬件开发商也在努力地借助我们以前建立的心理模型以减轻我们的学习负担，所以它们会采用“桌面”“文件夹”等我们已经熟悉的术语。有了互联网之后，又有一批新的概念需要我们掌握，如网址、搜索引擎、下载、上传等。建立这些心理模型对老年人来说并不容易。很多老年人使用计算机和网络多年了，仍然不能清晰地区分浏览器的网址框和搜索引擎的搜索框。我们也需要借助心理模型来理解一些抽象的概念和关系。比如，理解供需关系这一概念需要建立一个新的心理模型，在此基础之上，我们才能进一步学习和理解经济理论。一个人在初学汽车驾驶的时候，需要熟悉车内的很多设施及其操作方法，这也是通过建立一系列的心理模型来实现的，包括油门与加速、刹车与减速、方向盘、变速箱、前行与倒车、雨刷、转向灯等都是在熟悉的过程中逐步建立对应的心理模型的。

总之，我们在求学阶段学习的大多是以前不熟悉的新知识，因此需要建立很多全新的心理模型。建立心理模型的过程其实就是消化和吸收这些新知识的过程。每个人在学习中都碰到过，有些知识一时很难理解，其实就是难以建立合乎逻辑的心理模型。有时需要先记住，再慢慢地消化。有的抽象概念始终理解不了，不得不硬记下来，以便学会怎么用。因此，求学阶段的学习比较辛苦，适合在记忆能力和关注能力最强的青春期进行。心理模型的建立不仅发生在课堂学习中，我们在生活中的新经历也会促使我们建立新的心理模型。我们每学习、接触或经历一个新事物，就会在头脑中建立一个新的心理模型。在积累了一些心理模型后，在面对新事物时，我们就会不由自主地回顾并借助以前建立的各种心理模型来认识和解释该事物。所谓触类旁通就是心理模型在发挥作用。但如果找不到合适的心理模型，我们就不得不开始需要使用短期记忆的、建立新的心理模型的痛苦过程。对老年人来说，这是一件令人望而生畏的事情。

心理模型理论有很多应用，我们在这里重点介绍两类。一是用于推动思维创新，跳出传统思维的框架。对于新的理念、新的模式和新的方法，往往需要新的心理模型才能够充分地理解和解释。因此，应有意识地在现有的心理模型以外寻找思路，避免被惯性思维禁锢，以达到跳出框架的目的。二是用于教育，尤其是老年教育。老年人有着丰富的人生经历和较多的知识与经验，但他们的记忆能力大不如前。因此，与上面提到的第一类应用正相反，老年教育是尽可能地利用以前建立的心理模型，借助已有的心理模型来消化新知识以取得事半功倍的效果。

当我们学习一个全新的概念并且建立相关的心理模型时，如果无法借助已有的心理模型，而不得不使用大量的短期记忆，用以完善心理模型中的很多内容，这时就会觉得学习起来比较累。老年人在学习使用数字产品时会碰到很多新概念，但由于对新概念不熟悉，因此无法借助已有的心理模型，需要建立新的心理模型。同时，老年人的短期记忆能力已经开始有明显的衰退，调用已有的心理模型会比较吃力。这几个方面的原因叠加会使很多老年人对数字产品望而生畏。

如果这时设计人员通过引用一些老年人（尤其是老年用户）熟悉的例子或比喻，引导他们在建立新的心理模型时借助已有的心理模型，就能够大大地降低老年用户使用的阻力。但这需要设计人员熟悉心理模型的概念并能在设计中熟练地使用。令人遗憾，但同时并不出乎意料的是，年轻的数字产品设计人员会不自觉地使用自己熟悉但老年用户往往不熟悉的心理模型。我们常见到的是，设计人员会采用一些他们认为广为人知，无须解释的概念、术语和标识，这些东西通常来自他们在融入数字社会时建立起来的心理模型。但一个典型的老年用户的头脑中往往是不具备这些心理模型的。图 5-11 展示了这一常见的现象。

心理模型在教育领域有着深远的影响，并且在 UX 设计中也获得了广泛的应用【30】。如果说在 UX 设计中有效地使用心理模型能够极大地改善用户体验，提升其感受到的易用性，那是否将心理模型应用于数字产品的适老化设计中则可能决定了老年用户是否能够使用该产品。

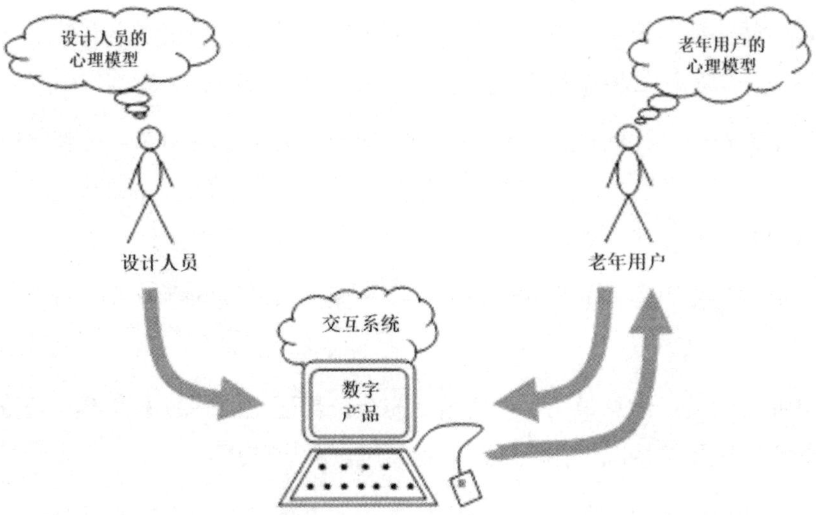

图 5-11 设计人员与老年用户的心理模型差异[31]

针对一种使用模式、一个重要概念的运用，设计人员需要判断对其目标老年用户来说，是可以借助他们已经掌握的一些心理模型，还是必须从零开始，建立新的心理模型。很多时候，老年人拥有的心理模型与其学习、工作、生活的经历有很大关系，往往有较深的时代烙印，有着相似年龄和经历的老年人也经常有相似的心理模型。这需要设计人员对于其目标老年用户有一定的了解。

对心理模型判断的结果将导致完全不同的设计思路。如果有现成的心理模型可以借鉴，则只要在那些可能引起迷惑的界面操作环节提供参照心理模型的提示，帮助用户理解操作的场景和逻辑，就可以大大地提高操作的效率和准确性。反之，如果没有心理模型可以作为类比的参考，则必须通过界面设计帮助用户接触、消化新的信息，使其逐步建立起新的心理模型。这时，考虑到老年用户认知容量的限制，需要在新信息展示的节奏、密度等方面适应其接受能力。同时，要提供适当的重复和回顾，来帮助老年用户巩固、加深对新建立的心理模型的印象。

很多智能化应用，如百度地图、网上挂号等，其操作逻辑和流程与其对应的线下模式有相似的心理模型。而类似微信、移动支付等模式与其对应的线下模式有较大的差异，借鉴线下的心理模型就有较大的挑战性。还有一些应用则完全没有对应的线下模式，如在数字技术基础上衍生出来的数字化健康管理，乃至未来的元宇宙应用，就更谈不上借鉴线下的心理模型了。

3. 可学习性

适老化设计的要点之一是提升产品的可学习性（易学性）。这里所说的可学习性，是指用户通过产品的使用说明、用户手册和界面上的信息，自己摸索学会使用产品的可能性。在本书中，用户指老年用户。

我们每个人都有这样的经历：在拿到一款新产品后，把说明书从头到尾读了一遍，还是不知道怎么用，直接在产品上摸索，仍然不得要领。这样的产品的可学习性就很低，它通常在三个方面不尽如人意。

（1）产品本身使用流程的直观性较差：用户无法借助头脑中已有的心理模型来摸索出使用流程。

（2）界面上的文字信息说明不够清晰、充分：界面上的解释本身不足以使用户在没有可借鉴的心理模型的情况下，能够清晰地了解、学会使用。

（3）产品的使用说明较差：无论是纸质的说明书还是电子版的使用说明，甚至是使用的视频展示，都无法使多数（老年）用户能够按照说明学会操作。

而通过适老化设计提升产品的可学习性是当前较紧迫的一项任务。在目前面向老年人的数字产品使用培训仍然严重不足的情况下，自主学习就成为很多老年人无奈的选择。这时产品的可学习性在很大程度上决定了这些老年人学习的成效。

提升产品针对老年人的可学习性，对上面讨论的认知负荷、心理模型等理论的运用仍然是关键。除此以外，对潜在老年用户知识储备的不当假定也是一个常被忽视的问题。在数字产品的用户手册、使用说明乃至用户界面上过多地使用缺乏解释的技术术语是老年用户经常抱怨的一种现象。如果我们想帮助那些在退休前没有接触过网络的老年人跨越年龄数字鸿沟，就必须针对他们所具备的数字素养和基本背景知识（几乎为零），来设计数字产品的学习路径，只有这样才能大幅度地提高当前产品的可学习性。

4. 老年人的能力补偿

年龄数字鸿沟产生的根源之一是数字产品快速涌现与老年人能力衰退之间的矛盾。因此，解决这一问题的方式无非是提升老年人的能力和降低数字产品对用户使用能力的要求。前者主要通过提升老年人的数字素养和提供数字产品的使用培训来实现，而后者主要通过进行适老化设计和提供常态的使用支持来实现。我们在前面的章节讨论过，老年人的能力补偿主要体现在感知能力、肢体操控能力、认知能力、知识要求几个层面。下面我们分别进行讨论。

1）感知能力

老年人感知能力的衰退是我们既能够观察到，也容易理解的，对此有很多传统的补偿方式，如老花镜等。我们对老年人感知能力的认识也相对更深刻一些[32]。因此，毫不奇怪，在目前的适老化改造运动中，对老年人感知能力的补偿几乎成为核心，受到了极大的重视。但是，目前的感知能力补偿努力主要集中在视觉上，尤其是在文字的大小、与背景的色差上。

虽然用户界面上的文字大小、与背景的色差等常常决定了老年人是否能看得清相关的文字，但这并不是对视觉能力补偿的全部。文字的密集程度，甚至是字体的种类（如隶书）也会影响到老年人的认知负荷和识别的准确率。一个需要引起注意的问题是，很多时候数字产品用户界面上的文字虽然是可以调节的，但需要到设置里去操作。这种操作对很多老年人来说并不直观，而是需要提示和指导。目前这种提示和指导常常是不足的，导致这些补偿功能并不能真正地被大多数老年人用起来。

除视觉外，听觉是另一种老年人容易感受到衰退的能力。因为目前语音交互在老年群体中的使用不普遍，所以这一问题并没有充分地暴露出来。用适合老年人的频率、音量和语速，结合文字显示，是补偿这一能力的有效方式。

还有一种在数字产品操作中常被用到的感知能力是触觉，尤其是在触摸屏上操作的时候，会直接影响操控的成功率（在下面的肢体操控能力部分会有更多的讨论）。目前这方面受到的关注远远不够。需要针对老年人设计符合其特点的操作动作识别方式。比如，针对老年人需要更长的时间来做判断和完成操作动作，需要适当地延长判断用户处于静止状态时采用的计时；针对老年人手指颤抖这一常见问题，需要过滤掉短时间内重复点击触摸屏按钮的操作。

2）肢体操控能力

老年人肢体操控能力的衰退主要体现在以下几个方面[8]。

- 精细动作的操控能力衰退：点击、滑动、长按、双击等操作的成功率明显下降。
- 肢体震颤等对动作的干扰：相当一部分老年人受肢体震颤的困扰，难以控制手指的动作。
- 肢体动作的一致性明显下降，导致长距离拖曳等操作的成功率明显下降。
- 由于触觉能力衰退，因此需要触觉反馈才能准确实施的动作的失误率明显提高。

因此，除常见的增大按钮等手段外，调整、优化相关的用以判断动作的计时十分重要。另外，提供语音交互作为可选的替代方案也是可行的方式。

3）认知能力

其实，认知能力的不足是目前老年人使用数字产品最大的障碍，也是造成他们拒绝学习或中途放弃的主要原因。最常见的设计缺陷包括以下两种。

- 过多地依赖短期记忆：其中既有由于缺乏适当的信息展示而迫使老年人使用短期

记忆的问题，也有因为使用了某些并不在老年人长期记忆中的信息（缺乏知识积累），使老年人不得不使用短期记忆的问题。

- 过多地采用多维比较和复合判断等思维模式：这些思维模式严重地依赖短期记忆，使老年人力不从心，容易导致其判断失误或放弃做判断和选择。

因此，在适老化设计中需要通过任务分解、增加提示等方式，减少老年人对短期记忆的使用。比如，将复合判断分解为多个简单判断，可以减少对短期记忆的使用，减轻老年人的认知负荷，使老年人操作起来更轻松，成功率也更高，改善老年人的使用体验，提高其使用的积极性。

4）知识要求

目标老年用户缺乏必要的知识是在进行适老化设计时必须面对的问题。视而不见或有意地忽略，只能使大批老年人对产品望而生畏，拒绝尝试。而解决这一问题主要通过以下几种途径。

- 尽可能地借助目标老年用户已有的心理模型：通过提示、类比等方式，调用存储在其长期记忆中的心理模型。在没有完全吻合的心理模型时，使用部分吻合的心理模型也能显著地改善其使用体验。
- 在没有任何心理模型可以参照时，帮助其逐步建立新的心理模型：这时不可避免地要使用短期记忆，因此采用分解、重复、提示等方式来减轻短期记忆的负担十分重要。
- 通过用户手册、在线帮助等方式，提供详尽的、有充分图示的解释和背景说明，使老年人可以按自己的节奏逐步熟悉这些新知识。

这一部分的设计也能极大地提高老年人使用培训的效率，但目前较为缺乏。

5. 老年人的心理倾向

随着年龄的增长，尤其是在退休以后，老年人的一些心理倾向越来越明显，并且极大地影响着他们尝试使用数字产品的积极性。如果在适老化设计中无视这些心理特点，那将继续面临大多数老年人缺乏使用数字产品的动力的局面，消除年龄数字鸿沟最终只会流于空谈。令人遗憾的是，目前这一问题在适老化设计中很少被关注到。一旦我们把目光聚焦到如何激发老年人使用数字产品的动力上，这些问题就是不可回避的。

1）风险意识

以往的多种研究揭示了老年人的风险意识和面对风险时的态度上的特点[33]。在使用数字产品这一问题上，我们在实践中常常看到一种较少受到关注的两极分化现象：或者极度地夸大风险，或者完全无视风险。对这种现象的一个合理解释是，理解使用数字产品时所面临的潜在风险需要一定的知识，并且细致地分析这些风险会给老年人带来难以承受的认知负荷。因此，老年人往往选择简单粗暴的、一刀切的方式来回避风险问题。

我们不否认存在一些试图欺骗、误导老年人的恶意数字产品，但很多时候是数字产品的开发商/运营商需要在商业利益和保障老年人权益之间取得平衡的问题。这时，适当的第三方监督（如子女、政府）就变得十分重要了。因此，涉及风险告知和防范的适老化设计需要尽快地进行标准化。

总而言之，在适老化设计中，我们既需要做出必要的风险提示，解释清楚风险的实际意义，也需要考虑如何缓解老年人对潜在风险的焦虑，使他们愿意尝试、使用，并且在必要时邀请第三方参与协助。具体地说，至少需要包含以下五点。

- 披露和提示风险：尤其是涉及资金、个人信息等内容的数字产品，风险披露是十分必要的。
- 解释风险：尽可能地使用老年人能够理解的语言来解释清楚面临的风险和数字产品本身采取的、真实的风险防范措施。具体的例子往往比抽象的描述更容易理解。
- 缓解焦虑情绪：对于那些风险很小甚至可以忽略的数字产品，需要通过类比、举例等方式向老年人解释风险的实际意义，缓解其焦虑情绪，鼓励其使用。
- 提供支持第三方协助评估、控制风险的功能。
- 通过反复确认来避免误操作的风险：老年人对自身的误操作非常担心，因此这也是缓解其焦虑情绪的一种措施。

2）价值判断

TAM 给我们的启示是用户需要能够感受到产品的有用性和易用性。在面对数字产品时，老年人评估产品的有用性和易用性会在很大程度上受其对产品的表面理解、个人经历、社会圈子和价值判断的影响。我们在现实中经常看到的是，很多老年人在尝试使用之前已经对数字产品做了一个较负面的价值判断，最常见的几个理由是：以前的老年人没有这个也一样安度晚年；我没感觉这个对我很有用；这个太难学了；即使学会了，很快还会忘记。

因此，在适老化设计中，需要从有用性和易用性这两个关键方面入手，来激发老年人尝试的积极性。就有用性来说，展现老年人能够理解的使用场景远比抽象的描述更重要，要让他们置身于这些场景中，想象到使用的好处。而易用性需要从几个方面展现：第一，在说明或帮助界面借助其他老年人来现身说法，传递很多老年人已经在使用的信息；第二，提供足够详尽的、有充分示意图的、适合老年人自学时使用的用户手册，在老年人学习困难或容易犯错误的地方有重点说明和提示；第三，展现有充分、详细说明的使用界面，使用流程简单、易懂、易操作。

通过这些设计，协助老年人认识产品的使用价值，激励他们投入精力去学习使用。

3）自信心

很多老年人在学习使用新产品时的自信心较脆弱，其表现就是在遇到挫折时容易得出自己已经学不会了的结论，随即放弃努力。在适老化设计中针对这一问题需要采取以下几种方式来帮助老年人保持自信心。

- 增强老年人的掌控感：通过展示操作任务的目标、当前的阶段和状态等信息，使老年人了解操作的路线图和当前位置，增强其对全局的了解。
- 任务分解：将大的操作任务分解为若干个小的操作任务，每个操作任务都有明确的目标并能在几步内完成，使其不断地获得正向的反馈。
- 展现进度：尽可能地展现当前操作任务的完成进度，使其能够看到离目标的距离。
- 表扬：在其完成一定的操作步骤后，及时地在界面上展现反馈信息。这既能告知老年人该任务已经完成的确认信息，又能给他们一些正向的表扬。
- 鼓励：在其发生误操作或犯了其他错误后，提供纠正机会的同时，给予一定的鼓励。

可以说，说服式设计（Persuasive Design）[34]在适老化设计中能够起到积极的作用。

5.4.4 适老化设计的流程

适老化设计与其他产品设计最大的差别在于其对目标用户特点的针对性。因此，在设计流程中，多数的环节都与用户有着密切的联系。流程通常应该至少包括用户画像、能力分析、需求分析、功能设计、流程设计、界面设计、手册设计等部分，最终还应该包括设计评估环节。在理想状况下，还应该包括使用培训流程设计、用户使用支持设计（线上支持和线下支持设计）。图 5-12 展示的是典型的聚焦于用户能力的适老化设计流程。

现在我们就其中的八个主要的环节逐一做一下说明。

（1）用户画像：这是在设计阶段确定的未来产品用户群体中的老年人具有哪些特点。这时实际上需要解决的问题是明确地界定老年用户的范围，即适老化中的“老”是指谁[35]。

（2）能力分析：在确定了典型的老年用户后，下一步就要对其感知、肢体操控、认知和知识等多方面的能力做一个评估。老年用户群体常常极富多样性，这时就需要采取

“就低原则”，以能力最低的子群体为准。

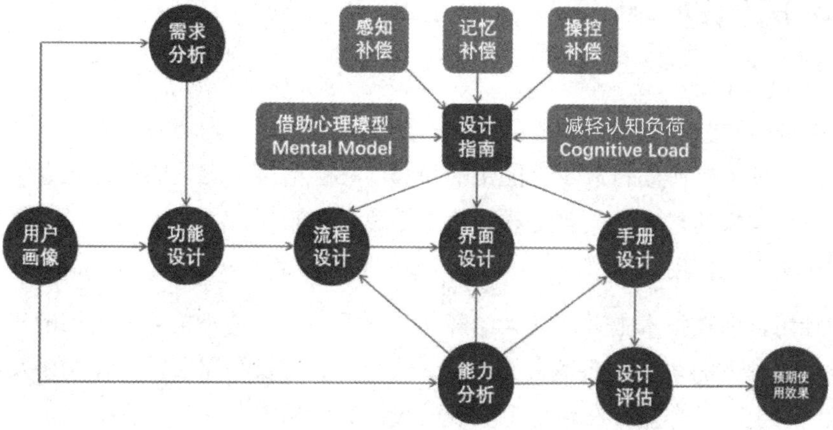

图 5-12　适老化设计的流程

（3）需求分析：对于全民应用，老年用户的使用意愿体现了其需求。而对于社保应用，老年用户的需求也是显而易见的。但是对于一些专门为老年用户开发的应用，其需求吻合度是需要分析和验证的。面向老年用户的应用不被老年用户认可的现象其实很常见。

（4）功能设计：功能设计除满足需求外，似乎并不直接与适老化相关。但实际上，使用场景的适老化极其重要。如果产品的使用难以融入老年用户的日常生活，或者需要老年用户改变其生活习惯，则老年用户接受的阻力会相当大。

（5）流程设计：这是适老化设计的重点之一。流程设计的两个主要原则是：尽可能地借助老年用户已有的心理模型；分解任务以减轻各个步骤的认知负荷。

（6）界面设计：这是适老化设计的另一个重点。通过适当展示信息，几个层次的能力补偿都在这里有所体现。此外，为老年用户提供全局观、鼓励和引导，也在这里实现。

（7）手册设计（文字和多媒体）：这是对于产品大规模普及极为重要的一个流程。很多老年用户都需要通过参照手册来学会使用，并在遇到问题时寻求帮助。易用的手册对于吸引、鼓励老年用户尝试极为重要。

（8）设计评估：设计完成后需要对设计结果在各个方面的适老化程度做一个评估。

针对老年用户心理倾向的设计也融入某些环节，主要在流程设计、界面设计、手册设计中。

5.5 可信代理

这主要针对那些已经无法独立生活，甚至不具备民事行为能力的老年人，由一个可信的第三方代理人来协助将老年人的生活与数字社会衔接。这里的关键是老年人与代理人之间的可信关系的建立。一旦这种可信关系建立起来了，所有的数字产品就可以由代理人来代替老年人使用。

代理使用目前在技术上并没有大的障碍，缺乏的主要是相关可信关系的建立及法律支持。类似监护人的角色，代理人的资格、认定及其责权利需要被法律明确及清晰地规范。而在技术上，几个需要在软件上实现的关键要素如下。

（1）代理人与被代理人的身份认证和关联机制。

（2）基于实名制的代理人授权机制，包括全部授权和部分授权。

（3）代理操作的全程信息永久性记录。

（4）关键事件和操作的第三方告知（如家人、社区、政府）等。

目前绝大多数 App 并没有代理人功能，无法支持由第三方代替失去能力的老年人使用 App，只能以老年人的名义注册、登录并使用。如果发生争议，在 App 中并没有代理人的信息，因此代理人并不承担任何责任。

5.6 准人工服务

即使在付出了极大的努力之后，也还会有很多老年人最终被隔绝在年龄数字鸿沟的另一侧。这些老年人有能力独立生活，但是出于种种原因，不能够或不愿意使用数字产品。因为他们是独立生活，所以并没有长期在身边照顾他们的人（如子女、服务人员）可以帮助他们解决数字化的问题，并且需要经常出入所在的社区及周边的服务网点。他们也会使用公共交通或出租车出行、去医院看病、缴纳水电费等。随着这些地方的服务逐渐数字化，这些老年人面临着前所未有的困境：他们不得不向他人求助，很多时候是陌生人，来帮助他们解决与数字社会衔接的问题，这给他们带来了极大的心理负担。

媒体集中报道出来的那些不能在公交车上扫码乘车，无法获取或显示“健康码”的老年人走投无路的情景只是冰山一角。根据第 51 次《中国互联网络发展状况统计报告》，截至 2022 年 12 月，中国 60 岁及以上老年人中的非网民约为 1.29 亿人。其中，能够独立生活的、需要自己每天去面对年龄数字鸿沟的占大多数。他们中的一部分人最终还是需要传统的人工服务来帮助他们解决问题。

如何合理有效地安排这些人工服务，既不能一窝蜂地完全退回到数字化之前的状态，还要兼顾这些老年人的需求和能力？技术辅助的准人工服务将是解决这一问题的有效方式。

与 5.5 节描述的全程可信代理不同，准人工服务通过服务人员的部分参与协助，同时借助老年人的一些能力，在技术平台的辅助下，以“半程代理”的方式，达到协助老年人与数字社会衔接的目的。在这个过程中，老年人虽然不具体操作大多数使用数字产品的步骤，但在关键的一些环节仍然自主地决定着流程的进展和方向。准人工服务在未来相当长的一段时间内会在适老化支持体系中扮演重要的角色。但鉴于篇幅所限，本书不把它作为讨论的重点内容。

第 6 章　面向老年用户的使用培训

自从老年用户的智能手机使用问题被广泛报道后，各种提高老年用户使用智能手机能力的方案和倡议纷纷涌现，而对老年用户进行培训是其中主要环节之一。国务院办公厅颁布的《关于切实解决老年人运用智能技术困难的实施方案》中也明确地指出：“针对老年人在日常生活中的应用困难，组织行业培训机构和专家开展专题培训，提高老年人对智能化应用的操作能力。”其中与培训相关的内容如图 6-1 所示。

> 19. 加强应用培训。针对老年人在日常生活中的应用困难，组织行业培训机构和专家开展专题培训，提高老年人对智能化应用的操作能力。鼓励亲友、村（居）委会、老年协会、志愿者等为老年人运用智能化产品提供相应帮助。引导厂商针对老年人常用的产品功能，设计制作专门的简易使用手册和视频教程。（教育部、民政部、人力资源社会保障部、国家卫生健康委、市场监管总局、银保监会、证监会等相关部门按职责分工负责）

图 6-1　《关于切实解决老年人运用智能技术困难的实施方案》中与培训相关的内容[①]

作为数字社会适老化支持体系的一个关键组成部分，培训老年用户使用数字产品并不是一件简单的事情。与通常的用户使用培训不同，培训老年用户有其特殊的规律。近几年来，很多地方都尝试培训老年用户使用计算机和智能手机，通常采用的方式是先由培训人员简单地按照非老年用户的使用模式把使用流程演示几遍，再让老年用户跟着重复几遍。培训人员既不了解老年用户的主要使用障碍是什么，也不明白这些障碍的根源是什么。这样简单化的培训效果往往不尽如人意，原来不会使用的人还是不能独立使用，基本在原地踏步。因为这种培训活动几乎没有培训效果的评估、反馈和调整，所以基本上是年复一年地重复着一种固定的模式。

为了真正教会老年用户独立使用某款产品，培训人员需要了解老年用户使用培训的特点，并对培训对象和针对的产品有足够的了解，只有这样才能有的放矢。下面跟大家分享一些在老年用户使用培训方面的研究心得。

① 图 6-1 中的“银保监会”已于 2023 年 3 月改名为“国家金融监督管理总局”。

6.1 老年用户使用培训的特点

给老年用户的使用培训在很多方面与给非老年用户的不同，有其鲜明的特点。

6.1.1 老年用户的视角

有效的老年用户使用培训需要培训人员对所培训的产品有深入的了解，尤其是该产品对用户使用能力的要求与老年用户的使用能力之间的差距究竟在哪些关键点上，因此需要培训人员能从被培训的老年用户的角度来看这款产品的操作。比如，典型的培训对象在使用该产品时常见的障碍是什么，是对流程的不理解、对术语或背景知识的不熟悉，还是对逻辑关系的误解？其操作通常会卡在哪里？无法顺利完成操作的原因是什么？哪些是感官的问题？哪些是肢体操控的问题？哪些又是记忆能力等脑力负担的问题？

对上述这些问题的回答与培训所针对的具体产品有着密切的联系，也会因培训对象的不同而有所差异。对这些问题的了解是设计一份有效的培训方案和课件的基础。比如，假如由于产品设计的缺陷，某个操作界面的状态提示信息过少，导致相当比例的老年用户在这里无所适从，那么在培训的时候就要重点讲解这个环节的操作，如：如何使用前面的信息并通过联想、类比等方法来确定当前所在的环节和状态，以便决定下一步的操作。

6.1.2 学以致用

通常的老年用户使用培训的目的是教会被培训者使用某款特定的产品。因此，我们不会刻意地追求受培训的老年用户对所教授使用的产品在概念上有什么深入的了解，或者对其背后使用的技术有什么全面的了解。总之，学习的目的是使用，而不是获得抽象的知识。在培训中要时时地将各个环节和最终的使用联系起来，只有这样才能保持老年用户的兴趣和动力。而培训的最终目的是独立使用，即经过培训的老年用户能够记住培训内容或通过查阅书面材料和课堂笔记，独立地判断在什么场景下应该使用该产品，以及如何一步一步地使用该产品。

6.1.3 培训对象的特点

老年用户使用培训的对象有几个明显的，与其他群体不同的特点。他们都有丰富的人生经验，所以在培训中可以用于类比的生活中的例子比比皆是。但同时他们的记忆能力已经不如从前了，期望讲解一次就能使他们记住是不切实际的，多种形式的重复必不可少。此外，需要将培训的内容划分为比较小的单元，避免一次消化过多的内容，给他们带来过重的认知负担。另外，老年人的心理特点之一是探索的欲望已经逐渐减弱，因此需要明确培训的内容和步骤，避免让老年用户自己去摸索。

6.1.4 信心问题

老年用户使用培训还有一个特点是，需要考虑老年用户的信心，这有时甚至是需要重点考虑的问题。很多老年用户来参加培训时，即使已经认为培训所针对的产品是很有用的，也还会抱着一种试探的心态，看看自己是否能听得懂、记得住、学得会，是否值得投入时间和精力去学。不当的培训方式很快会导致老年用户失去信心，做出学不会的判断，进而放弃学习，并且不会再尝试其他产品的培训。因此，一定要慎重对待老年用户的培训，认真地准备。

6.2 动力与能力

老年用户学习和尝试使用数字产品的动力有时甚至比其能力更重要。培训既可以提升老年用户的使用能力，也是一个增强老年用户信心、提高老年用户使用动力的难得的机会。如果一个潜在的老年用户由于缺乏动力，拒绝来参加培训，则可能错失提升能力的机会，并且可能错过使用这款数字产品的机会。因此，培训前的宣传十分重要，在宣传中需要传递出乐观的信息：对绝大多数能够独立生活的老年人来说，科学的培训能够实质性地提升其使用能力，并且将现实中培训后能够成功地使用该产品的老年人作为其典范。

老年人随着衰老产生的心理倾向变化之一是学习新事物的动力不足，包括学习数字产品的使用。一方面，他们觉得自己时日不多，把有限的时间用在学习这些自己不一定能用得上的新东西上不值得；另一方面，他们常常会高估学习的难度，认为自己已经学不会了，进而产生面对这类新产品时的“技术焦虑”。而他们以前尝试使用数字产品的体验往往是负面的（由于培训不当、使用支持不足），更是强化了这一倾向。因此，在培训前的宣传中要注意的一个问题是如何缓解他们的“技术焦虑”，吸引他们来参加培训。

根据技术采纳理论，老年用户对数字产品的态度取决于其所感知到的使用价值和使用难度。如果他们心中认为这款产品对自己有用，并且也能学得会，他们就会抱有一种比较正面的态度，愿意尝试并学习使用。反之，如果他们觉得这款产品对自己没有用，使用的坏处大于好处，或者太难学，学习使用需要投入的时间和精力不值得，他们就会抱有一种比较负面的态度。老年用户缺乏使用动力的一个原因是，由于没有机会感受到甚至观摩到该产品的具体使用效果，因此对该产品的使用价值将信将疑。而当对该产品不了解时，他们的默认态度往往是负面的，基本上是多一事不如少一事。因为这时一种老年人中常见的心理倾向会起很大的作用，即更愿意相信其对自己的用处不大，因而导致使用动力不足。

只有有了动力，才会愿意投入时间和精力去学习、尝试。很多老年用户实际上低估了自己学习和使用数字产品的能力（又常常高估了自己的体能），真的去尝试了，反而会发现学起来没有自己想象中那么难，这会增强其学习的信心，并进一步增强其学习的动力。

而现在处于老年用户使用动力的一个负循环的怪圈里。

（1）由于对适老化缺乏足够的认识，无论是政府还是产品开发商在这方面的投入都严重不足。

（2）这导致在产品与服务设计适老化和老年用户使用培训方面缺乏专业人才，对宣传的投入也严重不足。

（3）进而导致在这两个方面缺乏专业度，设计、培训和宣传展示的效果不佳。

（4）再加上老年用户本身的使用能力不强，而使用过程中又缺乏支持，进一步导致老年用户的使用体验较差。

（5）这会进一步影响老年用户的态度，不仅影响到这些经历了负面体验的人，还影响到尚未接触过这类产品的老年用户。

（6）这又会使愿意学习、尝试的老年用户数量进一步减少，从而影响规模化的形成。

（7）在缺乏规模化的情况下，各方面的投入不会增加，局面始终处于恶性循环中。

图 6-2 展示了这一循环过程。

我们的目标就是通过在老年用户接触数字产品的各个环节引入多种适老化支持，打破这一恶性循环。

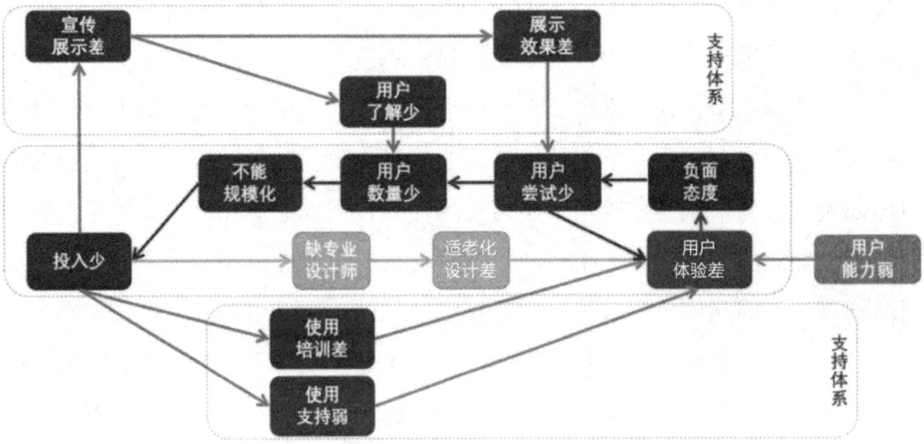

图 6-2　老年用户对数字产品使用动力的负循环怪圈

6.3　哪些产品需要率先培训

根据工业和信息化部运行监测协调局于 2023 年 4 月 28 日发布的《2023 年一季度互联网和相关服务业运行情况》，截至 2023 年 3 月底，我国国内市场上监测到活跃的 App 数量为 261 万款（包括安卓和苹果商店）。这些产品涵盖了生活的方方面面，虽然绝大多数不是专门针对老年用户开发的，但以微信、支付宝、滴滴出行等为代表的一批产品已经被很多老年用户所采用，极大地方便了他们的生活。真正有效的培训需要投入较多的资源做细致认真的准备，因为除非老年用户尝到了成功培训的甜头，否则他们通常不会给我们很多次机会，很有可能在经历过一次负面的体验后就拒绝再参加培训了，所以在培训之前一定要针对具体的产品做好充分的准备。既然培训的准备需要投入这么多精力，那在众多的数字产品中，我们应该先培训哪些呢？

首先，我们从以下几个方面来判断培训数字产品的必要性和紧迫性。

（1）是否对潜在的老年用户的日常生活影响较大？（解决痛点问题。）

（2）是否涉及大量潜在的老年用户？（有充分的共性。）

（3）是否使用较频繁？（既反映需求度，又降低重复学习的门槛。）

（4）老年用户是否能直接感受到使用效果？（是老年用户自己感觉有用，而不是他人。）

（5）是否有对应的传统线下模式？（老年用户容易理解、学习动力更强。）

然后，我们把常用的十类产品按对老年用户的影响排序，如表 6-1 所示。

表 6-1　常用的数字产品分类

产品类别	应用场景	对老年用户的影响	培训资助者	例　子
社会管理	社保管理	大	政府	社保
社交/家庭连接	视频通话	大	子女	微信视频、FaceTime
移动支付	付款	大	服务商	微信支付、支付宝
出行/地图	路线查询、导航、叫车	大	服务商/子女	滴滴出行、百度地图
网上挂号	医院挂号	大	政府/子女	微医、114
老年健康应用	居家健康监测	中	厂家/服务商	心脏、血压监测
网上银行	余额查询、转账	中	服务商	工商/招商银行客户端
网上购物	线上购物	中	服务商	京东、拼多多
外卖	点外卖	中	服务商	美团、饿了么
线上娱乐	网上娱乐/社交	中	服务商	全民 K 歌、抖音

就目前的状况来看，前五类产品涉及的老年用户众多，对老年用户的影响也很大，因此应该作为早期培训的内容。

但是，我们要特别强调的一点是，本书所提到的培训是具有一定专业性的，不同于以往社区内志愿者承担的老年用户智能手机培训。目前并没有一个清晰的培训资助方，以保障培训的专业度和可持续性。近两年，一些地方政府开始提供财政经费支持开展老年用户使用培训，但仍缺乏持续的保障机制。最终是否能够形成一个覆盖面大的、有效的、可持续的老年用户使用培训机制取决于政府和社会各方的共同努力，应尽力磨合出一套能快速地进入良性运转的使用培训体系。

6.4　老年用户使用培训的内容与适老化评估

我们先回到关键的问题上：为什么我们需要给广大的老年用户做使用数字产品的培训？原因有很多，其中两个最主要的是：

（1）几乎所有的数字产品的适老化程度都不够高，导致老年用户无法通过自己直接摸索来学会使用。

（2）产品开发商所提供的使用说明也存在严重的适老化问题，导致老年用户无法通过自己阅读使用说明来学会使用。

多年来，各地尝试过很多面向老年用户的计算机和智能手机使用培训，但整体看来，效果并不理想，尤其是没有真正将一批老年用户从培训前的不会使用，通过培训转化为能够持续地独立使用。培训不成功的原因有很多，我们认为最主要的就是针对性不强。这些培训往往是为了完成培训工作而进行的，而并非以教会老年用户使用某款产品为目的，事先既没有明确的培训目标，事后也没有培训效果的检验。没有针对性的培训吸引来的老年用户通常只是把培训当作消磨时间、社交，甚至是缓解其孤独感的活动。因此，确定培训的针对性对于普及数字产品是极其重要的，也是建立有效的老年用户使用培训体系的第一步。

任何一种老年用户使用培训都应该有很强的针对性，即要明确它针对的是哪款产品和什么样的老年用户。老年用户使用培训的成功取决于对两个方面的准确把握：培训所针对的产品对用户使用能力的要求；培训对象所具备的学习和使用该产品的能力。因此，在设计培训内容之前，我们需要对该产品所要求的能力和用户所具备的能力之间的差距有充分与深入的了解，并且这种了解要从老年用户的角度来看。这种了解通常是通过对产品进行细致的适老化评估和对目标用户使用数字化工具的能力进行评估与分析来获得的。适老化评估本身是一项专业性很强的课题，我们在这里只做简要的讨论。

对一款数字产品的全面适老化评估能够暴露出该产品在设计上的不足及其导致的对用户学习和使用能力的一些特别要求，尤其是对老年用户在记忆、操作、背景知识、心理模型等方面的要求。图 6-3 所示为适老化评估的六个主要步骤。

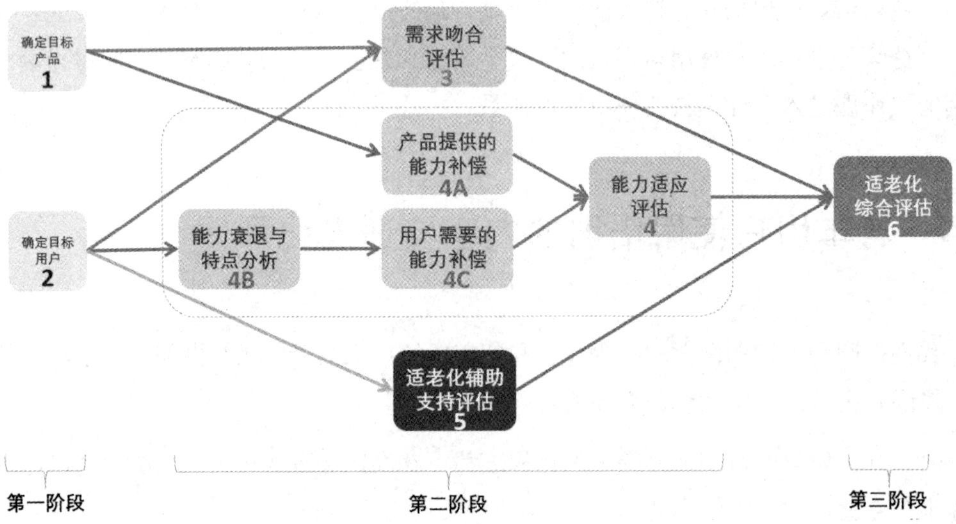

图 6-3　适老化评估的六个主要步骤

这六个步骤分别为：

（1）确定目标产品：确定评估的目标产品，确认应用目的和应用场景。

（2）确定目标用户：确定评估的目标用户，如所有人、中低龄老年人、中高龄老年人、高龄老年人或特定老年群体。

（3）需求吻合评估：分析该产品功能与目标用户需求的吻合度，判断用户是否真的需要、愿意使用该产品。

（4）能力适应评估：分析产品使用要求与用户能力的匹配度。

A．产品提供的能力补偿：在感知、操作、认知、知识等多个层面提供补偿。

B．能力衰退与特点分析：分析用户在感知、肢体、大脑、知识、习惯和心理倾向方面的能力衰退与特点。

C．用户需要的能力补偿：提升感知能力、肢体操控能力，掌握背景知识，养成新习惯，克服心理倾向。

（5）适老化辅助支持评估：评估产品对适老化辅助的支持程度，如是否有可用于用户使用培训、用户使用支持的功能。

（6）适老化综合评估：从产品的需求吻合度、与用户能力的匹配度和对产品以外其他适老化手段的支持程度三个方面，对产品做综合评估。

经过评估，我们可以细致地了解该产品对用户使用能力的要求与目标用户具备的能力之间的差距，以及通过培训来消除这些差距的可行性和具体的培训内容。举例来说，通过对微信支付这一具体应用（微信下面的一个子应用）进行评估，我们总结出独立使用微信支付对用户使用能力的要求至少包括以下十个方面。

（1）对智能手机的基本操作能力：查看网络信号和电量，解锁手机屏幕，了解身份确认方式（人脸识别、指纹识别、密码输入）和打开应用的方式等。

（2）理解微信钱包的概念：了解其与银行卡（账户）的关系、查看金额的方式、支付限额等。

（3）理解微信支付操作流程的心理模型：了解从流程起点到流程结束的各个步骤。

（4）记得微信支付的起点步骤在微信中的界面位置。

（5）理解二维码在支付中的意义：能够识别二维码的样子，理解二维码与收款方之间的关系。

（6）能够操作扫码：能够在触摸屏上操作界面，记得如何调出扫码器，记得如何将手机对准二维码进行扫描，记得如何确认扫码成功。

（7）能够用手机的虚拟键盘输入金额：会输入和修改金额，理解输入的金额将从微信钱包中被扣除。

（8）理解“确认支付”：已经核对了支付金额，并确认无误。

（9）理解完成支付需要用人脸识别、指纹识别或密码输入的方式确认使用者的身份，并能操作确认动作。

（10）理解支付成功的信息反馈。

在这些能力要求中，有长期和短期记忆的要求、有操作的认知和肢体要求（选择、输入、确认），有背景知识的要求，有遵循心理模型的要求（流程起点与步骤）等。如果一个老年用户具备需要的认知和操作能力，但不熟悉微信钱包的概念和支付的使用流程，那么可以通过培训建立这些模型。因此，培训内容将包括建立微信钱包的新概念，学习关于二维码的背景知识，建立微信支付操作流程的心理模型，了解支付操作的步骤分解等部分。

我们要强调的一点是，上述十点中的第一点，对智能手机的基本操作能力的掌握，对一个没有使用过智能手机的老年用户来说其难度要大得多，但如果使用频繁，则能较快地突破这一障碍。

6.5 老年用户使用培训中常见的问题

面向老年用户的使用培训中会有一系列反复出现的问题，如果应对不好这些问题，则常常使培训事倍功半，不仅难以吸引大批本应该参加培训的老年用户，还会影响来参加培训的老年用户的体验，造成人员流失，甚至影响培训的口碑。

这些问题的根源既有老年用户的能力和动力不足，也有培训人员的准备不足和培训方法与技巧的缺失。表 6-2 列出了老年用户使用培训中常见的问题。注意，表 6-2 中所列的并不是全部，但包括影响较大的问题。

表 6-2　老年用户使用培训中常见的问题

序号	问题描述	问题原因
1	培训的针对性不明确	培训方案的目标不清晰 没有明确的培训结果预期
2	忽略了强调使用价值	对老年人和老年用户使用培训的特点不了解
3	缺乏对整体的概括介绍，过早地强调细节	对老年人和老年用户使用培训的特点不了解
4	忽略了正面应对老年用户对风险、安全和隐私的担心	缺乏对老年人心理倾向的了解

续表

序号	问 题 描 述	问 题 原 因
5	忽略了对老年用户学习动力的激励	缺乏对老年人心理倾向的了解
6	用培训人员自己演示来替代讲解和老年用户操作	没有明确的培训结果预期 对老年人和老年用户使用培训的特点不了解
7	内容讲述过多，互动过少	对老年人和老年用户使用培训的特点不了解
8	培训内容的分解单元过大	高估了老年人的关注时长和记忆能力
9	培训重点错位，将过多的时间用在了不重要的地方上	缺乏对产品的能力要求与老年人具备的能力之间的差距的了解
10	培训节奏过快	缺乏对老年人信息处理速度的了解
11	没有借助老年用户头脑中现有的知识和心理模型	缺乏对老年人心理倾向的了解 缺乏对老年人学习方式偏好的了解
12	过多使用技术术语和背景知识	缺乏对老年人掌握的背景知识的了解
13	没有及时地协助老年用户感受到学习的效果	缺乏对老年人心理倾向的了解 缺乏对老年人学习方式偏好的了解
14	忽略了老年用户提出的基础性问题	缺乏对老年人心理倾向的了解 缺乏对老年人学习方式偏好的了解
15	缺乏对要点的重复，尤其是新概念和能力差距大的地方	缺乏对老年人心理倾向的了解 缺乏对老年人学习方式偏好的了解
16	缺乏充分的动手操作环节	没有明确的培训结果预期 对老年人和老年用户使用培训的特点不了解

6.6 改善老年用户使用培训效果的方法

我们在表 6-2 中列出了常见的问题，同时指出了解决这些问题的方向（问题原因）。在面向老年用户的教学中，如何借助老年用户的生理和心理特点扬长避短，有效地达到教学目的，对这一问题在过去几十年里有很多研究。表 6-3 给出了一些前人总结出来的、行之有效的方法，包括一些针对老年用户的使用培训方法。

表 6-3　改善老年用户使用培训效果的方法

序　号	具 体 方 法
1	确定明确的培训目标和效果检验方法，并与老年用户的期望相吻合
2	直观地、明确地展示培训的实用价值，提升老年用户的学习动力
3	确定培训的重点：能力差距的关键部分
4	在教学时，先做宏观介绍，使其形成整体观，再强调细节
5	正面阐述对风险、安全和隐私等老年用户关心的问题的应对，缓解其焦虑情绪
6	将整体内容分解为足够小的单元，形成单元内的小循环
7	在演示和讲解时，始终围绕能力差距的关键部分

续表

序　号	具 体 方 法
8	把握教学节奏，并及时给老年用户适当的反馈，提升其学习动力
9	通过类比等方式，尽可能借助老年用户现有的知识，尽量避免使用技术术语
10	多次、以各种形式重复要点，尤其是老年用户以前不熟悉的陌生概念和知识
11	提供详细易读的书面材料供老年用户课后查阅
12	安排充分的老年用户操作练习环节，并从中及时地获得培训效果的反馈
13	鼓励提问，并促进教学中的互动，避免单向说教
14	避免过于强调理解，培训的最终目的是使老年用户独立使用产品。理解的信息量远超过使用的信息量，这对老年人来说有些勉为其难

如果这些方法能够被广泛地应用于老年用户使用培训中，那培训效果将有极大的改善，并且将激发更多的老年用户学习使用数字产品的兴趣和动力，真正地缩小年龄数字鸿沟。

6.7 继续学习与自我培训

除协助老年人学会使用新产品、跨越年龄数字鸿沟的初期培训外，老年人仍需要后续的培训和学习。老年人成为网民，并不意味着培训和学习的任务就完成了。这里有几个方面的原因。第一，老年人的能力会不断地衰退，特别是记忆能力，如果没有反复地学习、操作来强化其记忆能力，他们很快就会忘记如何使用那些不常用的数字产品。第二，老年人需要使用的数字产品不是一成不变的。新产品会涌现，熟悉的产品会更新，这些都需要老年人重新学习。第三，老年人学会了操作数字产品不等于能够有效地使用，缺乏相关的数字素养，会导致使用效率大打折扣，甚至适得其反，尤其是容易受到虚假信息和安全风险的困扰。第四，继续学习与自我培训能够提升使用的成功率，大幅度降低其挫折感，激发老年人使用数字产品的积极性。

自我培训势必是继续学习的主流。无论是通过线上的视频教学课件，还是参考面向老年人的用户使用说明，向大多数老年人提供有效的、可行的自我培训途径是保持老年人跟上数字化潮流的必由之路。

6.7.1 继续学习

晚年的继续学习一直是各国政府积极倡导的科学养老的一部分，一套有效的、可持续的老年人继续学习支持体系也是一个老龄友好社会的建设目标。老年人继续学习已被纳入未来适老化工作的范畴，协助、引导老年人融入日新月异的数字社会更是需要向他们提供继续学习的支持。前文提到，由于身体和大脑的持续老化、新技术的出现与变化、数字社会的发展等原因，老年人学习使用数字产品不会是一劳永逸的。如果教材和方法得当，在跨越了年龄数字鸿沟以后，大多数老年人就可以通过自己学习来重温或更新这些知识和技能，但还是会有一些人需要进行反复的、耳提面命式的培训。

面向老年人的继续学习有一个特点，即建立在前期培训的基础上，但又需要协助老年人巩固前期培训所获得的技能。而这种平衡在目前有限的面向老年人培训的设计中几乎没有被考虑到。因此，面向老年人的继续学习需要考虑以下因素。

（1）不能假定老年人百分之百地记住、掌握了前期培训的内容。要留给老年人充分的时间复习、重温过去的培训内容，尤其是那些不那么常用、相对陌生、容易被遗忘和混淆的部分，以及作为新内容基础的部分。

（2）把握新内容的量。复习、重温过去的培训内容也会产生认知负担，影响老年人的学习效果，因此在这之后所介绍的新内容不宜过多，尤其是在无法借助老年人已有的心理模型时。

（3）重复性培训中需要避免老年人的挫折感和负疚感。我们常会听到老年人在学习中抱怨或自嘲："学了这么多遍还是记不住，自己真笨。"这时他们除了在表达自己的挫折感，还掺杂些许负疚感。因此，及时地解除其负疚感对于他们的持续学习十分重要。很多老年人放弃学习的一个重要原因是感受到，有时甚至是自己内心假定培训人员已经对给自己反复讲解不耐烦了。

6.7.2 自我培训

一套有效的老年人自我培训支持体系需要使大部分老年人能够进行自我培训，即通过观看教学视频、采用线上互动培训系统、阅读用户手册等方式，自主地学习使用新产品。因此，创建适合老年人的视频教学内容，开发线上互动培训系统，开发、完善针对老年人的用户手册等都是老年人自我培训支持体系中必不可少的组成部分。

在网络时代，老年人的自我培训有很多特点[36]。只有充分地认识并利用这些特点，才能设计出能够支持大多数老年人自主学习的课件、平台等学习工具，建立起一套可持续的老年人自我培训支持体系。跨越了年龄数字鸿沟的老年人利用互联网资源进行自主学习不仅具有充分的可能性，还是构建数字社会适老化支持体系十分需要的一部分，尤其是对中国这样的发展中国家来说。

第 7 章　面向老年用户的使用支持

任何尝试过教授老年用户使用新产品的人都会从中得出一个结论：这不是一件可以一劳永逸的事情。在当前数字产品的适老化程度普遍低下的情况下，即使通过适当、有效的培训暂时教会了老年用户如何使用，在后续的独立使用过程中，他们也会遇到种种困难，需要他人的帮助。对于那些不是每天使用的产品更是这样，等到需要用的时候常常已经忘记了当初学习的内容。考虑到他们的使用能力还会随年龄的增长而逐渐下降，在使用中需要协助就一点儿也不足为奇了，只是时间早晚的事。这就是在本书讨论的适老化支持体系中，使用支持是一个非常关键的组成部分的原因。如果没有充分的使用支持，老年用户在使用中遇到困难时求助无门，最终导致使用失败，则很容易使老年用户放弃使用，造成持续使用的比例快速降低的结果。以往的经验已经证明【37】，在转化老年非网民的努力中，有些老年人会因为没有可靠的使用支持而拒绝参加学习使用新产品的培训。

本书有意识地使用含义更广泛的“使用支持”，而不是常用的“技术支持”。因为在很多时候老年用户需要的帮助并不都是解决技术问题，有时可能是理解一个标识/术语，有时可能是澄清一种现象，有时可能是提醒一个操作的含义，有时可能是了解当前的使用状态。总之，很多时候并不是针对一个真正的技术问题。

7.1　老年用户使用支持的必要性

一个令人惊奇的事实是，直到 2020 年年底，全国很多地方都尝试了计算机和智能手机的老年用户使用培训，但几乎没有人做老年用户使用支持的探索。我们在这里所说的使用支持，是指长期地、稳定地、及时地帮助老年用户解决使用中的各种问题的服务。即使在那些需要老年用户参与终端操作的智慧养老项目中，也鲜有持续的使用支持。然而，基于老年用户的特性，使用支持是十分必要的，主要原因包括以下四项。

（1）设计与培训的不足。目前各种数字产品的适老化设计均不理想，同时相关的使用培训在覆盖面、频率和持续性上也严重不足，或者流于形式而不注重效果，或者专业程度很低，导致培训的实际效果不佳，使老年用户在独立使用时困难重重。

（2）“记忆的诅咒”。普遍采用的培训方式常常过多地依赖老年用户的短期记忆。因此，即使当时老年用户觉得学会了，等到需要使用时，也已经时过境迁，忘记了培训时学会的内容。

（3）持续的能力衰退趋势导致的使用过程中的“爬坡效应”，如图 7-1 所示。随着时间的推移，老年用户的各项能力会不断地衰退，导致其在使用中需要跨越的障碍越来越多。到了一定的阶段，单单依靠产品内的适老化已经不够了，使用环境的支持越来越重要，尤其是提供及时的使用支持。

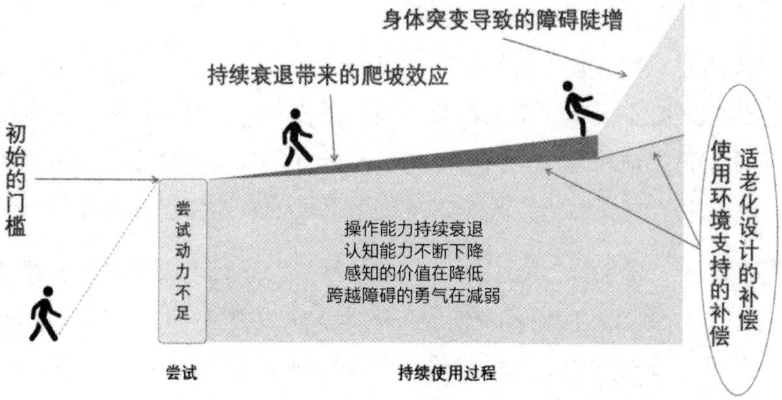

图 7-1　老年用户使用数字产品的“爬坡效应”

（4）新技术的持续涌现。新技术仍然不断涌现，并带来新的、老年用户感觉陌生的使用模式。比如，使用智能手机时的身份认证从最初的密码输入发展到了指纹识别，现在又更新到了人脸识别。每一次改变都伴随着使用模式的变化，而这些新模式对老年用户来说是陌生的。学习、适应这些新模式对学习能力已经逐渐下降的老年用户来说，是具有相当大的挑战性的新障碍。

尽管使用支持体系对于动员和支持老年人使用新产品是非常重要的，但目前令人遗憾的是，对中国大多数老年人来说，其身边并没有一种这样的使用支持体系存在。造成这种状况的原因有很多，根据我们的实际调查和了解，分析其背后的原因主要如下。

对大量的空巢和独居老年人来说，其不在身边的子女无法承担使用支持这一任务。国内外的很多调查都证实，子女不是老年用户使用支持的稳定提供者。这里既有专业性不足的问题，如子女没有接受过适当的老年用户使用支持的培训，不了解老年人的特点；也有时间配合的问题，如在老年人最需要的时候子女往往没有时间；还有耐心缺乏的问题，如子女对自己的父母往往比对外人更缺乏循循善诱、诲人不倦的态度。

而目前一些有巨大潜力的适老化支持体系，仍处于发展的萌芽期。如果培育得当，那么未来将能在中国的适老化支持体系建设中发挥出不可估量的作用。

（1）公共图书馆：作为知识汇聚点，公共图书馆在互联网知识及应用技能普及中有着天然的优势。目前在较发达地区已经有一定数量的基层图书馆，成为很多老年人经常光顾的地方。假以时日，这将是新技术应用和普及的重要“前哨”。

（2）社区活动中心：另一种渗透到广大社区的服务体系是社区活动中心。目前在中国，社区活动中心已经是很多老年人娱乐、社交和交换信息的核心场所。这些地方已经获得了大部分老年人的认同，只要再配备上经过培训的、具有一定专业性的人员，就能将其发展为在老年人身边的技术支持中心。

（3）民间志愿组织：建设可持续的适老化支持体系需要汇聚多方面的社会资源，其中民间志愿组织是必不可少的组成部分。但这里需要的是更为专业、持久的民间志愿组织，因此需要有目标地培育。目前志愿者参与的老年教育和使用支持方面的服务都是临时性的，相关人员也缺乏为老年人提供支持所需要的基本知识和技能的培训。

（4）特色企业：随着新一代老年人对生活质量与新技术使用之间关系的认识逐渐加深，以及 AI 在这一领域的应用普及使服务成本大幅度降低，面向老年人的技术支持服务市场将逐渐形成。高质量的、市场化的技术支持服务将能赢得一部分老年人的青睐，因此将出现一批以老年人为主要服务对象的特色企业。这些特色企业在 AI 的辅助下，以适合老年人的方式为他们提供技术支持服务，并能让他们体会到生活质量的改善。

7.2 老年用户使用支持的特点

老年用户使用支持在很多方面有其明显的特点，在设计及实施使用支持体系时需要有充分的考虑和准备。下面我们讨论一下几个重要的特点。

（1）**信心问题**。老年用户中常见的技术焦虑和技术恐惧使他们在遇到挫折及障碍时容易悲观，进而放弃进一步的努力。通过提供使用支持，协助老年用户解决其面临的具体问题，以增强老年用户的信心非常重要。因此，使用支持对老年用户使用动力的持续影响很大。

（2）**信息交换**。面向老年用户的使用支持与面向普通用户的技术支持有较大的不同，远不是“报告问题—重现问题—解决问题”这样典型的技术支持三步操作那么简单。很多老年用户对数字产品并不熟悉，缺乏相关的背景知识，再加上随年龄增长而来的一些认知功能的衰退，导致其在使用中需要的问题识别和沟通能力不足。这些不足具体表现在两个方面。

① 老年用户常常不能简洁、准确地描述其所遇到的问题，以及问题发生之前自己的操作和当时观察到的现象。这导致支持人员难以根据老年用户的描述来重现该问题，给确定问题的原因带来较大的困难。因此，支持人员需要事先对老年用户在具体应用上的使用能力落差，即该应用需要的使用能力与老年用户实际具备的能力之间的差距，有充分的了解，并能识别最容易由这些落差引发问题的环节。这样，从老年用户的简单描述中，支持人员能够识别问题所在的环节。让老年用户对当前问题所处的环节进行确认，而不是由他们来描述，是突破这一障碍的有效手段。

② 在再现了问题后，如何将对应的解决方法用老年用户能够理解并记住的方式描述出来，使其能够按照该方法独立操作则是另一项挑战。这时，对解决方法描述的速度、所使用的语言和采用的比喻、进行关联的一些提示、阶段性的理解确认，都会对最终的结果产生影响。

（3）**重复性**。与面向普通用户的技术支持不同的另一个地方是，面向老年用户的使用支持需求常常会有重复性，即在同一个环节反复地需要支持。具体表现为，总是对某些特定的操作步骤不知所措，或者重复性地发生误操作等。这一方面体现了老年用户记忆能力衰退带来的使用障碍，另一方面说明了新的心理模型尚未建立起来。其实这也反映了相关设计和使用培训的不足。

（4）**风险意识**。支持人员需要了解老年用户的一些心理特点，其中关键的是其风险意识。很多老年用户会在对风险认识不清晰的情况下，无意识地放大风险，从而影响其使用动力。这些风险涉及个人隐私、金融风险、诈骗风险等多个方面。在提供使用支持的过程中明确地解答老年用户关于风险的问题，对增强其使用信心将有很大帮助。

（5）**沟通模式**。支持人员还需要掌握一些和老年用户沟通的必要技能，避免过多地使用技术术语和其他老年用户不熟悉的背景知识及语言，掌握（放慢）沟通的节奏，给对方留出充分的时间消化信息，关键的地方需要多次重复，并确认对方已理解。

（6）**耐心**。老年用户在心情放松的时候认知表现更好，在紧张的时候更容易出错或忘记。因此，支持人员不仅需要在行动上表现出耐心，还需要在语言上让对方放松，慢慢来。老年用户反复地问一些问题是很正常的，有时候是因为他们忘记了刚才的答案，有时候是为了确认自己已理解，这时尤其需要支持人员表现出明显的耐心。

7.3 老年用户使用支持的可持续性

前面我们已经讨论了，老年用户使用支持的可持续性对于转化老年非网民，缩小年龄数字鸿沟十分重要。在中国目前社会经济的发展水平下，面向老年用户的使用支持并没有一个可行的商业模式。因此，一种可持续的使用支持体系既不能全靠市场化的商业服务和财政承担的政府购买服务，也不能全靠慈善机构的公益服务。我们认为在未来的十年中，可持续的、具有一定专业性的使用支持体系需要多种方式的叠加和相互补充。

对中国目前绝大多数居家养老的老年人来说，目前向他们提供使用支持服务有以下几种可能的模式。

（1）市场化的独立服务：这是指将及时的使用支持作为一种商业服务向有支付能力的老年人家庭提供的模式。目前仅有少数老年人支付得起这样的服务，更少的老年人愿意支付这样的服务，但会有一批不在父母身边的子女愿意支付。这种服务会更专业一些，可持续性也更高一些。从目前的规模来看，单靠这项业务本身能够实现盈利的时机应该还没到。但随着社会对年龄数字鸿沟的关注度不断提高，融入数字社会对老年人的各种好处日益明显，尤其是解决老年人在晚年的社会参与和孤独问题，因此会有越来越多的子女愿意为父母购买这种服务。

（2）市场化的项目服务：这是指一些老年社区会定期以项目的方式推出对老年人的新产品使用支持的模式。对老年社区的运营方来说，这一方面可以作为向社区内的老年人提供的一种服务，另一方面可以提高老年人对智能化应用的使用率，从而提高社区的服务和管理效率。因此，老年社区的运营方是有动机来提供使用支持的。这也是我们预期可能最先集中地出现此类服务的场景。由于老年社区中老年人的规模与中国老年人的整体规模相比太小，因此这种模式不足以对中国整体的适老化和年龄数字鸿沟的状况产生大的影响，但其作为试点的示范效应是很有意义的。一旦其在运营管理上的效率提升被展现出来，老年社区的运营方就会有足够的动机来维持这种服务。

（3）政府购买服务：这是指某一地区的政府向相关的服务商购买服务，为辖区内的老年人提供新产品使用支持的模式。目前这种服务的购买不属于政府的养老“规定动作”，因此不会大规模地发生。但在某些地区，尤其是那些有意愿创新的“一把手”地区，政府有可能购买此类服务作为“自选动作”。所以，这在很大程度上取决于运气：既要当地政府的财政状况足够好，有充分的资金支持养老“自选动作”，也要当地政府的相关领导重视年龄数字鸿沟问题，有尝新的动力并且愿意付诸实践。但是从另一个方面来看，因为这是尝新，尝试一段时间后就不再新了，所以被终止的可能性很大，说明其可持续性并不高。

（4）志愿者服务：目前中国志愿者的主体有社区体系的志愿者、单位体系的志愿者和大专院校的学生志愿者。以往的老年用户使用培训很多时候是由学生志愿者负责的。社区体系的志愿者主要是社区内的离退休人员，并由社区管理。社区自身的工作特点导致其组织的志愿活动基本是围绕着其自身的各种任务进行的。而单位体系的志愿者的灵活性更大一些，但由于他们处于工作和学习阶段，因此其志愿活动的波动性较大，可持续性也无法保证，对于老年用户使用支持这类服务所需要的可持续性更是难以规划。但无论如何，志愿者是目前少数能够提供足够大覆盖规模的选择之一。

（5）慈善机构的公益服务：中国对慈善资金的使用是有严格管理和控制的。靠民间捐赠支持的慈善机构一般具有很强的地方性，规模都不大。从目前能形成社会共识的慈善资金使用优先顺序来看，有些更紧迫的问题会被排在前面，如孤独老年人的探视、老年人就医的协助等。慈善资金被用于老年用户使用支持的规模不会大，更遑论可持续性了。

（6）老年互助服务：这是指在一种互助服务体系内，由退休不久的低龄老年人提供使用支持服务，并在完成服务后获得未来能换取其他服务的相应积分的模式。这种模式无论是在规模上还是在可持续性上都具有很大的潜力。但互助服务体系的建立需要较长的时间，不是一蹴而就的。从南京市时间银行试点经验来看，这种模式最有可能同时实现充分的覆盖面和可持续性。

实施上面提到的各种模式的一个前提条件，是对相关人员进行专业的面向老年用户的使用支持培训。而这应该是适老化支持体系建设前期的基础工作之一。

7.4　查询与搜索

在使用支持中，充分适老的搜索引擎是十分重要的组成部分。它既是老年用户寻找具体答案的主要工具，也是他们提升数字素养和更新知识的不可缺少的渠道。目前，老年用户使用搜索引擎面临两大问题。

（1）搜索引擎所提供的信息的准确性和权威性不确定。搜索引擎所提供的信息的准确性和权威性主要受其商业模式的影响，几乎所有的搜索引擎都以广告为其主要收入来源。各个搜索引擎在布局展现搜索结果和商业广告的位置时有各自的策略。过去一再发生一些搜索引擎刻意淡化广告的标识，使用户难以区分由商业利益驱动的广告信息和真正的搜索结果的情况。表 7-1 显示的是对 2022 年 10 月 20 日我们在计算机上使用搜索引擎百度、搜狗、Bing 和 Google 搜索“老年人补充维生素 D”时所得结果首页的分析与归纳。

表 7-1 四个搜索引擎搜索结果的分析与归纳

比较项	百度	搜狗	Bing	Google
搜索结果数目	4340 万条	35.4 万条	777 000 万条	200 万条
首页是否有广告	有	有	没有	没有
广告是否有标识	有	没有	—	—
广告标识是否明显	不明显	—	—	—
搜索结果信息来源	以自身关联来源为主	多种来源	多种来源	多种来源
搜索结果排序	广告最先	隐性广告最先	知识性论坛最先	非营利性专业机构最先

我们可以看出，不同的搜索引擎给出明显不同的搜索结果展示。除在搜索结果的数目上差别很大外，有的在首页完全没有广告，而是将疾控中心等权威机构和非营利的医疗研究机构排在前面，有的则是将一些知识性的内容排在前面。而有广告的，有的是用不显眼的浅色标识了，有的则是将没有标识的广告内容混淆在搜索结果内。那些不明显的广告标识对很多老年人来说，是不易被发现的，因此基本等同于隐藏了这些标识。而很多老年人从内容上辨识广告的能力较弱，容易相信排在前面的搜索结果，认为这是系统基于搜索大数据而提供的权威的信息。

可以说，目前对于搜索引擎内容展示的适老化并没有切实可行的要求。工业和信息化部发布的《互联网应用适老化及无障碍改造专项行动方案》中明确地提出：“针对当前互联网应用中强制广告较多，容易误导老年人的问题，互联网网站和手机 App 完成改造后的适老版、关怀版、无障碍版本，将不再设有广告插件，特别是付款类操作将无任何诱导式按键，以便各类特殊群体方便、安全地使用。”但这是否也适用于搜索引擎呢？

（2）搜索引擎自身的适老化程度不高。搜索引擎界面上的对话模式多年来并没有发生大的改变。除基本的搜索操作外，那些用于缩小搜索范围、提高搜索准确度的附加条件，以及对搜索对象媒体类别的限制等都没有适老化的考虑。

因此，作为老年用户使用支持的关键组成部分，查询与搜索的适老化是一个亟待解决的问题。

7.5 一种混合型的适老化支持平台

随着数字化的深入和适老化的努力，将有越来越多的老年人具备使用智能终端的能力。但他们仍将面临相关知识和数字素养的缺失，阻碍他们深度地融入数字社会。这时，借助他们能够使用的智能终端（如智能手机），将新产品的使用培训与使用支持、数字素养提升和知识更新等适老化措施转到线上，将能够大幅度地提高效率并降低实施成本。因此，面向老年用户的适老化支持平台未来将成为适老化落地的主要形式。我们甚至可以肯定地说，这将是老龄化数字社会必须具备的基础设施之一。本节我们将介绍一种包括志愿者服务、时间银行服务和商业服务的混合型适老化支持平台。在后面的第 11 章，我们会进一步讨论适老化支持体系平台化的问题。

7.5.1　平台的角色

适老化要针对的不仅是老年非网民，还包括大批的老年网民，其涉及的老年群体规模庞大、持续的时间长久，因此提高效率、降低成本至关重要。适老化工作可分为线下部分和线上部分。转化一个老年非网民通常从线下的培训开始，受到时间、地点、人力资源与成本等种种制约。但当该老年人学会智能手机的基本操作后，就应该将其他支持尽可能地转至线上。随着时间的推移和适老化工作的持续，所需要的线下资源将逐步减少，也就是说适老化支持本身将逐渐被数字化，而适老化支持平台将在其中扮演重要的角色。适老化支持的数字化趋势如图 7-2 所示。

图 7-2　适老化支持的数字化趋势

7.5.2　平台的功能

适老化支持平台主要面向三大群体，为这些群体提供不同的支持功能，如图 7-3 所示。

（1）为支持人员提供培训。

（2）为产品设计人员及养老服务从业人员提供数字产品的适老化评估。

（3）为老年用户提供多种适老化支持。

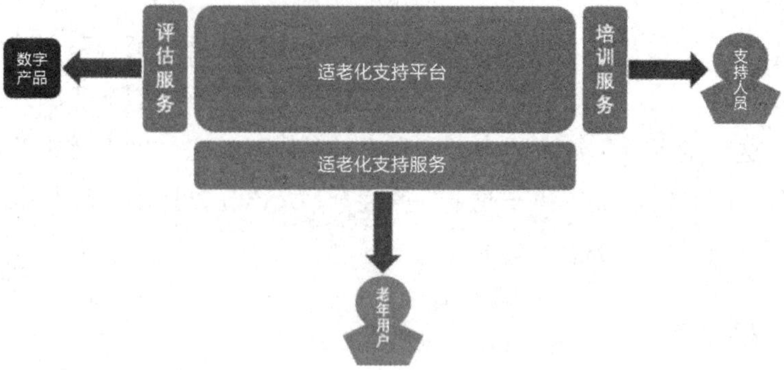

图 7-3 适老化支持平台的三类主要功能

7.5.3 平台的适老化支持服务

适老化支持平台的核心功能是为那些已经能够使用智能终端的老年用户提供进一步的适老化支持服务。这些服务主要基于一个持续更新的适老化支持平台知识库和一个服务引擎，如图 7-4 所示。

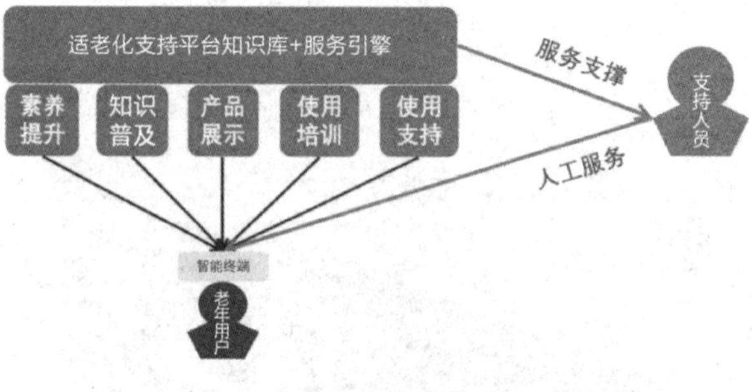

图 7-4 适老化支持服务

五类主要的服务分别如下。

（1）素养提升：提供持续更新的数字素养提升服务。

（2）知识普及：提供一些老年用户常用产品所需要的背景知识，以及一些相关的背景知识学习支持。通过文字、图片、视频等方式介绍这些知识及其应用场景和常见的应用问题。

（3）产品展示：以老年用户能够理解的方式和语言，解释特定产品的功能、解决的问题和使用方式。

（4）使用培训：针对特定产品的使用培训，包括操作步骤的分解和展示，借助文字、图片、视频的操作使用说明，解答常见的问题，并提供使用时用于参考与查询的用户手册。

（5）使用支持：针对特定产品的使用支持，帮助老年用户解决在使用流程中所遇到的问题。其具体模式为，老年用户登录平台，先选择使用支持模块，然后选择具体的应用，并进入使用支持的对话模式。根据平台提供的应用流程分解，经多个轮次的选择，确定当前有障碍的部分。在确定了障碍点之后，系统通过文字、图片、视频等方式展现跨越该障碍的方法。

其中，使用支持的支持方式分为人工支持和自动非人工支持两种：人工部分又可按技术难度分为多层；而非人工部分的支持方式则为全自动方式。

7.5.4　平台的人工服务

几乎可以肯定地说，作为面向老年用户的数字平台，虽然其目的是尽可能地采用线上的形式提供支持，但人工服务仍然是必不可少的。如何最大限度地降低人工服务的成本，对平台运行的可持续性至关重要。

适老化支持平台的人工服务有其鲜明的特点。

（1）平台的用户主要是那些已经能够使用智能终端的老年人。借助平台上的专业知识库，为这些老年用户提供数字素养提升、新产品展示、应用知识培训、使用培训、使用支持等服务能够大大地提高效率。而这里的人工服务只是平台线上服务的一个补充，尤其是在平台实施的早期，能够弥补平台自身适老化的不足。

（2）不同于其他人工服务，该平台的人工服务的作用是教会老年用户解决问题，而不仅是帮助老年用户解决问题，其培训的色彩十分浓厚。在老年用户无法顺利地独立使用平台的适老化服务功能时，平台的人工服务能够发现其所遇到的困难，并教授其克服困难的办法，使其最终能够独立地使用平台服务。

（3）人工服务的另一个作用是协助老年用户保持使用平台的能力，避免老年用户由于能力衰退而脱离平台。

（4）平台上人工服务的存在能够增强老年用户使用平台的信心。

（5）平台的人工服务是全天候的，具备充分的及时性。

为了有效地降低平台人工服务的成本，采用资源叠加结合众包服务是一种可行的模式。数字化和网络化使平台上的资源叠加成为可能。

7.6 人工智能在未来的影响

目前，人工智能在客户服务中已经获得了广泛的应用，越来越多地代替了人工环节，这大大地节省了客户服务的成本，使扩大服务面成为可能。随着人工智能在老年用户使用支持这一细分领域的应用，我们预期支持的精准度和效率将大幅度上升，成本将大幅度下降。人工智能的知识积累效应最终会使老年用户使用支持的投入成本下降至市场能接受的程度，使大规模的商业服务成为可能。目前看来，在使用支持上，人工智能在以下几个领域具有较大的应用潜力。

（1）支持人员的培训。

（2）常见问题的预测、聚焦。

（3）支持流程的优化（个性化）。

（4）支持人员的决策辅助。

（5）机器人的广泛使用。

在第 11 章“适老化支持体系的落地”中我们将就这个问题进行进一步的阐述。

第三部分　适老化支持体系建设

在第三部分，我们重点讨论如何建设适老化支持体系。适老化支持体系关系到数以亿计的，生理和心理特点都极具多样化的老年人，因此这是一项长期的、庞大的社会工程。它既不是靠人海战术能够一蹴而就的，也不是单纯靠市场的吸引力就能推动发展的，而是需要充分地借助体制的优势，有效地动员、匹配多种社会资源，循序渐进。只有这样才能科学地建设起符合中国国情的、可持续发展的适老化支持体系。

这部分的具体内容包括以下几个方面。

- 建设适老化支持体系所需要的系统思维。
- 建设适老化支持体系所需要的核心要素和建设目标。
- 适老化支持体系建设中面临的一些关键问题。
- 适老化支持体系落地的方法和建议。

第 8 章　适老化的系统思维

我们平时感受到的适老化欠缺总是体现在一些具体的问题上，这很容易导致我们对适老化的认识被局限在一种又一种孤立的现象上，常常流于表面，而忽略了其背后的多种深层次原因和它们之间的内在联系。我们现在所面对的数字社会适老化问题，是人类第一次遭遇这样的挑战。无论是在国内还是在国外，目前对适老化的认识都还在不断地深入，在大多数方面也缺乏前人留下的经验和知识积累。这导致相关政策制定者、项目实施者、智慧养老从业者、老年人自己及其家人，在很多观点上主要基于其片面的、局部的、孤立的认知和经验，缺乏全面的、系统性的思维和认识。

比如，基于现实的社会经济条件，我们在各个时期想实现的适老化目标究竟是什么？需要给不同的老年群体提供什么样的适老化支持？这些支持需要哪些社会资源的投入？预期的社会效益和经济效益是什么？回答这些问题需要我们对适老化有一个系统的认识。而这些认识会极大地影响我们所提出的解决方案的科学性和有效性。没有系统性的认识，就不可能有系统性的解决方案。

在这一章中，我们概括地阐述一下对适老化的系统性认识，为后面提出系统性的解决方案奠定基础。

8.1　动态性

适老化问题始终是动态的，并且近年来其变化速度越来越快。我们先回顾一下过去 40 多年来一些流行的科技产品普及时其自身的使用门槛（对用户的使用能力和知识要求）和用户身边使用支持的变化。

20 世纪 80 年代初，中国刚刚开始改革开放，很多家用电器开始走进普通人的家庭。当时的老年人需要面对的新产品使用挑战是刚刚开始在家庭里普及的电视与冰箱。值得庆幸的是，这些家用电器的使用门槛较低，不需要经验，也不需要知识，普通的老年人看着别人示范两次就基本都能学会。实在忘了，问问身边的子女就解决了。那时，空巢和独居老年人还很少。

后来，电话开始在中国普及，VCR 也成了家庭必备的电子产品。对大多数人来说，电话并不是完全陌生的，很多人已经使用过工作单位的电话或公共电话了。即使没有真正使用过电话的人，通过观看电影或电视剧中的使用场景也早就对它较为熟悉了。只要认识从 0 到 9 这些数字就能操作电话。在心理上，使用电话对多数老年人来说并不是一个不可逾越的障碍。相反，VCR 就要复杂得多。不甚友好的、混杂着英文的界面与不自然的使用流程使绝大多数老年人对于设置系统时钟这样即使很简单的操作，也很难顺利完成。而这时他们也发现，子女并不能真正地为自己解决使用支持的问题。与其教会自己使用，子女往往选择代替自己操作，子女不在时，自己还是没有办法使用。也就是从这时开始，“有些科技产品不是为老年人设计的”这种想法开始蔓延、渗透到老年人的心中。

2000 年左右，PC 和互联网开始进入中国的大批家庭。但 PC 的使用门槛，尤其是用 PC 上网，可要比使用电视和电话的门槛高多了。PC 对绝大多数老年人来说，除偶尔玩玩游戏外，既没有什么显而易见的实际用处，学起来又异常艰难，操作系统、键盘、鼠标、中文输入、软盘、硬盘、CD-ROM、任务管理器、可执行文件、文本文件等难以记住的术语接踵而来，还经常要面对不知所云的外文字母。而学习上网就像还要学会使用另一种不同的计算机，HTTP、网络连接、网址、搜索引擎、收藏网页等新概念都是很多老年人闻所未闻的。这时老年人发现，对于使用中碰到的任何一个问题似乎都不是三言两语能解释清楚的，至少自己的子女解释不清楚，同时他们也感受到了自己的子女并没有足够的耐心来详细地向自己解释。如果子女是学理工科的，那他们往往会以快速点击来代替自己越过那些卡住自己的障碍；而如果子女也是门外汉，那他们在面对问题时常常也会束手无策。总之，使用门槛高了很多，由子女提供协助的希望变得更渺茫了。因此，这时使用计算机的老年网民极少。在当时，1998 年开始实施的房改已经有几年了，随着商品房的大批建设，居民的居住条件得到大幅度的改善，家庭结构开始向小规模的核心家庭转化，空巢和独居老年人多了起来。由于年轻人进城务工，农村空巢老年人留守的现象也越来越普遍了。老年人身边以子女为主体的科技产品使用支持开始逐渐消失。

到了 2010 年，智能手机和移动互联网时代到来了，而其大规模使用发生在 2014 年前后。这时进入老年的很多人在退休前已经使用过计算机了，学习新技术对他们来说也不是一件那么令人望而生畏的事情。智能手机和平板电脑的使用门槛比 PC 低了不少，在网上也能查到很多使用窍门，老伙伴之间还常常抱团切磋使用智能手机的心得，很多社区也时常组织讲座，请专家来教授使用知识和技巧。因此，使用智能手机的老年人多了起来，人数远超使用计算机上网的人数。始终没有改变的是，子女依然无法给年迈的父母提供及时、可靠、耐心的使用支持。虽然老年人的身边时而会有教授使用智能手机的讲座，但常态的使用服务一直没有跟上。

总结上面对40多年来一些主要科技产品普及的回顾，我们会发现这些产品自身和使用环境的适老化都是动态的。而这种动态性源于以下三个方面。

（1）**新科技成果涌现的速度及新技术应用和普及的速度都在加快。**比较一下几款主流家用科技产品在中国城镇家庭与发达国家普及的时间差，我们可以看出，随着改革开放后经济的发展，中国与发达国家之间的差距在大幅度、快速地缩小：从传统电话、PC和互联网、移动互联网和智能手机，到新一代物联网应用，中国与发达国家之间的差距迅速从几十年变为基本同步。

（2）**老年人的寿命不断延长、科技素养不断提升。**在这40多年中，中国的老年群体在寿命、健康状况、心理状态、知识水平、对新技术的认知与态度等方面不断地发生变化。1980年，中国人均期望寿命为66.5岁，那时60岁及以上人口所具备的科技背景知识基本为零；40年后的2020年年底，中国人均期望寿命达到77岁，延长了十多岁，60岁及以上人口达到2.64亿人，其中的网民比例已经超过27.6%，其所具备的科技素养也与过去几十年的老年人不可同日而语了。

（3）**社会为老年群体提供的科技产品使用支持系统在不断地变化。**逐渐由以子女为主体的家庭支持，转向以单位和社区为主的社会支持。但是，无论是过去的家庭支持还是当前的社会支持，都不足以真正解决老年人的科技产品使用支持问题。

因此，我们需要切记，适老化不是一件可以一劳永逸的事情。虽然适老化支持体系建设的基本原则是稳定的，但在针对具体新技术或老年群体的实施上则充满了变数。比如，培训老年用户使用语音界面的方法与使用智能手机的方法差异很大，并且各自也在不断地演化与发展。

一种方法的有效性往往取决于其具体操作步骤，而当一项技术或一款产品的更新导致操作步骤发生变化时，其有效性也会发生变化。由于适老化涉及的老年群体规模庞大，实施效率要求我们不能做过多的方法调整，因此在适老化的动态性与效率要求的方法稳定性之间找到平衡是关键。

8.2 多面性

提起数字社会的适老化，我们脑海中的第一个印象往往是数字产品的适老化设计，即如何将产品的使用流程设计得简单直观，使大多数老年人可以独立使用。确实，在现实生活中，很多适老化都从设计开始，甚至以设计为中心。但在数字化领域，数字产品的适老化设计仅是“数字产品适老化”的多个环节之一，而整个数字社会的适老化支持体系又远比数字产品适老化要复杂得多。

首先，适老化设计是有成本的，并且在目前实现较全面的适老化的成本还相当高[35]。因此，如果没有一种合理的商业模式，那产品开发商会面临适老化动力不足的问题。其实，之所以几乎所有的数字产品都存在适老化问题，正是因为产品开发商动力的缺失。其次，对于少数有动力的产品开发商，其适老化知识的缺乏和对老年用户特点的了解不够，会导致其适老化的效果不尽如人意。总而言之，单单依靠产品的适老化设计是远远不够的。

数字社会适老化的目的是让老年人能够独立或在协助下融入数字社会。老年群体内部在能力、心理特点、文化背景、人生经历等方面的差异性及影响其融入数字社会的因素的多样性，导致适老化需要解决的问题和解决问题的方案也具有多面性。这意味着针对不同类型的老年人在不同的场景下须提供不同的适老化支持体系，其中有的是帮助跨越某些老年人独立使用数字产品时面临的具体障碍，有的是由他人以代理的方式协助某些老年人融入数字社会，还有的则是以提供技术辅助的人工服务为兜底。这远不是帮助一批老年人学会使用某款 App 这么简单。比如，对于那些渴望独立融入数字社会的老年人，需要持续地提升和保持他们的数字素养，包括帮助他们克服对于看不见、摸不着的数字化服务的信任问题，既要避免信任不足，导致止步不前，也要避免盲目信任，没有任何风险意识。

长远的适老化战略要建立在大幅度降低数字化用户的使用门槛基础上。那么，用户的使用门槛应该降到什么程度呢？我们认为，应该降到那些具备独立生活能力的老年人能够使用的程度。具体地说，如果按照民政部颁发的《老年人能力评估标准》（MZ/T 039—2013），在精神状态、感知觉与沟通、社会参与三个方面能力完好的人，就应具备独立使用（降低了使用门槛后的）数字产品的潜在能力。因此，只要经过适当的培训，这些老年人是能够独立使用数字产品的。

现在的关键是老年人参加培训的学习动力。很多老年人在对老年人不友好的数字产品上有过负面的体验，因而形成了对数字产品学不会、用不了的成见，对学习使用抱有抗拒的态度。但是我们相信，大多数具备潜在使用能力的老年人，在面对脱离数字社会带来的种种生活不便时（有需求），在观察到其他老年人的使用效果后，尤其是在看到改善后的用户界面和使用培训内容后，是能够恢复信心，重新激发起学习动力的。

按照学习意愿和潜在的使用能力，我们把老年人分为三类，分别提供不同的适老化支持。

（1）对于有学习意愿并具备潜在使用能力的老年人，要支持他们全方位地融入数字社会。这包括通过基本的背景知识普及使他们能够跟上数字化的脚步，如数字风险知识的普及；构建自服务和互助服务体系，使他们自行摸索新出现的各种技术、了解新产品和服务；提供重点应用的使用培训及使用支持。这部分人占老年人口的大多数，对于未来缩小年龄数字鸿沟至关重要。

（2）对于虽然有潜在的使用能力，但由于种种原因无法学习或完全拒绝学习的老年人，要为他们提供兜底的、人工辅助的数字化服务，避免年龄数字鸿沟给他们造成重大影响。

（3）对于丧失了学习意愿和使用能力的老年人，要协助其家人或照护者使用可信任的代理服务。通过由家人或照护者代理的方式，那些无法独立使用数字产品的老年人能够间接地融入数字社会，这对于数字社会的治理非常重要。

这种针对不同群体的不同适老化支持体现了审视适老化问题的多面性。

8.3 多方位/多环节

适老化需要面对的最大的群体，是那些目前已经和未来将要跨越年龄数字鸿沟的老年人。相比为其他老年人提供的兜底人工服务和可信代理服务，适老化为这些自主融入数字社会的老年人提供的支持要复杂得多，同时对社会数字化进程的影响要大得多。这些老年人在使用数字产品时所面临的多种障碍反映了适老化在多个方位和多个环节上的欠缺。

一个看起来似乎对适老化没有直接影响，但其实非常重要的因素是老年人的数字素养。我们在第 4 章中详细地讨论了数字素养的内容及其对缩小年龄数字鸿沟的影响，这里不再赘述。为了降低对老年人使用能力的要求，数字产品在设计上需要考虑适老化，这已经获得了广泛的共识。

对应上述适老化在多个方位和多个环节上的欠缺，有以下五种解决方案，这也是适老化支持体系的五个组成部分。

（1）**提升数字素养的知识普及**。随着新技术的不断涌现，以及老技术的持续更新、变化，老年人的相关背景知识也需要不断地更新。例如，当主流身份识别技术从输入密码更新为指纹识别，再到人脸识别时，其背后的一些背景知识需要广大的老年用户了解：为什么要更新？新模式最适合什么场景？有什么潜在风险？新模式和旧模式有什么关系？

（2）**提高可用性的数字产品适老化设计**。在新产品推出时常见的问题是适老化不足，需要根据目标老年用户的特点进行弥补和完善，以提高老年用户使用的成功率。为了吸引更多的老年用户长期使用数字产品，需要通过适老化设计尽可能地降低对老年用户的使用能力要求，以便使能力仍在衰退的老年用户也能持续地使用。

（3）**老年用户使用培训**。鉴于目前适老化知识在数字产品设计人员中的普及程度不高，因此在未来相当长的一段时间内，数字产品的适老化设计无法达到一般的老年用户可以自己摸索学会使用的程度。同时，适老化设计的时间性常常严重地滞后。因此，面向老年用户的使用培训在相当长的时间内是弥补适老化不足的必要措施。

（4）**老年用户使用支持**。多年的实践经验证明，即使在有充分使用培训的情况下，由于老年人的生理、心理和认知特点，很多老年用户还是会在使用过程中遇到种种困难，需要“及时”帮助，否则不仅会影响其对当前应用的使用，还会影响其学习使用其他应用的动力。

（5）**数字产品的适老化评估**。在很长一段时间内，数字产品的适老化程度、老年用户使用培训的适老化程度、老年用户使用支持的适老化程度都将参差不齐。但是，老年用户及其家庭需要对这些适老化有一个判断，以便做出选择。特别是会有相当多的一部分老年用户自己主动去学习使用一些数字产品，这时如果他们选择不当，将努力花在一款适老化程度很低的产品上，则会导致其在学习使用中感受到很大的挫折感，最终放弃使用，乃至对未来的尝试与学习充满畏惧。这时，一个科学、客观的适老化评估机制能起到很大的作用。适老化评估还能引导数字产品设计人员的适老化设计方向。

8.4　内在关系

上面提到的适老化支持体系的五个组成部分之间有着多种内在关系。它们相互之间不仅有相辅相成的作用，还有牵一发而动全身的现象，一个环节的失误会严重地影响其他环节，甚至会因为一个部分的失败导致整体的失败。因此，正确地认识这些关系非常关键。图 8-1 展示了这五个组成部分之间的相互影响，其中评估反馈贯穿着其他四个部分。

（1）适老化设计（产品设计）对使用培训和使用支持都有较大的影响。较高的适老化程度能够大大地减少使用培训和使用支持的次数、降低其深度；反之，适老化不足则需要更多的使用培训和使用支持来弥补。一份适老化程度较高的用户手册能够帮助很多老年用户解决使用问题，减少对使用培训和使用支持的依赖。此外，如果能够在设计中考虑到使用支持的一些需求，如屏幕共享、使用步骤与界面标识等有助于准确地获得用户使用状态的功能，则能够大大地提高使用支持的效率。使用培训和使用支持则能够为产品设计提供十分难得的关于老年用户实际能力的反馈，使其更有针对性。

（2）数字素养提升（素养提升）一方面会影响产品设计，如数字产品设计人员需要对老年用户的基础知识做什么样的假定，是否需要对某些术语或标识做出解释等；另一方面会影响使用培训的内容，如培训需要弥补数字素养哪方面的不足，在培训中可以使用哪些术语和概念等。而使用培训能够提供老年用户数字素养缺口的反馈。

（3）使用培训影响最大的是后续的使用支持，充分的使用培训能够大大地减轻使用支持的负担。除有针对性地把培训重点放在那些常见的老年用户使用障碍上外，在产品本身缺乏适老的使用手册时，也可以通过培训引导老年用户以课堂笔记的形式制作一份个性化的用户手册，以便在使用时参考，这样做能够提升老年用户自己解决问题的能力，有效地减轻使用支持的负担。同时，通过使用培训也能够发现产品设计和素养提升方面的不足，有助于有针对性地进行改善。

（4）使用支持是能够直接了解老年用户各种使用问题的环节，因此能够向产品设计和使用培训提供精准的老年用户能力不足的反馈。

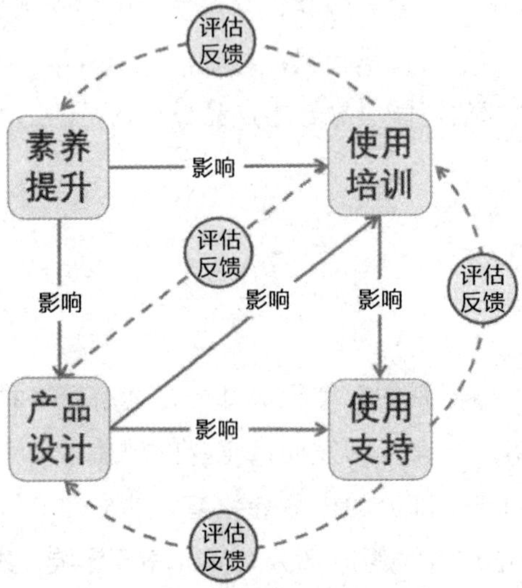

图 8-1　适老化支持体系五个组成部分之间的相互影响

8.5　激发动力

我们在前面反复地提到了适老化面临的一项挑战：如何激发老年人使用数字产品的动力。无论是国内还是国外，愿意积极尝试和学习使用数字产品的老年人都是少数。这不但体现在那些在退休前尚未接触过互联网的老年人身上，而且一种令人颇感意外的现象是，即使是那些能够熟练使用上一代技术产品的老年人，在面对新技术时，学习的积极性仍然不高。比如，在 20 世纪 90 年代能够熟练使用 PC 的老年人中，在 20 年后仍然会有很多人对智能手机产生畏惧感。概括地说，正如图 6-2 中展示的，存在着一个影响老年人使用数字产品动力的怪圈。在图 8-2 中，我们突出地展示了外部支持缺乏对老年人使用动力的影响。如果顺其自然，没有适老化支持从外部介入，那么老年人自身的能力和心理变化将逐渐地消耗掉那些不多的动力。

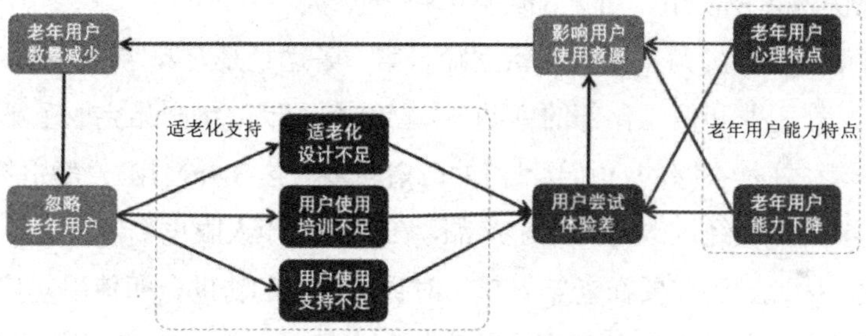

图 8-2　外部支持缺乏对老年人使用动力的影响

如何延缓老年人在晚年随着能力下降而逐渐变得被动、保守的心理趋势，激发他们接触、尝试新的数字产品的动力是人类历史上前所未有的课题。老年群体自身的多样性和复杂性，导致影响其使用动力的因素有很多，图 8-3 列出了其中主要的六个。

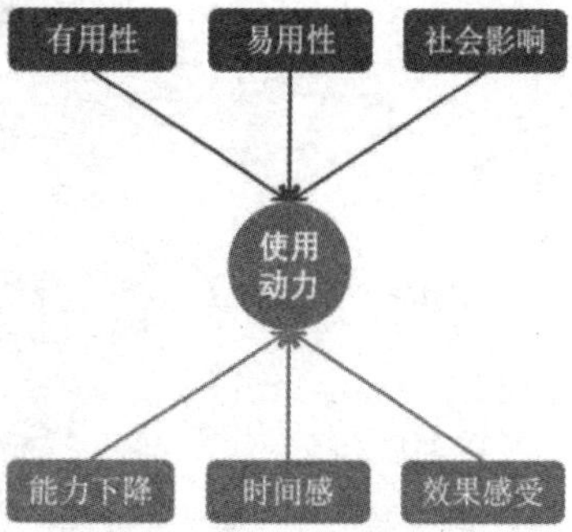

图 8-3　影响老年人使用动力的六个主要因素

而激发动力不是一个单一的动作，而是需要一系列配套的支持。

- 激发动力：激发老年人的使用动力是适老化中最重要的，也是目前最容易被忽视的环节。如果我们认真地比较一下老年非网民中参加计算机和智能手机培训的比例，就会得到一个结论——目前大多数老年人，基于他们对使用数字产品的认识和印象，其实并没有学习和尝试的动力。而如果我们不去积极地转化这部分老年人，那么这一现象将持续下去，在未来十几年始终会存在一个庞大的老年非网民群体，这将不可避免地拖慢社会的数字化进程。

- 鼓励接触：激发动力的第一步，是协助老年人以适当的方式接触数字产品。很多时候，老年人第一次接触适老化程度有限的数字产品会进一步强化他们头脑中"数字产品属于年轻人"的观念。因此，这种接触需要专业化的悉心引导，只有这样才能起到吸引、激励他们尝试的作用。空巢和独居老年人中非网民的比例更高，绝大多数的空巢和独居老年人并没有一条渠道可以及时、顺畅地接触最新和应用最广泛的数字产品。因此，给他们创造条件，鼓励他们接触数字产品是十分重要的。
- 提升能力：激发动力需要提升能力的辅助。通过培训提升老年人的使用能力，能够增强他们的自信心，进而巩固他们的动力。如果没有这个环节，老年人短暂的动力很快就会被使用中带来的怀疑和挫折磨灭。
- 消除障碍：消除障碍主要有两条途径。第一条途径是对数字产品进行适老化改造。近几年，在工业和信息化部的推动下，已经有一批数字产品完成了第一轮适老化改造，但这往往是不够的。由于目前的改造较多聚焦在补偿用户感知能力等较初级的层面，即使那些经过改造的数字产品，在很多老年人眼里仍没有达到对老年人友好的程度。因此，还需要在老年人使用时提供及时的协助，即使用支持，这是消除障碍的第二条途径。及时的使用支持也是一个极大地影响老年人使用动力的因素。

只有通过适老化支持等外部因素的影响，改善老年人的使用体验，才能打破老年人缺乏/丧失使用动力的怪圈，真正持久地激发他们的使用动力，如图 8-4 所示。

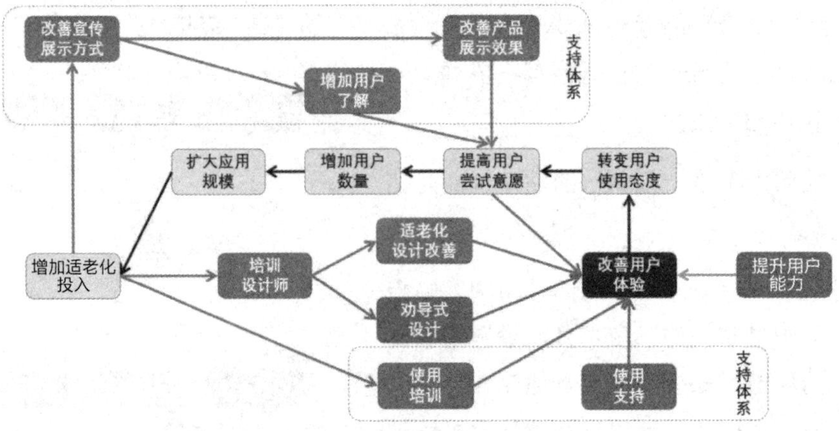

图 8-4 打破老年人缺乏/丧失使用动力的怪圈

8.6 新常态

数字社会的适老化需求既不是一个临时或短暂的问题，也无法通过运动式的手段一劳永逸地解决，它需要持续几代人甚至更长时间的努力。因此，对于数字社会的适老化应有长远的打算。

目前仍有大批老年非网民需要通过培训和支持转化为网民，同时那些已经能够上网的老年人仍然面临如何持续地保持其上网能力和提升其数字素养，以便有效地使用网络的问题。适老化将是持续几代人的一种新常态。一旦有所放松，很快就会有大批老年人落伍，赶不上持续向前的数字化潮流。而每一个老年人与数字社会隔绝的成本最终都是由整个社会来承担的。

针对这一新常态，在相关的体系建设、人力资源储备、资金安排等方面都要考虑长久性和可持续性。鉴于与期望寿命相似的国家相比，中国的退休年龄过低（女性 50 岁、55 岁，男性 60 岁），由此导致大批年富力强的低龄活跃老年人已进入退休状态。因此，发挥其中骨干分子的作用，建立一种可持续发展的互助体系，承担起适老化的一部分关键职责，是一条适合中国国情的可行之道。

8.7 范围

如上所述，系统的适老化包括帮助老年人跨越融入数字社会时所面临的各种障碍的机制。它不仅是设计一款适老的数字产品，还涉及影响年龄数字鸿沟形成的种种因素，包括以下几项。

（1）数字素养的提升，尤其是面向老年人的种种参与数字社会所要求的基础知识的普及和传播。

（2）通用数字产品在使用操作上的适老化设计、使用培训和使用支持。

（3）面向老年人的数字产品的需求功能精准匹配与适老化设计。

（4）面向部分老年人的数字产品的可信代理。

（5）必要的人工绿色通道。

本书作为数字社会适老化的技术专著，将对（2）、（3）和（4）三部分进行深入细致的探讨，而对（1）和（5）进行一些概括性的介绍。

8.8 规模

根据中国互联网络信息中心在2023年3月发布的第51次《中国互联网络发展状况统计报告》，截至2022年12月，中国非网民总数为3.44亿人，而60岁及以上的老年人占其中的37.4%，约1.29亿人，占60岁及以上老年人口的46%。

因此，我们在考虑适老化这一问题时，要有充分的规模意识，这是一个涉及数以亿计的群体。而在各地具体落实的时候，除了部分少数民族地区，在三线及以上的城市，基本都涉及20%～30%的人口。在目标设立、人力配备、资金配备和效果评估时，都要考虑规模。

第9章 适老化支持体系概要

要想大规模地、长期地解决数字社会的适老化问题，不是解决单一方面的问题能够实现的，而是需要在多个方面共同、持续努力，即形成一套适老化支持体系。

目前我们面临的现实情况是，一些流行的数字产品在设计上存在严重的适老化缺陷。对多数老年人来说，难以自己学会并独立使用。很多尝试过的老年人最终不得不放弃，并且失败的尝试体验严重地影响了他们未来使用数字产品的信心。这一问题最终在2020年引起了媒体的集中关注，造成了较大的社会反响，也得到了政府的高度重视。工业和信息化部于2020年12月发布了《互联网应用适老化及无障碍改造专项行动方案》，列出了首批适老化及无障碍改造网站和App名单，如表9-1和表9-2所示。

表9-1 首批适老化及无障碍改造网站名单

类　型	网站名称
国家部委及省级政府	中国政府网、外交部网站、卫生健康委网站、教育部网站、中国气象网、省级政府网站（共31个省市）
残疾人组织	中国残疾人联合会、各省残疾人联合会（共31个省市）
新闻媒体	人民网、新华网、中国网、央视网、国际在线、求是网、中国日报网、中国青年网、中国经济网、中国新闻网、搜狐网、腾讯网、网易网、澎湃新闻、今日头条
交通出行	中国国际航空、中国东方航空、中国南方航空、海南航空、深圳航空、中国铁路12306、携程、去哪儿、艺龙旅行网、马蜂窝、8684公交网、途牛旅游网、住哪网
社交通信	中国电信网上营业厅、中国移动网上营业厅、中国联通网上营业厅、新浪微博、知乎
生活购物	京东商城、阿里巴巴、淘宝网（包括天猫）、苏宁易购、当当网、国美电器网上商城、孔夫子旧书网
搜索引擎	百度、搜狗
金融服务	中国工商银行、中国建设银行、中国农业银行、中国银行、中国交通银行

表9-2 首批适老化及无障碍改造App名单

类　型	App名称
新闻资讯	腾讯新闻、新浪微博、今日头条
社交通信	（1）社交类：微信、QQ
	（2）电信类：中国电信网上营业厅、中国移动网上营业厅、中国联通网上营业厅

续表

类　型	App 名称
生活购物	（1）购物类：淘宝、京东、拼多多、闲鱼
	（2）美食外卖类：饿了么、美团
	（3）住房类：链家、贝壳
	（4）娱乐类：抖音、火山小视频、喜马拉雅听书、爱奇艺、优酷、全民 K 歌、唱吧
	（5）工具类：百度、搜狗
金融服务	（1）支付类：支付宝、微信支付
	（2）银行类：中国工商银行、中国农业银行、中国建设银行、中国银行、中国交通银行
旅游出行	（1）地图类：百度地图、高德地图、腾讯地图
	（2）网约车类：滴滴出行
	（3）票务类：铁路 12306、携程旅行
医疗健康	（1）寻医问诊类：114 健康、好大夫在线、微医
	（2）医药类：京东到家、叮当快药

从中我们可以看出，这些网站和 App 覆盖了老年人日常生活的主要方面，因此其有效的适老化改造能够大幅度降低老年人使用这些应用的难度，大力推动年龄数字鸿沟的缩小。

那么，是不是说随着这些网站和 App 的适老化改造顺利完成，缩小年龄数字鸿沟的挑战就大功告成了呢？多年来国内外在数字社会适老化上的努力所取得的经验告诉我们，我们往往会低估适老化的复杂性和持久性，而高估某个单一努力的效果和影响。在目前缺乏充分的理论研究和实践经验的情况下，希望能够一蹴而就地解决适老化问题是一种过于乐观的期望。

但是，工业和信息化部开展的这次行动是极其必要的。它不仅能让数字社会的适老化问题第一次受到政府部门和服务商的充分重视，引起社会对适老化的广泛和持续关注，进而激起广大老年非网民接触、尝试，最终融入数字社会的兴趣和动力，还能促使我们第一次全面地审视中国数字社会的适老化现状，帮助我们认识到目前适老化关键的缺失及其深层次的、本质性的原因。通过这次行动的实施，还能建立起诸如适老化测评等一系列必要的辅助机制，为最终形成一套完整的适老化支持体系打下良好的基础。

所谓的适老化支持体系不但涉及数字产品的适老化设计，而且是一系列包括政策、教育培训、社会支持、机制、平台的组合。建设适老化支持体系不仅是为了从技术上跨越某些老年人上网的障碍，还要系统地、持续地解决几代人融入数字社会的困难。这些困难的缘由除技术方面外，还包括经济方面、知识方面、心理方面等。下面我们详细地讨论一下适老化支持体系。

9.1 老年人学习使用数字产品的过程分析

虽然每个老年人由于其生活环境、知识背景等的不同，学习使用数字产品的过程会不尽相同，但除那些自我学习能力较强的老年人外，大体上会包括图 2-7 中展示的几个环节。而在每个环节中，适老化支持都能起到关键的作用，如图 9-1 所示。

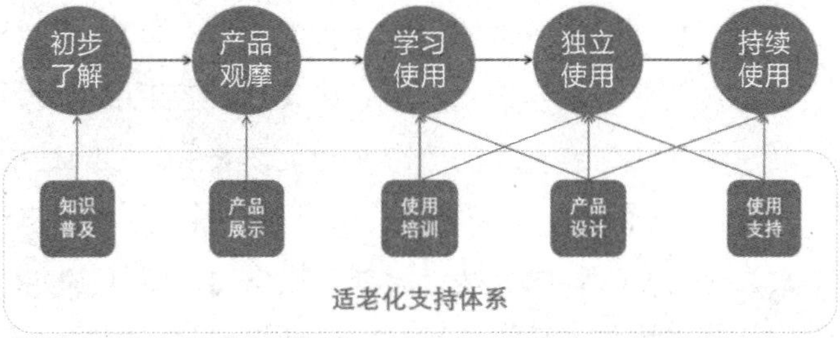

图 9-1 老年人学习使用数字产品的各个环节需要的适老化支持

- 初步了解：在这个环节，需要为老年人进行背景知识的普及。这些背景知识不一定是针对某款特定产品的，而是适用于一些应用场景及相关的技术。
- 产品观摩：在这个环节，需要让老年人实际看到产品是如何使用的。通常在观摩后，老年人会得出该产品是否值得自己花时间和精力去学习使用的结论。
- 学习使用：除少部分老年人通过自己摸索外，大都通过参加培训班学习，或者由家人教会自己。
- 独立使用：学习使用后，有一部分老年人开始了使用。虽然时常还会在使用中遇到种种障碍，但通过身边人的帮助，都能够逐一跨越，基本达到独立使用的程度。
- 持续使用：通过使用进一步验证了产品的使用价值，也越来越得心应手，在使用中需要的帮助越来越少，进入了良性循环。

对多数老年人来说，顺利地完成学习使用数字产品的各个环节需要一些外部的支持。而目前，这些外部的支持是零散的、非体系化的。很多时候，其及时性、有效性和专业性也难以保障。另外需要指出的是，除产品设计外，其他的支持都需要在老年人的身边提供，至少对当前的老年人来说这是十分必要的。而在目前产品设计这一关键环节严重缺失的情况下，其他环节的补偿作用就更重要了。

9.2 适老化支持体系的要素

到目前为止，数字社会的适老化推进基本采用的是“头痛医头、脚痛医脚”的方式。在适老化设计、用户培训等方面所做的尝试既不全面，又彼此孤立，基本没有产生持久的效应。由于老年群体的特性，因此仅在适老化的个别方面努力是无法取得长期效果的。

基于对中国适老化的现状、老年人的特点及其学习使用数字产品过程中所需要的支持，以及中国目前社会治理的模式所做的分析，我们提出一个具有四个要素的适老化支持体系框架。这四个要素是数字素养提升、适老化设计、老年用户使用培训和老年用户使用支持。图 8-1 展示了这四个要素之间的影响和反馈关系。影响是指一个要素的执行效果对另一个要素的影响，如有效的老年用户使用培训会减轻老年用户使用支持的负担。而反馈则是某个要素为对它有影响的那些上游要素提供的，能够协助其改善的信息。培训人员可以在老年用户使用培训中直接捕捉到那些老年人常遇到的困难及原因，并将这些信息提供给设计人员。运用这些反馈，设计人员可以大幅度地提高产品面向老年人的可用性。

9.2.1 数字素养提升

在智能手机上使用一款 App 需要具备一系列与这款 App 密切相关的知识和特定的能力。这些知识和能力既包括与具体的 App 或数字产品相关的操作，也包括一些较通用的背景知识、理念和操作技能。这些知识和能力并不局限于某款特定的应用，而是属于数字素养的一部分。一个数字产品用户的数字素养通常是通过参加培训、自我学习和在使用中的积累获得的。

在目前数以亿计老年人的数字素养基本空白的情况下，大面积的培训是必由之路。但是，对老年人来说，脱离应用的数字素养培训往往会效果不佳，并且影响其学习动力。任何一种与数字化相关的理念、术语或方法，都应该通过在具体应用中的使用来教授。

1. 通用的基本技能

通用的基本技能包括在不同层次上的几类。

- 智能设备的一些基本操作方法：如开关机、充电、网络设置、扫二维码等。
- 智能设备的一些常规使用方法：如下载、保存、上传、分享、复制与粘贴等。
- 风险管理的基本常识：如不要打开、回复可疑信息等。

2. 信息筛选技能

作为数字素养的一个关键部分，信息筛选技能主要包括两类。

- 识别与筛选有用信息：从浩如烟海的信息中找到、筛选出对自己真正有用的那些。有效地使用搜索工具是其中关键的一环。
- 识别与过滤虚假和恶意信息：当遇到虚假和恶意信息时，能够有效地识别与过滤出来，并通过搜索第三方的信息来验证虚假和恶意信息。

技术更新的速度加快和老年人接受新事物的速度放缓，这两种趋势的叠加，造成老年人对新的数字产品应接不暇、手足无措，从而严重地影响了他们接触、学习使用新技术的积极性。另外，数字社会的有效治理要求参与的公民具有基本的背景知识。因此，在漫无边际的信息中有效地筛选出那些老年人需要掌握的信息，并以老年人容易理解的方式呈现给他们，是适老化支持体系必不可少的组成部分。目前，这种经过筛选的科技知识普及仍然是空白的，无论是在老年大学还是在社区，均没有常态的、经过专业筛选的、适合老年人的科技知识普及。老年人的子女也无法承担起这一职责，他们中的一些人既不具备筛选信息的技能，也缺乏向老年人传递这些知识的经验和方法。但这种科技知识普及对于缩小年龄数字鸿沟是非常必要的，因此在《关于切实解决老年人运用智能技术困难的实施方案》中特别地提到了“开展老年人智能技术教育”。

面向老年人的科技知识普及有两个要点。

- 科技知识过滤：老年人接收新信息的数量有限，因此必须对信息进行识别、筛选、过滤，宣传和普及那些与老年人生活相关的科技知识。
- 传播方式适老化：面向老年人的科技知识普及有其特殊的规律，传播方式本身需要“适老”。

图 9-2 所示为科技知识过滤与传播的适老化过程。

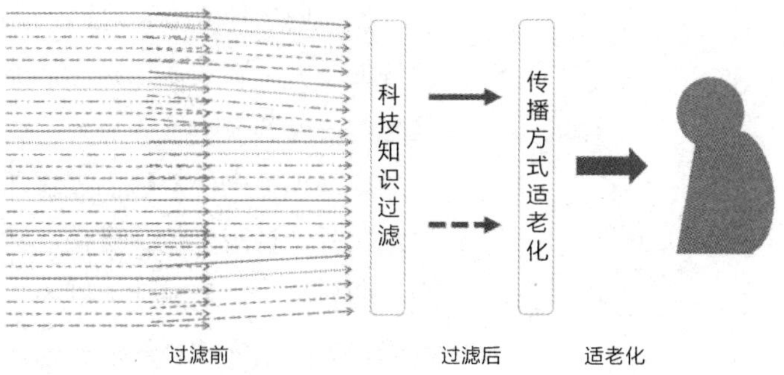

图 9-2　科技知识过滤与传播的适老化过程

3. 产品与服务信息

在众多老年非网民中，大多数老年人从来就没有想过要去尝试一下使用产品或服务。过去的使用经历、身边人的种种暗示，甚至产品本身的设计都在设置种种心理上的障碍，使其深信这些产品不是面向他们的，对于他们目前的生活场景用处不大，并且有种种潜在的风险。最重要的是，学起来太难，他们已经不可能再学会使用了，因此都这个年纪了，就没有必要再在上面花费时间和精力了。

适老化的目的之一是引导尽可能多的老年人克服各种恐惧和困难以使用数字产品。而其中关键的一步是向潜在的老年用户，尤其是那些比较被动的老年用户，展示数字产品的使用场景、应用价值及易用性（在适当的指导下），以吸引和鼓励老年人尝试使用这些产品。

这里有三个关键的问题。

- 在众多的产品中，展示哪些呢？
- 如何展示才能起到吸引和鼓励老年人尝试使用的作用？
- 由谁来负责展示？需要什么展示技能呢？

目前仅智能手机上的 App 就多达几百万个，每年还在不断增加，而对老年人真正有用的不超过几百个。老年人的能力和精力是有限的，因此需要从这几百万个中筛选出那些可能对老年人有用的产品，并用适当的方式展示给他们看。在展示哪些产品这个问题上，精准选择是极其必要的。那些涉及社会治理的产品，以及老年人及其家人反响最强烈的产品，如打车、挂号等，应该作为首选。在国务院办公厅颁发的《关于切实解决老年人运用智能技术困难的实施方案》与工业和信息化部发布的《互联网应用适老化及无障碍改造专项行动方案》中都分别提到了一些具体的服务和应用，可作为首先要解决的重点问题。

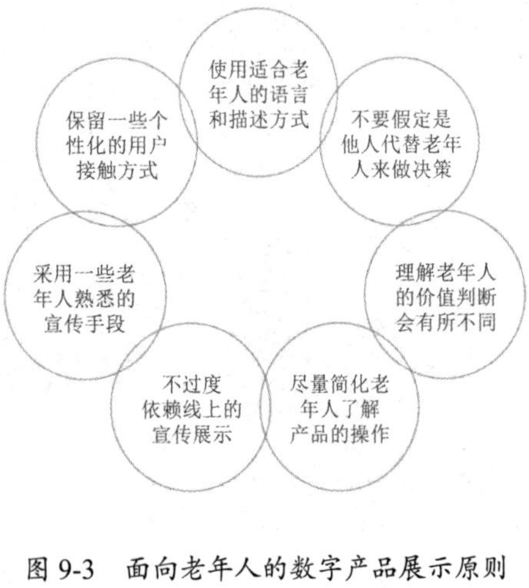

图 9-3　面向老年人的数字产品展示原则

如何向老年人展示这些产品是一件相当有挑战性的事情。除大家已经耳熟能详的要有耐心、要把握速度和节奏等要点外，如何借鉴老年人已有的心理模型来协助他们理解，而不是让他们勉强地接受一种陌生的、带来令其望而生畏的认知负荷的新模式，是非常关键的。图 9-3 所示为面向老年人的数字产品展示原则。

需要重点指出的是，很多老年人，甚至是一

些高龄老年人，都愿意自己做出是否采纳产品的决定，虽然他们常常会征询他人的意见。

4．防范网络沉迷

在数字化的老龄社会里，防范老年人的网络沉迷就像在医疗健康中的防疫工作一样，任何疏忽导致的问题恶化与泛滥，影响到的不只是老年人自己及其家庭，而是由全社会来承担其后果。因此，在协助老年人跨越年龄数字鸿沟的同时，强化他们的网络安全和防范沉迷的意识也非常重要，这也是适老化支持体系的关键一环。目前这个方面受到的重视远远不够，面向老年人的培训人员普遍缺乏相关的知识。

9.2.2 适老化设计

前面提到，目前产生年龄数字鸿沟的主要根源是面向大众的数字产品的适老化设计严重不足，并且由于这类产品的特定扩散模式，产品开发商并没有充分的动力去提高产品的适老化程度，因此这类产品将长期存在适老化缺口。但是，随着“50 后”“60 后”一代熟悉数字产品的群体进入养老阶段，产品开发商将推出专门面向老年人的数字产品，特别是这些老年人较看重的健康管理、学习和社交等方面的产品。这些专门面向老年人的数字产品是否能较快地被老年人接受就成为其成败的关键。很多健康类的产品将配合手机上附带的硬件或其他专用硬件一起使用，往往会引进一些新的概念，采用一些新的模式。如果在设计上不注重适老化，根据以往的经验，那将很难获得大多数老年人的认可。

在现有的文献中【38】【39】，提出了一系列通用数字产品适老化设计的基本原则，但对于如何应用这些原则，缺乏具体的、可量化的操作方法或操作指南，而且应用这些原则需要具备一定的背景知识。让每个设计人员都掌握适老化的理论是一个漫长的过程。因此，在分析了多种现有的数字产品的适老化状况后，根据目前常见的在数字产品适老化设计上的欠缺，我们提出一份适老化设计的具体操作指南，其核心有以下几点。

- 适老化设计体现在用户的几个方面的能力上，由易到难分别为：感知能力、肢体操控能力、记忆能力、判断与选择能力、必要的知识。
- 对老年人来说，最大的障碍是记忆、判断与选择、知识，因此这三个方面是适老化设计的重点。
- 尽可能地借助现有的心理模型，避免强行引入全新的概念和模式。
- 当不得不引进新概念和新模式时，通过类比、任务分解等方式来协助老年人熟悉和消化，建立新的心理模型。
- 通过适当的任务分解、步骤分解和状态提示，减轻老年人在操作时的认知负荷。

适老化设计作为高可用设计的一部分，将来会逐渐地融入常规的设计中。但在目前，在设计流程中需要强调适老化的一些特殊要求，如图 5-12 所示的适老化设计流程。

9.2.3 老年用户使用培训

早期的面向专业人士的产品在进入市场时，不仅备有产品说明书和用户手册，供使用者查询和学习，往往还有相应的使用培训。而面向大众的产品则基本上要靠用户自己学会使用。学习使用的过程包括自主摸索、查阅使用说明或产品说明书、到网上（用户论坛、技术支持机器人）寻求帮助。

令人遗憾的是，这个学习使用的过程对老年人来说基本无效。首先，期望老年人以自主摸索的方式学习数字产品的使用是非常不切实际的。随着年龄的增长，老年人主动摸索新事物的意愿本来就在逐渐减弱，再加上数字产品对大多数老年人来说是一个陌生的事物，其带来的“技术焦虑”和“风险焦虑”会严重地影响老年人的摸索意愿。其次，查阅使用说明这一自主学习方式近年来也发生了很大的变化，很多产品不再附带印刷的使用说明，而是提供一个下载 PDF 版本的网址或二维码。下载、保存、打开文件这些额外的操作对老年人来说是一道一道的障碍，导致其能够自己获得使用说明的可能性极低。而产品说明书自身的适老化程度通常很低，如大量使用技术术语、标识，描述不够详尽等，都使老年人按产品说明书学习使用这一途径名存实亡。最后，到网上寻求帮助更是极为不现实的。一方面，老年人大多难以准确地描述其所遇到的问题；另一方面，提供解答的人或系统并没有接受过适老化的基本培训，给出的解决方案令老年人很难看懂。

上述种种原因都说明，一套独立的、专业的老年用户使用培训体系对于协助老年人学会使用数字产品是十分必要的。这种培训的目的、内容和方法都有其独特性。老年用户使用培训体系中通常有一系列适老化要素，如图 9-4 所示。

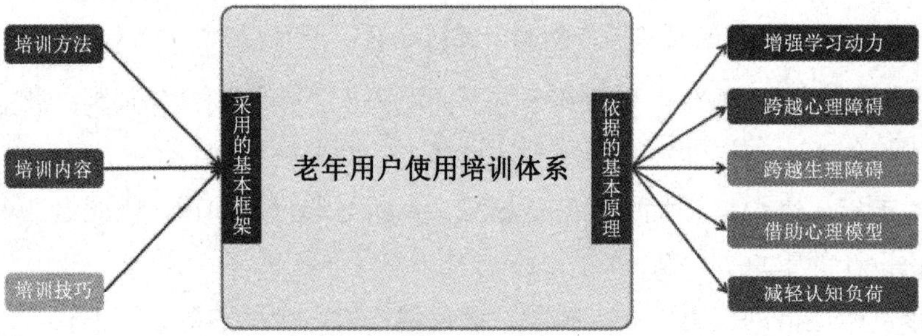

图 9-4 老年用户使用培训体系中的适老化要素

目前的培训在内容、方法和技巧方面都有很大的改善空间。

9.2.4 老年用户使用支持

解决老年人运用智能技术困难问题的一些具体任务要求如下。

（1）恢复、保留人工绿色通道。

（2）对智能终端设备和互联网应用做适老化改造。

（3）开展专题培训，提高老年人对数字产品的操作能力。

根据以往的经验，为了持久、长效地解决年龄数字鸿沟问题，在未来相当长的一段时间内，我们还需要为老年人提供及时有效的使用支持。考虑到我们面对的是数以亿计的老年人使用数字产品的问题，在可见的未来，无论如何改善应用的设计、无论怎么培训，这些老年人在实际使用中还是会遇到各种各样的问题，需要有人及时地提供指导与帮助。在当前，如果老年人在使用数字产品时碰到障碍，则并没有一个可靠、友好的对象可以为其提供帮助。国内外的经验已经证明，家人并不是一个可靠的使用支持方。可以说，缺乏面向老年用户的使用支持是数字产品在老年群体中渗透率不高的主要原因之一。

尽管适老化设计和老年用户使用培训的现状仍不是很理想，但多年来有识之士一直在呼吁各方引起重视，各地也确实一直在不断地尝试，积累经验。现在，对其必要性已经形成了广泛的共识。而相比之下，老年用户使用支持更是一个短板。由于对其必要性缺乏足够的认识，各地在这方面的尝试几乎没有，目前基本还属于空白。

除少数专门面向老年人的服务外，由服务商来承担老年用户使用支持任务的可能性不大，因为从投入产出的角度考虑并不值得。面向全社会的数字产品的使用支持目前通常是通过产品开发商的线上客户服务结合用户社区与论坛上的互助服务来提供的。而这种方式目前难以满足大批老年人的使用支持需求。老年用户使用支持有其明显的特点，而如何调动多方面的资源，建立一套适合老年人的、高效的、可持续的，并能够支持未来新应用的老年用户使用支持体系，是数字社会建设面临的前所未有的挑战。

如果一个老年人拿到一款适老化有严重缺陷的数字产品，也接受了使用培训，在指导下能够使用了，但在独立使用中仍然碰到了障碍，这时应该向谁求助呢？通常，产品开发商并不把老年人作为其计划内的目标用户，因此也没有配备专门面向老年人的人工客户服务和技术支持人员。尤其是近年来，很多产品开发商为了降低成本，纷纷开始使用自助服务和客户服务机器人，而这些服务的适老化程度较低，更是让老年人望而却步，严重地影响了老年人尝试新产品的积极性。

数字产品的适老化在世界各地都存在严重的不足，似乎世界各地的产品开发商都不太情愿在其产品和服务的适老化上投入资源，包括老年用户使用支持。造成这种现象的最主要原因是市场机制不起作用，“那只看不见的手”在适老化这个问题上软弱无力。

老年人自身的心理和认知特点，使他们学习与采纳新技术的动力不足、速度慢，并且在使用中需要反复学习。而老年人消费倾向的特点，使其对产品开发商的价值还有待验证。因此，即使在其他适老化问题都解决了，老年用户使用支持是唯一的适老化短板时，其所产出的预期经济效益仍不足以激发产品开发商对其进行投入。

现实情况是，目前在适老化某一方面的单独努力难以达到具有规模性的使用改善效果，而是需要在产品和服务的宣传展示、适老化设计、老年用户使用培训及老年用户使用支持等多个方面配合实施。但这几个方面往往不是由一个机构能够胜任和覆盖的，一般会涉及老年教育机构、产品开发商、社区志愿者等多个机构。如果缺乏适当的老年用户使用培训的配合，那么老年人会将培训应该解决的问题带到使用支持中，使其沦为低效的一对一的使用培训，进而使其难以持续。

综上所述，至少目前来看完全依赖市场机制来解决老年用户使用支持问题是不现实的，但随着人工智能在老年用户使用支持中的应用，这一状况在未来有望得到扭转。我们在前面讨论过，适老化（包括老年用户使用支持）不仅关系到老年人使用数字产品来方便其生活和提升自身福祉的问题，还关系到数字社会有效治理和充分利用老年人力资源的问题。因此，从多个角度来看，适老化带有公共服务的色彩，需要政府引导的、多方面的参与和协作。

总之，老年用户使用支持是适老化支持体系中必不可少的一个重要环节，需要得到充分的重视。在目前的状况下，并没有一种能够发挥市场的激励机制来达到可持续目的的运营模式。而老年用户使用支持显著的社会效益能让我们在近期将目光转向市场以外的公共服务模式或互助服务模式。

9.3 安全、隐私和风险

在数字社会适老化这一领域，一个绕不开的重要问题是安全、隐私和风险。前面提到过在老年人中有非常普遍的“技术焦虑”和“风险焦虑”，我们把后者作为技术采纳模型中除“有用性”和“易用性”外的其他影响因素。可以说，“风险焦虑”是阻碍多数老年人尝试使用数字产品的主要原因之一。

很多老年人在潜意识里感觉在茫茫的数字世界中有很多风险，而在现实中，也确实存在很多针对他们的陷阱。既有恶意的以老年人为目标的非法网上欺诈，也有商业利益驱动的，利用老年人心理弱点的引诱和误导，还有服务商不受约束的个人隐私信息的采集与滥用。而长期以来屡禁不止的诱导老年人购买保健品和面向老年人的传销等模式也有线上版本。但是，这些风险的存在不应该成为老年人被隔绝在年龄数字鸿沟另一边的理由。只要对这些风险的本质有一定的了解，有基本的防范意识，就完全有可能有效地管理这些风险，消除它们潜在的危害。因此，老年人数字风险意识的提升是适老化支持体系的一个关键部分。

9.4 适老化支持体系与技术采纳模型

在第 2 章中我们详细地讨论了影响老年人使用数字产品的因素，表 2-2 中也列出了 Lee 总结的 15 个影响老年人使用动力的因素。

技术采纳模型（Technology Acceptance Model，TAM）告诉我们，吸引用户使用的两大动力是：感知的有用性和感知的易用性。基于多年来向老年人推广数字产品的经验，我们分析对老年人来说，除上述两点外，还要加上一点：感知的风险。图 9-5 是技术采纳模型在适老化支持体系中的展现，或者说适老化支持体系对技术采纳模型的影响。这种影响分别在尝试意愿和持续使用两个不同的层面表现出来。适老化支持体系不仅影响老年人对产品使用风险、有用性和易用性的感知，还会相对独立地影响老年人的尝试意愿和持续使用。

在适老化支持体系中，素养提升、产品设计、产品展示和使用培训会影响老年人感知的风险及有用性。这里要特别提到的是，很多时候老年人需要他人的协助才能充分地理解产品的用途，因此素养提升、产品展示和使用培训对于提高老年人感知的有用性非常重要。

整个适老化支持体系会对老年人感知的易用性产生影响。产品设计能够降低产品对老年人能力的要求，素养提升和使用培训能够提高老年人的独立使用能力，产品展示和使用支持能够提高老年人在辅助下的使用能力。

在后面还要反复提到的一点是使用支持在适老化支持体系中的鼓励作用。事先明确地知道在将来使用时如果遇到问题，会有及时、友好的使用支持（这些是子女提供不了的），对老年人的技术采纳积极性有着很大的影响。

图 9-5 中也展示了适老化支持体系是如何通过影响老年人的动力最终改善其使用效果的。

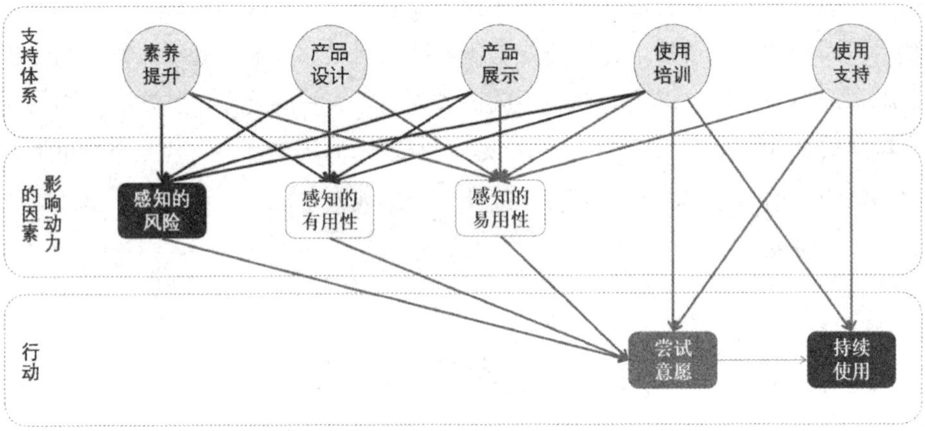

图 9-5　适老化支持体系对技术采纳模型的影响

第 10 章　适老化支持体系的建设

目前我们对在当前中国的社会经济发展水平和数字化程度下，应如何建设相应的适老化支持体系的认识还很粗浅，无论是前期的理论研究还是实践经验的积累都很不足。虽然在很多方面我们可以借鉴发达国家应对数字化和老龄化的经验，也可以应用国外近20年来的很多研究成果，但由于中国的政治体制、老龄化的速度与规模、经济发展的阶段及不同地区的差异等方面都极具中国特色，因此最终我们还是需要在借鉴的基础上摸索出一条符合“中国特色的社会治理”和“社会经济高度数字化”，同时又是“未富先老”、“发展不均衡”和“年龄数字鸿沟显著”等特殊国情的适老化支持体系建设道路。

因此，我们当前和未来几年的适老化工作实际上需要边干边学。既要尽快弥补理论研究上的不足，特别是在跨学科综合研究方面，就一系列关键的问题得出一些对适老化支持体系建设具有指导作用的研究成果，以及制定短期和中长期政策的依据，又要在具体实践的方法论研究上尽快摸索出一些切实可行的操作指南。

适老化支持体系建设既是一个需要一定理论基础的课题，也是一项追求实际效果的社会工程。虽然不同人心目中理想的适老化大同小异，但是对于如何从当下开始，走向理想状态的路径，不同人的看法就会千差万别。我们在具体实施时，会受到种种现实条件的制约，既要平衡各个方面有潜在冲突的利益诉求，又要考虑当前有限的资源，还要面临时间上的紧迫性。由于中国的社会和经济发展不均衡，因此适老化支持体系建设也会有很大的区域性差异。让我们感到惊奇的是，真正可操作性强的方案其实还是有着很多共性的。

在本章中，我们从中国的现实情况出发，讨论当前适老化工作的重点，以及从理论研究到实际中的探索，特别是在适老化项目落地时需要认真考虑的关键因素，包括阶段性的目标和重点应该放在什么地方。

我们的讨论不涉及由经济原因等“非老年因素”导致的数字鸿沟问题，那将是另一个深入的话题。

10.1 概念澄清与问题界定

我们在第 2 章和第 8 章提到了适老化问题的范畴等一系列具有理论意义的概念，有助于对面临的适老化问题有更清晰的认识。而在实际操作中，这些概念同样十分重要，它们关系到如何在资源有限的情况下，合理地安排实施行动的轻重缓急，以优化社会效益。

10.1.1 老年人的适老化需求变化

最终适老化支持需要覆盖所有老年人，以多种方式协助他们直接或间接地融入数字社会。但是，对于不同类型的老年人，覆盖的方式和内容是不同的。我们将老年群体分为三类，这三类老年群体融入数字社会的方式是不一样的，分别为自主融入数字社会、依赖人工服务、使用可信代理服务，如图 10-1 所示。

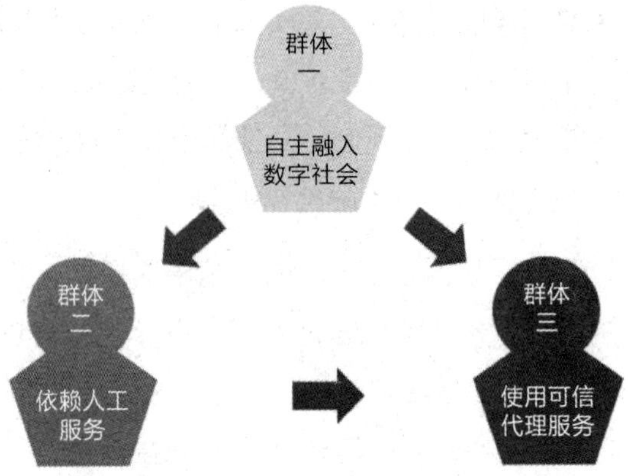

图 10-1 适老化过程中的老年群体转化

界定适老化中的“老”就是明确这三类老年群体的边界。随着技术的发展、适老化支持体系的完善，尤其是人工智能在适老化中的运用，越来越多的老年人将能跨越年龄数字鸿沟。如何界定那些有潜在能力跨越年龄数字鸿沟的老年群体呢？这个群体究竟有多大？对这两个问题目前仍缺乏深入的研究。本书作者的观点是，在适老化支持体系的支持下，只要是有独立生活能力的老年人，就具备跨越年龄数字鸿沟的潜在**能力**，而是否能跨越主要由其融入数字社会的**动力**所决定。

因此，自主融入数字社会涉及的人数最多。但随着年龄的增长、衰老的持续，“群体一”中的老年人会向“群体二”和“群体三”转化。“群体三”是那些失去自主融入数字社会能力和独立生活能力的、身边有照护人员的老年人，因此具备使用可信代理服务的条件。而“群体二”具备独立生活能力，但无能力/放弃融入数字社会，他们会和数字社会发生冲突，因此经常需要人工服务，最终他们也会转化为“群体三”。

一套科学的、有效的适老化支持体系应该能比较准确地判断出其属于哪类，并能为这三类老年人提供不同的支持。

10.1.2 哪些方面需要适老化

根据上述对老年群体的分类，我们可以设立不同的适老化目标。

第一类老年人中的一部分人已经能够使用当前主流的数字产品，但随着年龄的增长和能力的衰退，再加上缺乏获得新知识的有效渠道，他们学习使用新产品将越来越困难，尤其是那些涉及新知识的产品。对这些老年人，提升和维持其数字素养，保持其融入数字社会的能力是关键。还有一部分人实际上在适当的使用环境支持下是具备学习使用数字产品的能力的，而他们所需要的是有一个适老化的使用环境，包括使用培训和使用支持。

第二类老年人拒绝对数字产品进行进一步的了解，且已经主观地下了结论认为它们对自己没有用。这正是新技术扩散理论中的第五类人：怀疑者。想改变他们的观念，需要付出极大的努力。这就需要根据整个社会的投入产出比来衡量是否值得，尤其是在当前资源有限的情况下，要思考将资源是用在争取这类老年人的转化上，还是用在前一类老年人的身上。对于不能转化的第二类老年人，由于他们还具有一定的活跃度，与社会还有较广泛的接触，如出行、购物等，并且身边通常没有长期的照护人员，因此需要在很多场合向他们提供人工辅助来减少数字化对他们的负面影响。

第三类老年人没有意愿或没有能力使用数字产品，但身边有更年轻的熟人（如照护人员、家人等）可以代替他们使用，即代理人。由于有些数字产品涉及老年人的财务、健康等个人隐私信息，因此老年人需要对他们的代理人有充分的信任。而这种信任感的建立除靠代理人自身的信用积累外，技术和法律的支持往往会更重要。如果所使用的数字产品支持第三方的监督、审计，而法律上也对这种代理关系及双方的责权利有明确的界定，则这种代理关系可以成为一种可信的代理关系。这将是老龄社会数字化所离不开的一种支持。

真正需要适老化持续支持并且深度地参与数字化的是第一类老年人。在数字产品的整个生命周期中需要适老化的地方有很多，包括需求调查（面向老年人的产品）、产品设计、产品发布与推广、使用培训，乃至使用过程中的用户支持。除此之外，一个涉及面更广、更紧迫、影响更深远的方面是老年人数字素养的提升和维持。

10.1.3 “适”的重点

近期适老化的重点主要有以下六个方面。

向第一类老年人提供：

（1）背景知识/数字素养。

（2）数字产品设计及使用说明。

（3）数字产品使用培训。

（4）数字产品使用支持。

向第二类老年人提供：

（5）兜底的人工服务。

向第三类老年人提供：

（6）可信的第三方代理服务。

其中，（1）和（2）属于中长期的努力，需要较长时间的积累，不能很快就看到效果；而（3）、（4）和（5）在配备了合适的人选后，能够比较快地在部分老年人身上见效；（6）则需要非技术的法律法规方面的社会支持。我们希望这些方面的适老化达到什么样的效果呢？这应该和图 10-1 中展示的适老化所惠及的目标群体有关系。表 10-1 所示为适老化的重点与不同老年群体之间的对应。

表 10-1 适老化的重点与不同老年群体之间的对应

适老化的重点	三类老年群体		
	当前和未来老年网民（自主融入数字社会）	老年非网民（有独立生活能力）	老年非网民（无独立生活能力）
背景知识/数字素养	√		
数字产品设计及使用说明	√		
数字产品使用培训	√		
数字产品使用支持	√		
兜底的人工服务		√	
可信的第三方代理服务			√

10.1.4 当前适老化的主要缺口

我们仍处于数字化与老龄化交织的早期，因此在适老化方面刚刚起步。那么，我们现在在适老化上最紧迫的、急需弥补的主要缺口有哪些呢？以下是本书作者总结的几点。

（1）学科正名。由于中国教育和科研体制的特点，因此在适老化这类跨学科的研究上通常会有一定的滞后性。目前，涉及计算机科学、老年心理学、老年学、社会学等多个学科的适老化研究并没有一个明确的申请科研经费的学科领域，在创新基金等产业化支持上也没有一个对应的类别。

（2）理论基础。虽然我们可以采用很多国际上的研究成果，但鉴于适老化涉及社会、家庭、文化等方面，尤其是在实施时还与基层社区的管理体制关系密切，因此我们是无法全盘套用国外发达国家的模式和经验的。至于适老化中各级政府的角色更需要我们去摸索与研究。中国的适老化一定具有鲜明的中国特色。

（3）适老化设计。在数字产品的适老化设计上，我们可以适当地借鉴国外的经验，尤其是针对性极强的心理模型、认知负荷等理念和工具。但目前，国际上在这方面的基础研究基本为零，并且还有不少认知上的误区，相关的理念、知识和方法急需在设计人员中普及。此外，如何激励产品开发商重视并开展适老化设计非常重要，因为单靠市场是不现实的。不从根本上解决动机问题，只会导致一些表面上的适老化，对消除年龄数字鸿沟没有任何帮助。

（4）科技知识在老年群体中的普及。作为数字社会的一项基本社会服务，老年人数字素养的提升和维持是数字化普及的一种必要的保障，但目前这还基本是空白的。因此，建立一个长效的老年人数字素养提升与维持机制是十分紧迫的。这种数字化的基本知识普及既可以为老年人提供使用数字产品时所需要的背景知识，也是一次很好的向老年人传递辨别虚假信息的方法，帮助老年人树立风险和安全保护意识，包括针对诈骗的防范知识的机会。

（5）使用培训。采用得当的培训方法，能够较快速地使部分老年人，尤其是上面提到的第二类，具有学习动力的老年非网民，加入网民的行列。目前虽然很多地方尝试过计算机和智能手机的使用培训，但基本是以项目的形式开展的。常态的、可持续的老年用户使用培训还是空白的，需要通过试点、示范等方式，摸索出一种长效机制。

（6）使用支持。这是数字化的老龄社会所需要的基础服务之一，但目前仍然处于空白状态。为了协助转化大批的老年非网民，同时在老年网民能力逐步衰退的时候尽可能地延长其网上生命周期，为其提供及时有效的使用支持是必要的。这也需要通过试点、示范等方式，摸索出一种可持续的机制。

上述六个方面是当前适老化的主要缺口，并且大多数仍然处于空白状态，可见适老化的工作任重道远。

10.2 知识体系与方法论

适老化不是一个纯粹的理论问题，而是一个结合理论与应用的实践问题，因此涉及其自身的一套知识体系与方法论。

10.2.1 知识基础

狭义的适老化涉及老年人的数字素养提升、数字产品的适老化设计、老年用户使用培训、老年用户使用支持和老年用户使用代理等多个方面。每个方面都有多个学科的知识融合，其中最主要的是老年健康与医学、老年心理学、老年教育学、计算机科学和UX设计理论。表10-2所示为适老化的各个方面所涉及的学科。

表 10-2 适老化的各个方面所涉及的学科

适老化的各个方面	所涉及的学科				
	老年健康与医学	老年心理学	老年教育学	计算机科学	UX 设计理论
老年人的数字素养提升		√	√		
数字产品的适老化设计	√	√		√	√
老年用户使用培训	√	√	√	√	√
老年用户使用支持	√	√		√	√
老年用户使用代理				√	√

这类跨学科的研究目前还面临较多的障碍，很多科研实体缺乏相关的机制认可、鼓励，以及支持跨学科的研究，尤其是在绩效评估上。

10.2.2 关键技能

根据表10-2中所涉及的学科，我们可以总结出在适老化支持体系落地的时候需要相关人员所具备的各种技能。由于中国的适老化处于起步阶段，各个方面的人才都十分欠缺，尤其是欠缺具有以下技能的人员。

（1）数字产品的适老化设计。目前对适老化设计的要求普遍比较低，大多局限于对老年人感知能力衰退的补偿。但真正由于感知能力衰退而无法跨越年龄数字鸿沟的老年人并不多，并且目前有多种辅助工具能够帮助老年人跨越常见的感知障碍，如老花镜、放大镜、阅读灯等。而老年人使用数字产品的最大阻力来自认知、知识和心理倾向等因素。图5-6中总结了适老化设计的八个层次，其中目前严重缺乏的是对上面的六个层次有深刻理解的设计人员。

如果设计人员将老年用户作为其目标用户之一，那么他需要深刻地了解产品设计与老年用户在这八个层次上碰撞的结果，并且能够在设计上有针对性地对老年用户的能力和特点进行补偿，如图 9-1 所示。

由于长期以来设计人员并未将适老化作为其核心技能，因此我们目前需要在设计人员中普及适老化的相关知识和技能。一种可喜的现象是，适老化设计除受到传统设计领域的专家学者的关注外，也越来越多地受到老年学、老年心理学和智慧养老等其他领域的专家学者的关注，逐渐与国际主流的研究模式接轨。这将对其理论完善和实践落地产生十分必要的推动力。

（2）适老化评估。如何对一款数字产品或一份设计方案进行适老化评估，目前也是一项较为欠缺的技能。由于缺乏具备适老化评估技能的人，因此我们看到即使专门针对老年人开发的数字产品，其适老化程度也常常不尽如人意。适老化问题并非在开发与测试过程中被发现，而是最终在使用中才暴露出来。适老化评估通常按照图 4-1 中老年人五个方面的能力和特点来进行，将使用一款数字产品时对用户在这五个方面的能力要求细化，并与目标用户的实际能力进行比较。适老化评估所需要的技能主要包括对老年人特点的了解，对数字产品用户界面设计的常用技巧、方法及常见的适老化问题的熟悉。

（3）老年用户使用培训。我们将长期地面临适老化不足的状况，并且不得不依赖产品设计以外的适老化支持来转化老年非网民。其中，老年用户使用培训是至关重要的一个环节。令人遗憾的是，目前面向老年人的数字产品使用培训在以下几个方面有着严重的缺陷。

① 低估了老年人学习使用数字产品动力的重要性和脆弱性。没有了动力，即使老年人坐在教室里也无济于事。老年人的动力需要激发、培养、维护。培训方法的不当会严重地影响老年人的学习动力，并且一旦对老年人的学习动力造成了损害，影响往往是不可逆的。

② 无论是培训所针对的产品，还是培训所面向的用户，对其都缺乏充分的分析，尤其是没有进行二者之间“能力差距”的评估，因此培训方法和内容都缺乏针对性。由于没有明确的目标，因此培训常常在无谓地消耗着老年人的耐心和短暂的积极性。

③ 缺乏对老年人学习特点的了解。老年人的认知和心理特点导致适用于年轻人的培训方法对他们并不可行，甚至会很快地扼杀他们的积极性。过度依赖老年人的短期记忆、主动摸索和举一反三等能力，采用不适当的节奏，缺乏及时的鼓励和确认是一些常见的培训错误。

④ 培训结束后通常没有效果评估，也没有获取用户反馈并进行相应的调整与改善，导致同样的问题一再出现。因此，尽管各地都陆陆续续地开展过一些老年用户使用培训，但其实际效果微乎其微。

由于目前中国的老年非网民数量巨大，因此我们需要高效的、精心设计的培训方案。图 10-2 是由顶层设计环节、核心层设计环节和实施层设计环节组成的老年用户使用培训方案的设计流程。无论是在培训方案的设计上，还是在培训内容和培训方法的设计上，都需要先普及相关的知识和技能。其中，有效地培训那些短期记忆能力已经有明显下降、注意力时长缩短的老年人，避免其过度依赖短期记忆；将激发老年人学习和使用的动力贯穿在培训过程中；尽可能地利用老年人现有的心理模型，以减轻老年人在学习过程中的认知负荷等，都是必要但普遍缺乏的技能。

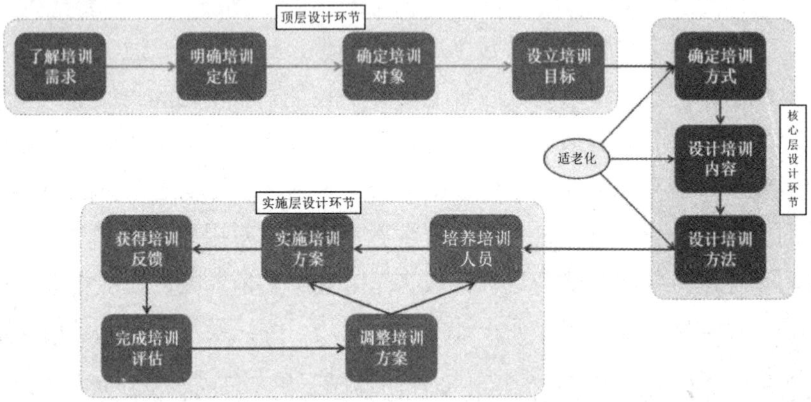

图 10-2　老年用户使用培训方案的设计流程

（4）老年用户使用支持。目前常态的老年用户使用支持基本不存在，这实际上是影响老年人学习和使用动力的一个重要因素。在没有把握能够一劳永逸地学会的情况下，缺乏使用支持很多时候会使老年人彻底打消学习的念头。而为老年人提供使用支持也需要一些特定的技能。一方面，需要能够从老年人的视角来描述数字产品的使用过程和碰到的问题；另一方面，需要充分熟悉相关的应用流程，知道老年人经常遇到的障碍是什么，并能用老年人理解的语言来为其提供指导和帮助。使用培训与使用支持之间的有效配合，能够大大地提高使用支持的效率。

（5）老年人的数字素养提升。老年人的数字素养提升对跨越年龄数字鸿沟起着两个关键的作用。

① 针对老年非网民：培养基本的技能，以便老年非网民能够自主地使用各种数字产品和工具，成为老年网民，享受数字化带来的种种好处。

② 针对老年网民：学习新知识，更新旧知识，提升处理与筛选信息的能力，以便老年网民能够有效地使用各种数字产品和工具，较好地处理、使用各种信息，成为数字社会的参与者和贡献者。

数字素养的提升既不是一蹴而就的，也不是一劳永逸的，它是一项长久的、持续的任务。谁来承担帮助老年人提升数字素养的重担呢？很多人首先想到的是老年人的子女。但令人遗憾的是，期望子女在这方面能起主要作用并不现实，原因有以下几个方面。

① 一些子女缺乏向老年人传授知识所需要的耐心和时间，并且子女更愿意代替父母做，而不是教会父母做。

② 越来越多的子女几周甚至几个月才见一次父母，父母和子女不愿意把珍贵的见面时间用于这类交流上。

③ 子女缺乏专业性。即使从事 IT 相关工作的子女，在协助他人，尤其是老年人提升数字素养这件事情上，也并没有受过专业的训练，难以产生共情。

④ 很多时候，子女在父母眼中缺乏权威性。一些貌似主观的判断，如鉴别某类消息是否为谣言，父母即使表面不说，但内心也常常并不认同子女的意见。

协助老年人提升数字素养除需要对老年人的能力和心理特点、学习习惯有所了解外，还需要熟悉不同年龄段的老年人的知识特点。此外，也需要具备为老年人做培训的基本技能。

根据中国老年大学协会发布的《中国老年教育发展报告（2019－2020）》，截至 2019 年年末，中国老年大学（学校）的数量约为 7.6 万所，包括远程教育在内的老龄学员共有 1300 万余人，仅占 60 岁及以上老年人口的 5%。目前，除这少部分人外，绝大多数老年人都迫切地需要一条可靠的、老年友好的获取新知识的渠道。由于大多数老年人处理信息的能力和速度都在下降，而信息量却在持续地增加，因此代替或协助老年人筛选信息也是这一新知识获取渠道需要具备的一项必要功能。就中国的现实情况来看，在现有的社区体制基础上，建立一种由经过专业培训的志愿者队伍主导的老年人培训体系，承担数字产品使用培训和数字素养提升的重担是一个可行的方案。

10.3　人员与培训

了解一下 10.2 节中描述的参与适老化支持体系建设所需要具备的知识基础与关键技能，我们会意识到建设能够覆盖中国庞大的老年群体的适老化支持体系需要培训大批的人员。从中国的现状来看，除数字产品的设计需要专业的人员外，社区志愿者，特别是低龄老年志愿者将是支撑中国适老化支持体系建设的关键群体。相对于中国的人均期望寿命，目前中国的退休年龄与其他国家相比至少早了五年，因此我们有大量的人力资源没有得到充分利用，这恰恰给适老化支持体系建设提供了难得的条件。老年人的数字素养提升、使用培训和使用支持都将依托目前活跃于社区中的低龄老年网民这一庞大的群体。

对上述这一群体进行适当的培训将是建设大规模适老化支持体系的第一步，也是十分关键的一步。

10.3.1 设计人员

目前，数字产品的设计人员大多为25～35岁的“85后”和“90后”，而他们的父母大多为“60后”。除非家中有祖辈，否则他们当中很少有人曾经有过与高龄老年人深度接触的机会及经历，期望他们从生活经验中获取适老化设计的思路和灵感并不现实。因此，他们需要通过培训获得适老化设计的基础知识，尤其是图4-1中展示的老年人五个方面的能力及相应的适老化设计理念。

此外，对老年人学习动力及其影响因素的了解也是十分重要的，只有这样才能在设计中避免出现影响老年人学习动力的失误。

中国老年学和老年医学学会下设的几个专业委员会聚集了大批相关的专业人员，在设计人员和老年志愿者的培训上将能够发挥积极的作用。

10.3.2 培训人员

要想建设覆盖中国老年群体这样规模的适老化支持体系，只能借助目前已经较为成熟的依托社区的老年志愿者群体，尤其是在老年人的数字素养提升、使用培训和使用支持等方面。但由于这些适老化的支持任务具有一定的专业性，特别是在面对信心和动力都较脆弱的老年人时，因此需要对参与适老化支持体系建设的老年志愿者进行精心的选拔和系统的培训。

首先，老年志愿者自己应该是数字产品的熟练使用者，愿意并有能力学习新的知识，有出色的表达能力、充分的耐心和爱心。其次，他们愿意为中国的数字化普及和适老化支持体系建设做出自己的贡献。

对培训人员的培训应包括了解老年人的特点，掌握老年用户使用培训的内容和方法等。

10.3.3 支持人员

在未来的几年内，老年人身边的线下使用支持将是必不可少的。因此，这也将是社区老年志愿者责无旁贷的任务。选拔一些能够熟练地使用主流应用、学习能力强、表达能力强、具有耐心的低龄老年人担任支持人员，将有助于使用支持的推广和持续。

使用支持将重点覆盖一些对老年人的日常生活有较大影响且为数不多的应用，针对这些应用对支持人员进行有针对性的培训能够大大地提高使用支持的成功率，进而提高老年人持续地使用数字产品的信心。

对支持人员的培训应包括分解和评估目标应用的使用流程，识别老年人常见的使用障碍，分析导致障碍的原因和跨越的办法，向老年人描述这些方法，与老年人交流等。

10.4　政策与实践

我们在 2.5.1 节讨论了新技术扩散理论。该理论与老年人特点的结合导致数字产品开发商预期将有很少的老年人会是新产品的早期主流用户，因此缺乏市场动力来改善适老化设计，提高产品的适老化程度。同样，使用培训和使用支持也都缺乏可持续的商业模式。所以，适老化支持体系的落地不是单纯靠市场可以完成的，而是需要政府的主导，并提供相应的政策指导和激励。

10.4.1　阶段性的目标

国务院办公厅《关于切实解决老年人运用智能技术困难的实施方案》中对于老年人使用智能终端的培训并没有一个定量的阶段性目标，这给各地留出了根据本地现实情况制定本地化方案的灵活性。因此，各地需要根据自己的具体情况设立阶段性的目标。这些目标将是当地适老化工作的指导方向，需要足够具体、能够度量和评估。比如，经过培训的老年非网民转化人数和转化率、老年网民的流失率、兜底人工绿色通道的老年人使用率等。

在适老化实施的早期还应该有一些衡量适老化支持体系建设进度的指标，如征集的老年志愿者人数、经过培训和考核的老年志愿者人数、上岗的老年志愿者人数等。

10.4.2　资金来源与可持续性问题

大规模地实施适老化需要可观的资金支持，但财政大力支持适老化的难度较大，而采取单纯的行政手段又难以保证效果。因此，更可行的方式是通过一些政策进行引导和激励。

1. 激励政策

推进适老化设计的重点是跨越市场动力不足的障碍。在初步建立了适老化评估体系后，可以通过税收优惠、政府采购优先等方式激励产品开发商重视并认真地实施适老化设计。比如，与老年群体相关度较高的终端设备和应用在经过适老化评估并达到一定的适老化等级后，可以享受税率降低的优惠，或者用于适老化的成本支出可以做税前列支等。

2. 时间银行

数字素养提升、使用培训和使用支持等都需要长期的、常态的、可持续的，能够大面积地覆盖老年群体的运作模式。基于社区的低龄老年志愿者是支持其运作的主要力量，而基于时间银行的激励措施是保障其可持续性的可行手段。

建立在区块链上的时间银行能够提供额外的公信力，有助于增强适老化手段的可持续性。

10.4.3 适老化评估

无论是适老化设计，还是使用培训、使用支持，都需要在多个环节进行适老化评估。对于适老化设计方案，最终的设计实现结果，使用培训的内容及方式、培训效果，使用支持的方案（包括方法、流程和沟通方式）等都需要进行相应的评估。因此，一套科学的适老化评估体系是适老化支持体系建设的重要组成部分。

10.4.4 循序渐进

适老化支持体系建设是一个持久的、动态的过程。从目前的近乎一张白纸起步，切忌急于求成，而是需要一步一个脚印、循序渐进地推进。老年人学习使用数字产品有其特定的节奏，任何抱有所谓“互联网思维”，希望能有病毒式的用户普及速度的想法都是不切实际的，并且会伤害老年人脆弱的积极性。因此，前面提到的设立明确的阶段性目标十分重要。既要保证每个阶段都有实质性的进展，也要防止好大喜功，导致揠苗助长的问题。

在目前适老化设计缺位的情况下，一种可行的方式是率先落实使用培训和使用支持，以弥补设计上的不足。

每个老年非网民的学习动力强弱不一，应选择学习动力较强的老年非网民，建立老年非网民向老年网民转化的样本，以便对其他老年非网民形成示范效应，激发其学习动力。

第 11 章 适老化支持体系的落地

在本章中，我们讨论适老化支持体系的实施、运行和逐步完善等与具体落地操作相关的问题。与按照图纸按部就班地建设一个物理系统不同，即使我们有了一套理想的适老化支持体系作为建设目标，如何从当前的基本空白最终走到理想的目标仍然充满了不确定性，可以说这是一项巨大的挑战。其中既有一系列认知局限、传统观念和历史包袱带来的障碍，也有很多由于经济和社会条件的制约而需要我们考虑的平衡问题。比如，解决当前的紧迫问题与提高整体建设效率之间的平衡；借助市场驱动与保持公共服务属性之间的平衡；数字产品普及速度与普及面之间的平衡；借助线上方式以提高效率与线下扩大普及面之间的平衡；为老年人普及背景知识与增强其专用技能之间的平衡等。总之，需要在相对立的选择之间摸索平衡点。

11.1 适老化支持体系建设的两个层面

适老化支持体系建设在中国是主要由政府驱动的社会工程，其实施明显地分为国家和地方两个层面，如图 11-1 所示。目前流行的数字产品都是面向全国用户的，因此很自然地，工业和信息化部成为推动适老化改造的主要部门。而由于适老化支持体系其他部分的建设所需要的人力资源的本地性色彩浓厚，因此主要由地方政府负责。

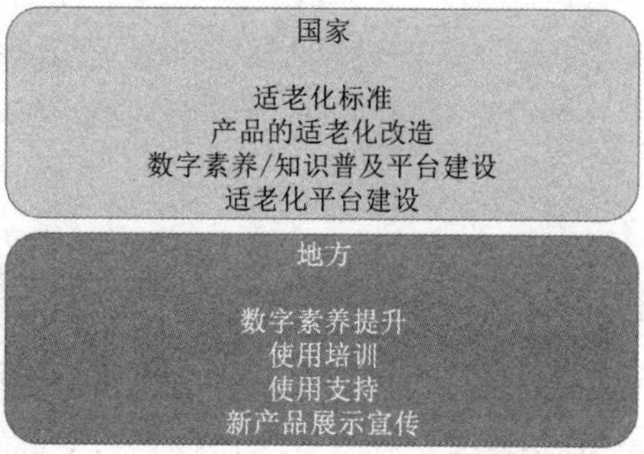

图 11-1　适老化支持体系建设的两个层面

虽然两个层面的差异分明，实施模式也全然不同，但二者有着紧密的联系。国家层面的政府部门负责确定适老化的政策方向、长远规划和技术指导。在推动数字产品适老化方面，工业和信息化部继 2020 年发布《互联网应用适老化及无障碍改造专项行动方案》之后，又于 2021 年发布了《互联网网站适老化通用设计规范》和《移动互联网应用（App）适老化通用设计规范》。国家卫生健康委员会也于 2021 年开始推动适老化整体的评估研究，为长期的适老化规划奠定基础。中国老龄协会则通过老年大学体系部署老年人的数字产品使用培训。而地方政府承担适老化支持体系中老年人数字素养提升、数字产品使用培训和使用支持、新产品展示宣传等方面的建设，包括所需要的资金和人力资源的筹集。

在适老化的未来发展上，数字技术的发展趋势、数字社会的演变、适老化技术的成熟与应用将由国家层面的相关部门研究与分析，并制定相对应的指导政策。而具体老年群体的构成与特点变化，则是地方政府制定适老化政策的依据。

11.2 区域特色

中国的适老化支持体系建设在实施中的主要挑战是，如何充分地发挥中国社会体制、社会治理机制和社会动员能力的优势，走出一条在世界上独一无二的适老化道路，既通过适老化促进中国老龄社会的数字化进程，又能造福于一代又一代的老年人。

目前，中国的适老化支持体系建设仍在很大程度上依赖线下的使用培训和使用支持，需要可观的专业资源和人力资源，受区域性条件的制约。为改善这一状况，既需要制定与区域社会经济现状和发展趋势吻合的长远规划，又需要从本地的情况出发，选择恰当的切入点迈出第一步，并建立起相关的评估机制，取得并尽快展现出充分的实施效果。最终形成循序渐进的、可持续的、具有鲜明地方特色的实施路径，切忌运动式的、一刀切的模式。

11.3 顶层设计

区域性的适老化支持体系建设需要政府相关部门做一个顶层设计，包括需求情况摸底、资源盘点、设立各个阶段的目标，以循序渐进地建立起长效的、可持续的适老化支持体系。从目前的政府部门职能来看，适老化工作涉及多个主管部门，包括工业和信息化部（产品适老化）、中国老龄协会（数字素养提升、使用培训）、民政部（使用培训、使用支持）。但作为一项系统工程，目前适老化支持体系建设工作的牵头单位尚未明确，因此各地需要根据自身的区域特点和相关部门的主动性来确定适老化工作的重点。这也将是地方顶层设计的一部分。

11.3.1　需求情况摸底

在做顶层设计之前，要厘清一系列基本的问题。就像规划某个区域内养老机构的床位，需要对本区域的老年人口状况进行充分的了解，包括老年人的年龄分布、失能老年人的比例、老年人的经济状况、老年人的独居/空巢状况等。只有了解了这些数据，才能较合理地预测出各个阶段各种养老机构的床位需求数。适老化支持体系的建设也需要有类似的统计与预测。目前比较关键的基础数据包括以下三类。

（1）当前区域内老年非网民的数量和未来的预测。

（2）当前区域内老年非网民的年龄分布和未来的预测。

（3）当前区域内独居/空巢老年非网民的数量和未来的预测。

由于这些数据并不是传统的民政统计数据的一部分，因此获得它们将有一定的难度。但这是未来适老化支持体系建设所必不可少的，无论是设立阶段性的目标，还是检验工作成果，都需要相关的统计数据。北京大学国家发展研究院近年来所做的中国健康与养老追踪调查（China Health and Retirement Longitudinal Study，CHARLS）提供了非常好的借鉴方法。

11.3.2　资源盘点

建设本区域的适老化支持体系，需要多种资源。除数字产品本身的适老化要依赖于产品开发商外，前期的体系设计、数字素养提升、老年用户使用培训和老年用户使用支持都需要多种专业化的人力资源。本地缺乏的则需要及时引进。其中最主要的有以下几类。

（1）适老化支持体系的顶层设计、咨询与指导：动员本地专家和引进外部专家。

（2）老年用户使用培训体系的设计与建设指导：动员本地专家和引进外部专家。

（3）老年用户使用培训体系的建设与实施：动员、培训本地志愿者。

（4）老年用户使用支持体系的设计与建设指导：动员本地专家和引进外部专家。

（5）老年用户使用支持体系的建设与实施：动员、培训本地志愿者。

（6）区域内学生和社区志愿者组织：本地动员。

11.3.3 设立各个阶段的目标

多年来，全国各地的街道和社区都举办过教授老年人使用计算机和智能手机的培训班。令人遗憾的是，对于这些培训班究竟产生了什么样的效果，是否达到了预期的效果，没有人知道。主办方不知道，培训班讲师不知道，甚至连去参加培训的老年人也说不清楚。因为事先没有设立明确的目标，事后也没有人做过任何实质性的效果评估。其实，适老化是一项系统工程，任何没有明确目标的努力，不是象征性地走过场，应付上级，就是盲目地随大溜，其实际效果最后往往乏善可陈。

因此，设立一些切实可行的阶段性目标是适老化支持体系落地的关键一步。常见的目标是投入性的目标，如一年内对老年人进行两万人次的培训，或者办多少场培训等。但这样的目标一般会导致对实际效果的忽视。以效果为导向设立目标将使适老化的努力更追求实际的成效，如通过培训增加 300 个能够独立使用微信的老年人，这就是一种更实际的目标。而最终的效果取决于对培训后老年人独立使用微信的效用进行评估后的结论。

11.3.4 确保可持续性

如何解决如此大规模的适老化问题是一项全新的挑战，可借鉴的先例基本没有。虽然相关学者已经对中国的适老化支持体系建设进行了一定的探索【3】【35】，但是目前还缺乏对其长远部署的系统化研究，特别是在中国独特的社会治理体制和社会经济条件下的实践模式。因此，不可避免地需要在具体实践中摸索出适合中国体制的模式，尤其是对中国这样的发展中国家来说，如何确保适老化支持体系的可持续性是一个核心问题。对于适老化这样具有强烈公共服务色彩的社会工程，平衡其公共服务的属性和市场的关系尤为重要。

由于在相当长的一段时间内适老化无法脱离多种线下的支持，体系建设将具有鲜明的地方特点。因此，各地的顶层设计需要适合当地的具体情况，包括财政、数字化程度、老年人的构成与互助自治的基础、志愿者体系、社区管理体系等多个方面。目前来看，适当的财政投入，结合基于时间银行的老年志愿者体系将是一种十分有希望的可持续模式。

11.4 当务之急

我们在第 2 章中讲到了影响老年人使用数字产品的三大因素，分别为老年人自身的能力特点，数字产品的适老化状况，老年人所处的使用环境。在适老化支持体系的四大组成部分中，在产品端主要由工业和信息化部推动数字产品的适老化改造，而各地方政府的适老化工作将主要围绕营造适老的支持环境。

目前各地的适老化工作均处于起步阶段，可供借鉴的经验有限。在这种情况下应该如何安排呢？在总结国内外相关经验的基础上，结合中国涉及老年人的社会治理体制，我们提出了以下几个当前的适老化工作重点。

11.4.1　确定切入点

在适老化的起步阶段，一个适当的切入点会对后续的工作产生积极的影响。作为切入点，应该选择很快就能产生明显效果的方向。由于目前的适老化工作在很大程度上仍属于空白，因此这种很快就能产生明显效果的机会还有很多。虽然现在“健康码”已经取消，但仍有很多数字产品广泛地应用于社保管理、门诊挂号、水电缴费等老年人日常生活的场景。因此，通过普及这类数字产品，不失为适老化支持体系落地的有效切入点。

11.4.2　设立当前阶段的明确目标

切入点的目标需要量化，并且有具体的评估指标，以便评估目标是否达成。例如，一个老年人培训项目，培训初次使用某 App 的 2000 个老年人，目标为使参加培训的老年人在培训后能够独立地使用该 App。其评估指标为培训后独立使用的成功率达到 60%以上，即至少 60%的人能够独立地、成功地使用该 App。

目前几乎所有的适老化项目都是根据当前资金状况而设立的实验性项目，并非基于一个长远的规划。这些项目的未来延续取决于其实验的结果。无论是数字素养提升，还是使用培训、使用支持，其目的都是助力老年人独立地使用数字产品，因此判断项目成效的直接衡量标准是增加的能够独立使用数字产品的老年人数量。

11.4.3　建立示范样本

尽快地建立一个本地的示范样本对于推动适老化支持体系建设非常重要。这不仅是争取后续资金保障所必需的，更能通过成功样本的宣传展示，让大批老年人看到希望，增强老年人学习使用数字产品的信心。但示范样本是一把双刃剑，真实的样本能够起到吸引、鼓励和推动老年人的作用，虚假的样本则会打击他们的积极性。目前大批老年人学习使用新技术的信心很脆弱，任何打击都可能导致他们放弃。

除面向全国用户的产品外，一些本地定制的产品也很容易快速地将适老化的各个环节融合起来。使用培训和使用支持能够给产品的适老化改造提供非常珍贵的实际用户反馈，使产品的适老化改造和使用培训、使用支持有机地联系起来。

11.4.4 风险意识教育

数字化的风险意识教育目前亟待向老年人普及，尤其是如何应对下列常见的以老年人为目标的安全风险陷阱。

（1）诱导提供个人信息。以物质回报为诱饵，吸引老年人注册账户，提供个人信息。

（2）以不实价格诱导购买。以特价、促销等名义吸引老年人购买，并掩盖其临时价格的事实，欺骗他们后续支付高价。

（3）虚假的中奖。以中奖为名，诱使老年人支付所谓的保证金。

（4）支付陷阱。采用引诱老年人开通免密支付等手段，使他们误以为获得了免费的商品。

仔细分析一下老年人在网上受骗的案例，我们不得不感叹这么多老年人，甚至很多老年知识分子，会陷入如此拙劣的欺骗圈套。我们需要承认，很多犯罪分子确实深入地研究了老年人，摸清了他们的心理弱点和警惕防范的盲区。为了有效地规避风险，需要帮助老年人在以下三个方面提高风险防范意识。

（1）警惕那些天上掉馅饼的好事。

（2）识别常见的欺骗和误导手段。

（3）及时地寻求第三方的帮助。

很多老年人在面对未知的风险时不愿意寻求第三方帮助的主要原因包括不愿意展现自己能力的不足，不愿意麻烦别人，潜意识里想尽可能地保持自主性。因此，在对老年人进行风险意识教育时，需要有针对性地打消老年人在这几个方面的顾虑。

11.5 长久之计

我们要重申，适老化是一个循序渐进的、长期的过程。它既不是通过全民动员，靠人海战术就能够解决问题的，也不是靠投入重金就能够带来立竿见影效果的，而是需要遵循相关的科学规律，踏踏实实地积累，逐渐进入可持续的良性循环，只有这样才能避免半途而废。

11.5.1 了解差异

由于老年人之间的差异很大，因此在适老化上付出同样的努力，所得到的效果会因人而异。应根据所面对的老年人的特点，如文化程度、数字素养等，对适老化的近期和长期效果设立一个合理的目标及切合实际的预期。

11.5.2 长效的评估机制

适老化不仅是一个前所未有的事物，还是一项跨越几代人的周期漫长的大型社会工程。在这个过程中，无论是数字技术、社会治理模式，还是老年群体自身，都会发生极大的变化。在适老化的过程中将不可避免地碰到各种意料之外的问题，需要不断地进行调整。因此，建立一个衡量适老化进展和成效的评估机制是十分必要的。

适老化评估自身是一个正在成熟中的领域。产品和服务适老化评估方面的研究相对多一点儿，而适老化政策实施效果的评估仍处于基本空白状态。

11.5.3 雪球效应

数字社会的适老化影响深远，但又缺乏可借鉴的经验。虽然我们有一系列相关的理论可以提供一些方向性的参考，但在具体的实践中，仍然需要进行大量的摸索。在这种情况下，切忌常见的追求风口、急于求成的心态。

适老化在度过了初始的困难时期后，将产生“雪球效应”。也就是说，适老化在帮助一些老年人跨越了种种障碍，跨越了年龄数字鸿沟后，将会对其他老年人产生影响。一方面，这种示范让更多的老年人意识到年龄数字鸿沟并不是不可跨越的；另一方面，这种示范也更有说服力地展现了数字产品的有用性。

当使用数字产品不再被多数老年人认为是年轻人的专利时，他们对数字产品的有用性和易用性的认识会有一个根本性的改变。而当“使用数字产品的老年人是少数”这一惯性认识通过适老化的努力转变为“不使用数字产品的老年人是少数”时，“雪球效应”就真正产生了。

11.5.4 子系统之间的相互促进

适老化支持体系由多个子系统组成，各个子系统之间相辅相成。因此，如果规划并实施得当，子系统之间就能够相互促进，大大地提高效率。图 8-1 展示了适老化支持体系的关键要素及其之间的关系，实线表示直接影响，虚线表示通过评估反馈而产生的间接影响。其中，素养提升对其他要素有很大的影响，如果这一环节跟不上，那势必给整个适老化支持体系建设拖后腿。

11.5.5 从线下开始

当前的首要任务是将老年非网民，尤其是中低龄老年非网民，尽可能多地转化为老年网民。智能手机在未来几年内仍然是终端的主流，因此老年智能手机初学者会是近阶段网民转化的主要目标群体。而这一任务只能从线下开始。

开展线下的使用培训是为了协助老年非网民跨过第一道门槛，一旦他们可以上线了，其余的任务就可以尽可能地在线上完成。因此，建设一个高度适老的线上老年培训/学习平台极为必要。

11.6 适老化支持体系的平台化

适老化支持体系的实施需要相当数量的有经验的适老化专业人才，包括适老化设计、使用培训和使用支持等多方面的人才。而目前，在中国这样的人才是较为缺乏的，这成为实现适老化支持体系规模化落地的瓶颈。如果不在人才有效运用上有重大突破，那将给适老化的快速实施带来很大的困难。

近年来，随着各种线上教育的培训工具和技术辅助的服务平台的完善及普及，借助信息平台将稀有的专门知识与技能进行大面积的传播和推广已经不再有技术障碍。因此，适老化支持体系的平台化不失为一种有效、快速推动数字化在老年人中普及的方式。随着年轻一代的老年人进入晚年，老年网民的比例会大幅度上升，尽管这可能是十年以后的事情。但是我们可以预见到，未来的适老化和我们现在面临的挑战会大不相同。虽然大批老年人还会遭遇对各种新技术、新理念、新模式不适应的困境，但他们能够上网这一事实为适老化提供了前所未有的机会。所以，未来的适老化一定会依托绝大多数老年人能够上网这一有利条件。我们认为适老化本身的数字化是未来发展的趋势，因此适老化服务最终会走上平台化的道路。

11.6.1 适老化支持体系平台化概要

考虑到中国目前的现实情况，一个包含适老化支持体系的平台应该提供以下几类服务。

（1）面向一线的适老化辅助（培训、支持）人员的各种服务和培训。

（2）面向老年人的一些关键服务，包括以下几项。

① 以提升数字素养为目标的知识普及。

② 使用培训服务。

③ 使用支持服务。

（3）面向产品开发商、智慧养老集成商、老年人及其子女和其他第三方的数字产品适老化评估服务。

（4）面向数字产品设计人员的适老化设计辅助服务。

适老化支持体系的平台化有诸多好处：快速更新的知识库能够有效地解决适老化这一领域专业知识普及性差、专业人才稀少的问题；结合人工智能技术平台的服务支持能够赋能经过简单培训的适老化辅助人员，使他们能够提供面向老年人的更专业的服务；面向老年人的自主学习功能将方便老年人在自己选择的节奏下学习使用新技术，大幅度地扩大学习使用的覆盖面；平台本身的面向老年人的服务，提供了一条获得各种老年人学习和使用特点与能力的反馈渠道，有助于设计个性化的、适老的服务交互体系。

图 11-2 所示为适老化服务平台的架构。

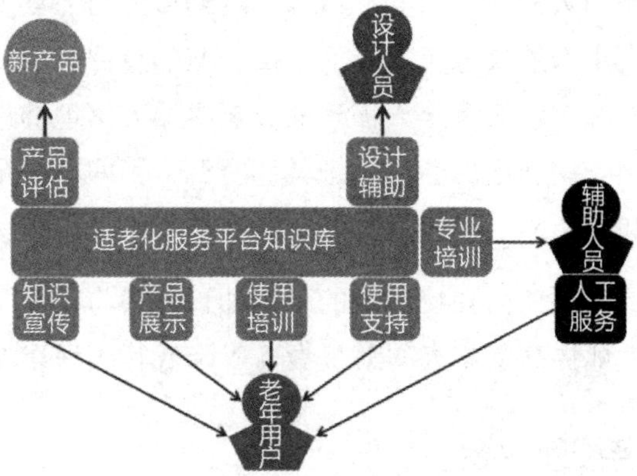

图 11-2　适老化服务平台的架构

我们认为，长久的、持续的适老化最终将以平台化的方式实现。

11.6.2　科技知识传播与普及平台

适老化服务平台上的知识宣传、产品展示、使用培训和使用支持服务都涉及与老年人沟通的问题，因此具有相当多的共性。如何使用恰当的语言、适合的沟通方式、科学的信息分解和合理的节奏向老年人展示及讲解新的科学知识，具有相当大的挑战性，这既需要对老年人的认知能力、学习特点和知识基础等有充分的把握，又需要对所讲解的科技知识能够从老年人的视角有所理解。

面向老年人的科技知识传播与普及是提升数字素养的主要形式，也是缩小年龄数字鸿沟的必要组成部分。绝大多数老年人在退休前获取新知识的渠道与工作紧密相关。即使不是在工作中直接获得的，也是通过工作场所的同事间接了解到的。而在离开了工作环境后，他们逐渐减少了与以前同事的日常交往，也就慢慢地与以前所习惯的获取新知识的渠道疏远了。时间长了以后，由于缺乏的基础知识越来越多，理解新知识的能力也越来越低，因此他们学习与了解新知识变得更困难，最终和新知识完全脱节了。在这个过程中，只有少数老年人有机会通过以前的单位组织的学习活动，或者所居住的社区提供的科普讲座，或者子女的协助，找到新的渠道。但目前并没有一条稳定的、专业的渠道能够将经过精心筛选的科技信息，用老年人听得懂的语言及时地向他们传播与普及。这导致在社交媒体上存在着大量的针对老年人的、危害很大的伪科技信息，尤其是健康类的信息。

向老年人传播与普及的新知识是需要经过精心筛选的。筛选的目的是减轻老年人的认知负担，因此有几个因素需要认真地考虑。第一，选择老年人通常关心的信息，特别是健康类的信息，如医疗科技的新进展，与老年人关系比较密切的疾病治疗的新技术，生命科学尤其是与寿命相关的新发现等。第二，选择可能与老年人的未来生活有联系的信息，特别是有可能在未来解决老年人生活中的一些痛点问题的新技术，如针对出行的自动驾驶技术的应用状况，针对老年人护理的养老机器人落地的进展，区块链在养老中的应用等。第三，介绍一些新出现的信息工具和资源。第四，介绍一些识别新出现的针对老年人的诈骗手段和判断网上虚假信息的常识。

总之，建立一个具有公信力和权威性的科技知识传播与普及平台不仅有助于缩小年龄数字鸿沟，还能极大地提高老年人的科技素养，降低其成为诈骗受害者的风险。

11.6.3 产品与服务展示平台

根据中国互联网络信息中心在 2023 年 3 月发布的第 51 次《中国互联网络发展状况统计报告》，使用技能缺乏、文化程度限制、设备不足和年龄因素是非网民不上网的主要原因。吸引老年非网民尝试上网，需要有一个应用能够让他们感受到上网的好处，以及上网对他们晚年生活的积极影响，如能够改善他们生活中的种种不便。图 11-3 是统计报告中所列非网民不上网带来的生活不便。

我们可以看到，移动支付、及时获取信息、买票和挂号是前三大痛点。

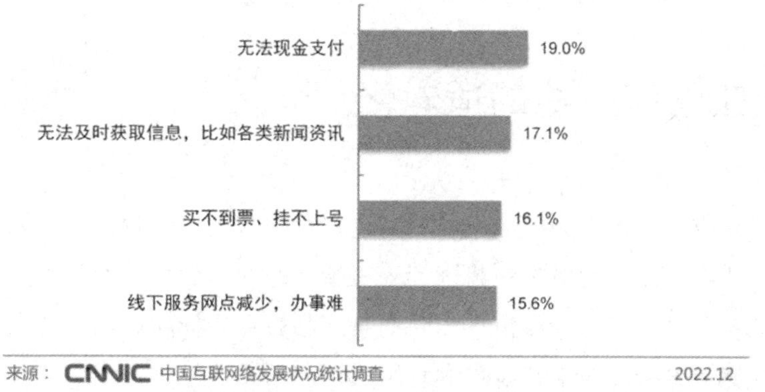

图 11-3　非网民不上网带来的生活不便

哪些是促成非网民向网民转化的主要原因呢？图 11-4 是统计报告中所列非网民上网促进因素。其中既有上网带来的好处，如方便获取专业信息，也有为跨越上网障碍而提供的多种支持，如无障碍使用的上网设备、免费上网培训指导。这两个方面与 TAM 中的有用性和易用性正好对应，也恰恰是产品与服务展示的重点。

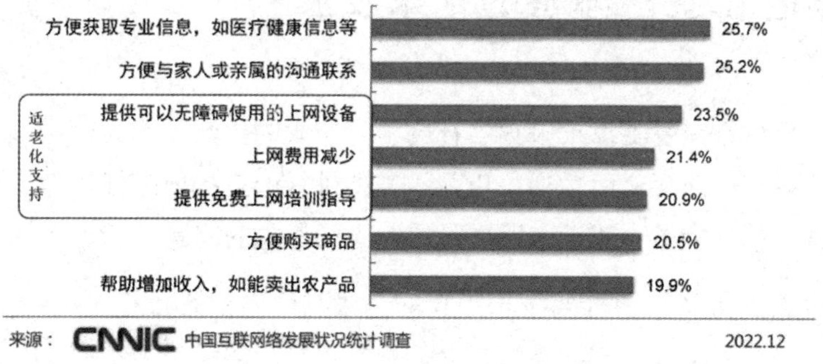

图 11-4　非网民上网促进因素

因此，产品与服务的展示对于吸引老年非网民迈出尝试上网的第一步非常重要。

11.6.4　数字产品（服务）适老化评估平台

这类平台提供对数字产品（服务）的适老化评估，分别从感知、界面操作、认知、必要的知识等多个对用户的能力要求方面进行评估，并依据一个公开的适老化标准给出对适老化程度的评估结果。

对于一般的数字产品（服务），平台会通过对上传的产品用户界面的照片和使用流程中的界面图片进行分析，得出评估结论。而对于智能手机应用，则可以采用模拟器的方式，对界面和使用流程进行细致评估。

11.7 人工智能赋能的适老化

近年来逐渐成熟的人工智能应用将对适老化产生重大的影响，这些影响涉及适老化的所有环节。适老化设计的成本终将因为人工智能的助力而大幅度下降，使数字产品的适老化不再是一个亡羊补牢的事后动作，而是产品自身的标配。而在背景知识普及、使用培训和使用支持方面，人工智能也大有用武之地。

人工智能在适老化上能够起到极大作用的原因有两个：一是它能够预见老年人在使用数字产品时遇到的各种常见问题，因此在设计、培训和支持时都能够更精准地有的放矢；二是它能够在很多时候取代人工，尤其是在面向老年人时能够提供更详细的、重复性的解释。

11.8 适老化支持体系的未来发展

适老化支持体系需要支撑未来数字社会中老年人的生活，因此对于该体系应如何随着数字社会和老年人的变化而发展、更新，需要进行一定的前瞻性思考。作为顶层设计的一部分，适老化支持体系的未来发展是一个必须考虑的问题。

虽然适老化支持体系的框架在相当长的一段时间内会比较稳定，但是其主要模块/子系统的具体内容和运行方式会随着社会的数字化与老龄化不断地变化，其中有一些是我们可以毫无悬念地预见到的。

（1）人类寿命的持续延长将使适老化需要覆盖的年龄段从目前的十几年增加到三四十年，甚至更长。

（2）新技术仍将不断地带来颠覆旧模式、旧理念的新产品和新服务。

（3）适老化的重点逐渐从能力补偿转向知识更新：数字素养提升和使用培训等将更多地围绕着知识更新。

（4）适老化支持体系自身的数字化和人工智能化：随着老年非网民数量大幅度地减少，适老化支持将主要以线上的方式实现。人工智能的广泛应用也将大幅度地降低适老化的成本，使其真正地普及开来。

而下面两点则是我们十分期待新技术能够带来的革命性的突破。

（1）脑科学的跨越式发展将大幅度地推迟大脑衰老的时间，显著地提升人类在晚年的学习能力。

（2）多种体外或植入的装置，借助人工智能，能够辅助老年人大脑的工作，进一步提高大脑的能力。

总之，我们今天所构建的适老化支持体系在未来会不断地发展、变化，以适应当时的社会和技术状态。但有一点我们可以肯定，它将长期地使数以亿计的老年人获益，也将大力地推动数字化的全面发展。

第四部分　应用分析

在老龄社会和数字社会的交融中，有一个领域处于老龄化和数字化的交汇点上，那就是智慧健康养老。智慧健康养老不但关系到老年群体的福祉，而且影响到整个社会的有效治理和运行。我们在这一部分单独、重点地讨论这个问题。

通常所说的智慧健康养老包括两个紧密相关，但又相互独立的分支领域：智慧养老和智慧医疗。

由于中国前所未有的老龄化速度和人口结构的失衡，我们在不远的将来将面临养老从业人员的严重短缺。广泛地采用智慧养老技术，最大限度地用技术代替人工服务可以说是解决这一问题的可行办法。

同时，老龄化也在快速地改变着中国医疗保健体系的格局。虽然中国老年人的期望寿命在不断延长，但其中非健康阶段的增速更快[40]。随着老龄化的加剧，带有多种慢性疾病或处于亚健康状态的老年人数将大大增加。到目前为止，中国的医疗保健资源并没有与老龄化同步增长。随着需要各种医疗保健服务的老年人越来越多，医疗保健体系所承受的负担将越来越重，如果不进行重大的改革，那最终将无力满足数以亿计老年人持续性的医疗保健需求。而解决“银发浪潮”带来的医疗保健危机也将依赖于数字技术在该领域的大规模应用，即数字化老年医疗保健，以大幅度地降低医疗保健的成本。

从目前智慧健康养老的各种试点尝试效果来看，适老化是决定其成败的关键因素之一。

在 2020 年适老化问题被媒体集中报道之前，它并没有受到足够的重视，因此在这方面的很多基础仍然薄弱。在第 12 章及第 13 章，我们分别就智慧养老和数字化老年医疗保健中面临的适老化问题进行讨论。最后，在第 14 章我们对一些老年人普遍希望使用的应用进行详细的分析，对其中几个关键方面的适老化程度做出评估。

第 12 章 智慧养老

智慧养老是我们应对老龄化危机的一个必不可少的手段。自 2012 年全国老龄办提出尝试智能化养老以后，全国老龄办信息中心组织实施，陆续在全国部署建设了一批“智能化养老实验基地”。随后在全国各地出现了大批将信息技术应用于养老服务的智慧健康养老试点。特别是从 2017 年开始，工业和信息化部、民政部和国家卫生健康委员会三部委开始了《智慧健康养老产业发展行动计划（2017—2020 年）》，遴选了四批智慧健康养老应用试点示范企业、街道（乡镇）和示范基地。在 2021 年又开始了《智慧健康养老产业发展行动计划（2021—2025 年）》。

在中国目前普遍倡导的“9073”或“9064”的养老模式下，居家养老将是绝大多数老年人的养老方式。但如果我们看看身边居家养老的老年人在日常生活中用到的智慧养老技术和服务，只能遗憾地说，直到今天，智慧养老尚未在数以亿计的老年人的日常生活中扮演某种重要的角色，大多数情况下还只是为各种示范项目起着锦上添花的点缀作用。

造成这一问题的主要原因还是适老化不足这一老问题。适老化不足在这里体现在两个方面。一是智慧养老项目所针对的需求和老年人在日常生活中的实际需求的吻合度不高，甚至是错位的。因为它并不解决老年人所面临的痛点问题，老年人感受不到其价值。二是大多数智慧养老项目需要老年人以某种形式参与，并且这种参与对老年人的能力有一定的要求，而这些要求往往又超出了老年人所具备的能力。这两个方面就是第 2 章中介绍的技术采纳模型（TAM）的核心，也是 TAM 所预示的问题所在。

我们在第 2 章中简略地提到了适老化对智慧养老发展的影响。在这一章，我们系统地讨论一下这些影响的来龙去脉及其意义，以及适老化将如何推动智慧养老的发展。

12.1 智慧养老的探索

近年来，智慧养老的概念已经逐渐地深入养老从业人员和大批老年人的头脑中了。

围绕着一些公认的、具有痛点需求的养老场景，养老服务机构、养老产品开发商、基层政府等都做了许多尝试和探索。但是，细究起来，究竟哪些具体场景目前已经有了成功的、可持续的智慧养老应用呢？

12.1.1 三部委智慧健康养老试点示范项目

工业和信息化部、民政部和国家卫生健康委员会的《智慧健康养老产业发展行动计划（2017—2020年）》从2017年开始到2020年结束，四年来共遴选出了168个示范企业、297个示范街道（乡镇）、69个示范基地。这些项目来自全国各地，覆盖了智慧健康养老的主流领域，也包括居家、社区和机构等多种养老模式中的应用。三部委还分别于2020年颁布了《智慧健康养老产品及服务推广目录（2020年版）》，于2023年颁布了《智慧健康养老产品及服务推广目录（2022年版）》，先后有172种产品和145项服务入选。

三部委的上述行动计划对于扩大在中国处于萌芽期的智慧养老的社会影响力，推动相关的知识普及，引起地方政府的重视，引导相关产业的发展方向等起到了非常积极的作用。

过了破茧阶段后，长期的可持续发展就成为智慧养老的主要问题，其中适老化是首当其冲的挑战之一。智慧养老项目普遍面临的老年人**不愿意**或**不能够独立使用**数字产品的问题成为可持续发展的主要障碍，导致很多智慧养老项目虎头蛇尾、无疾而终。下面我们以几类常见的智慧养老项目为例来说明这一点。

（1）老年人安全状况监控。

① 通过多种传感设备，包括可穿戴/便携式设备实时监控老年人的关键身体指标和活动指标，以发现需要即刻关注的紧急状况。在这类项目中，需要老年人佩戴、使用并管理可穿戴/便携式设备。

② 通过部署在居家环境中的传感设备，实时监控老年人的一些体征（夜间通过智能床垫）或活动信息（通过活动传感器），以发现需要即刻关注的紧急状况。在这类项目中，需要老年人认可服务的价值，否则会频繁地出现老年人拔掉网关设备电源的现象。

（2）养老服务信息平台。

通过电话/App+呼叫中心/管理平台的架构，汇聚居家养老服务需求，管理服务商、服务人员和服务过程。在这类项目中，需要老年人使用App或主动拨打平台的电话。

（3）社区医养结合。

通过老年人使用部署在社区的自助式健康检测设备，定期将一些关键的健康信息上传到服务中心，由专业的医务人员评估并提供建议。在这类项目中，需要老年人能够操作这些自助式健康检测设备，并认可其后台连接的医务人员，愿意听从其建议。

如果我们仔细地审视一下这类智慧养老项目中老年人的角色及其运营效果，则会发现其中存在一个普遍的问题，即这些项目都需要老年人某种形式的参与，并认可某种新服务模式，但这些项目又缺乏对适老化问题的重视，忽略了适老化障碍对可持续性的影响。问题的症结仍然是用户需求的匹配度和用户能力的适应度两个方面。需求的针对性问题会导致老年人感受不到使用价值，因而缺乏使用的动力；如果这时再加上产品不好用，则会进一步影响老年人使用的积极性。由于目前所采用的数字产品（如智能腕表、智能手环、老人手机、健康信息采集设备等）自身的适老化程度都比较低，因此老年人是无法独立使用这些产品的。如果没有使用环境中的外部适老化支持，那老年人在项目初期的使用率会很低，更不用说持续使用率了。

为了提高使用率，有些项目除提供自身的使用价值外，还会以各种方式向老年人提供额外的使用驱动，吸引他们使用数字产品。有的提供使用积分，并可以用积分兑换多种物品，有的根据使用量向用户赠送服务，还有的甚至直接提供现金奖励。这种方式在短时间内确实有可能激励一部分老年人尝试使用数字产品，但如果始终不能使老年人感受到产品和服务自身的使用价值，当激励结束时，使用也就中断了。即使在项目初期，有足够多的老年人使用数字产品，维持持续使用率仍然是一项不小的挑战。老年人的特点决定了其使用能力随时间下降的趋势。因此，需要在使用环境中配备必要的外部适老化支持，如使用培训和使用支持，以维持持续使用率。

在未来，新技术仍然会不断地涌现，尤其是在智慧养老领域。而这些新技术会不断地带来适老化的新挑战。较好地应对这些新挑战，将新技术融入智慧养老中，并应用到数以亿计的老年人身上，是推动适老化发展的一种重要的动力。

12.1.2　上海市发布的 20 个智慧养老应用场景需求

一些地方政府经过多年的摸索与尝试，逐渐把智慧养老的应用聚焦到一些痛点问题上。其中具有代表性的是上海市民政局分别于 2020 年 4 月和 2021 年 6 月发布的 20 个智慧养老应用场景需求，如表 12-1 所示。

表 12-1　20 个智慧养老应用场景需求

序　号	场 景 名 称
1	老年人防跌倒场景
2	老年人紧急救援场景
3	认知障碍老年人防走失场景

续表

序　号	场景名称
4	老年慢性病用药场景
5	老年人卧床护理场景
6	家庭照护床位远程支持场景
7	机构出入管控场景
8	机构智能查房场景
9	机构无接触智能消毒场景
10	老年人智能语音交流互动场景
11	老年人智能相伴场景
12	机构智能视频监控场景
13	智慧助餐场景
14	健康码智能核验场景
15	认知障碍老年人认知训练场景
16	行动不便老年人出行“一键叫车”场景
17	养老机构老年人常见病配药场景
18	居家失能老年人助浴场景
19	老年人上下楼梯辅助场景
20	老年人用水用电智能监测场景

（1）安全防护类 7 个：老年人防跌倒场景、老年人紧急救援场景、认知障碍老年人防走失场景、机构出入管控场景、机构智能查房场景、机构智能视频监控场景、老年人用水用电智能监测场景。

（2）照护服务类 3 个：老年人卧床护理场景、家庭照护床位远程支持场景、居家失能老年人助浴场景。

（3）健康服务类 4 个：老年慢性病用药场景、机构无接触智能消毒场景、认知障碍老年人认知训练场景、养老机构老年人常见病配药场景。

（4）情感关爱类 2 个：老年人智能语音交流互动场景、老年人智能相伴场景。

（5）助行类 2 个：行动不便老年人出行“一键叫车”场景、老年人上下楼梯辅助场景。

（6）其他/适老化类 2 个：智慧助餐场景、健康码智能核验场景。

不难看出，这些场景都是目前难以用人工服务覆盖的，一部分是因为人工成本高，另一部分则是因为人工难以充分地胜任。

针对这些场景的技术方案除需要解决其所提出的主要问题外，还需要提高其适老化程度。在有些场景中，老年人身边有服务人员可以协助智慧养老方案实施，但还有一些场景则是在老年人独立居住的环境中，这时其适老化程度就很关键了。在公布的 20 个智慧养老应用场景需求中，并没有明确地提出适老化要求，有的地方只是说“简单”“易用”，有的地方明确指出需要支持无智能手机的老年人。表 12-2 是针对这 20 个场景中有简单适老化要求的 8 个场景的描述。我们在这里特别地增加了更具体的适老化要求。这里的适老化不再局限于老年人自主使用数字产品这一情形了，还包括需要适应高龄、失能老年人佩戴可穿戴设备等具有“异物感”的产品。

表 12-2　8 个智慧养老应用场景需求中的适老化要求

场景名称	技术应用要求	针对的老年群体	适老化要求
老年人防跌倒场景	当老年人发生跌倒事故时大幅降低身体伤害	失能老年人、认知障碍老年人、高龄老年人	• 佩戴意愿：说服高龄老年人佩戴一个不熟悉的装置很难； • 佩戴习惯：老年人需要能想得起来佩戴，养成习惯； • 佩戴能力：需要独居的高龄老年人能独立正确佩戴，使其在关键时刻能发挥作用； • 设备维护：诸如充电、设置等日常维护需要
老年人紧急救援场景	提供一种使用方便、操作简单、服务精准、收费不高的老年人紧急救助整体解决方案。 对于发生意外失去知觉的老年人，要能够第一时间检测到意外情况，及时向其监护人或其他指定人员发出报警	高龄老年人、独居老年人、纯老家庭等	• 老年人主动呼救设备的适老化； • 佩戴、使用、维护； • 系统自行呼救的适老化； • 传感设备的干扰、维护、辐射、隐私等问题
认知障碍老年人防走失场景	一种方便易用、老年人接受度高、定位准确、后台支持成本低的防走失解决方案，解决老年人出门后忘记回家或忘记家庭地址的问题。 居家场景主要解决定位设备充电和设置麻烦，老年人不愿意佩戴等问题；机构场景主要针对中度和重度认知障碍老年人，解决老年人抗拒佩戴设备、故意损坏设备的问题	认知障碍老年人等	• 佩戴意愿：说服高龄老年人佩戴一个不熟悉的装置很难； • 佩戴习惯：轻度认知障碍老年人需要能想得起来佩戴，养成习惯； • 佩戴能力：需要轻度认知障碍老年人能独立正确佩戴，使其在关键时刻能发挥作用； • 设备维护：诸如充电、设置等日常维护需要，减少设备的“异物感”，使中度和重度认知障碍老年人不排斥佩戴
老年慢性病用药场景	在老年人家庭、养老机构或家门口服务点配备智能药箱，采用人脸识别等技术供多个老年人取药、用药，具备界面友好且简单易用的自动分药、用药提醒功能	高龄老年人、独居老年人、失能老年人、认知障碍老年人	• 协助养成新习惯：提醒功能； • 界面友好：使用指示清晰、直观
老年人智能语音交流互动场景	利用智能自动群呼系统，自动向区域内数百名老年人拨打关爱电话，并具备交互功能，可听懂老年人的简单需求，或者根据老年人的述说自动转人工席位	高龄老年人、独居老年人、纯老家庭	• 这是一种主动对话机器人，需要能激励老年人对话； • 使用对老年人友好的拟人声音； • 能够在特定内容范围内进行简单的对话； • 在对话中少用短期记忆； • 能够听懂老年人提出的需求

续表

场景名称	技术应用要求	针对的老年群体	适老化要求
老年人智能相伴场景	在老年人日常生活的居家、社区、机构等各种场所和养老服务场景中，应用各类智能化、信息化手段，为老年人提供触手可及、便捷易用的养老信息资源服务和智能陪伴	自理老年人、独居老年人、纯老家庭	• 终端外观友好； • 界面显示友好：适合老年人的视力，界面信息展示清晰、简洁； • 界面操作友好：适合老年人的肢体操控能力，操作流程直观、友好，符合老年人的思维习惯
认知障碍老年人认知训练场景	有认知障碍的老年人在指导下能够完成认知训练	认知障碍老年人、高龄老年人	• 训练步骤简单易懂，能够适应有不同认知障碍的老年人； • 向辅助人员提供老年人能够理解的讲解话术； • 流程符合老年人的思维习惯； • 有一定的趣味性，能够吸引老年人完成训练
行动不便老年人出行“一键叫车”场景	为行动不便的老年人提供“一键叫车”服务，实现老年人独自或在第三方协助下叫车出行，满足日常出行、紧急叫车、康复出院用车、特殊用车等场景下的移动需求	行动不便的老年人	• 在老年人不频繁使用的情况下仍然能独立或在第三方远程协助下顺利操作叫车； • 提供清晰明确的上下车地点确认； • 提供明显的车辆辨识标记； • 支持第三方全程监督

上面这些适老化要求有些较容易满足，但有些具有相当大的挑战性，甚至仍然是尚未解决的技术难题。

12.2 智慧养老中的适老化需求与现状

通用数字产品和智慧养老产品在适老化上有一些共性，但也有很大不同。表 12-3 中总结了这些异同。

表 12-3 通用数字产品和智慧养老产品在适老化上的异同

比　较　项	通用数字产品	智慧养老产品
产品开发商实施适老化的动力	较低。产品开发商在早期没有动机投入额外的资源来提升老年人感受到的易用性。在后期其动机取决于在老年人感受到的易用性上投入的回报与在其他产品改善上投入的预期回报之间的比较。从经济效益上看，并不明显	高。作为针对老年群体的产品，产品的顺利使用是其商业模式成立所必不可少的
老年人感受到的有用性	非核心。产品在早期没有特别针对老年群体的使用场景	核心。作为针对老年群体的产品，需求匹配也是其商业模式成立所必不可少的
老年人感受到的易用性	非核心。目前普遍不高，因为老年人并非其主要目标用户群体	理论上是核心。但目前普遍不高，主要原因是设计人员缺乏相关的知识和技能

续表

比 较 项	通用数字产品	智慧养老产品
提高易用性的边际成本	高。基本需要从零开始培训设计人员	中。设计人员有一定的相关知识，但远远不够，还需要进一步的培训
提高易用性的经济效益	不确定。尚未有被验证的商业模式能够将通用数字产品的易用性转化为商业收入	理论上应该较高。但在有用性不足的情况下，易用性本身的价值难以体现。尚未有足够多的实际案例来验证
提高易用性的社会效益	高。尤其是那些对用户免费的应用	理论上应该较高。特别是那些政府资助的项目

从某种意义上说，智慧养老实际上是数字社会适老化的一个“风向标”，因为数字产品的适老化应该率先在智慧养老中实现。真实的数字化进程在养老中的具体体现就是其智能化程度。作为一个典型的厌恶风险，同时被政府监管较多，因而进入数字化较晚的行业，智慧养老的普及一方面体现了社会真实的数字化程度，另一方面体现了数字社会的适老化程度。而智慧养老普及的现状所反映的，在很大程度上是其适老化的严重不足。

工业和信息化部、民政部、国家卫生健康委员会于 2023 年发布了《智慧健康养老产品及服务推广目录（2022 年版）》，将“智慧健康养老产品”分为七大类，有些大类下面又分为若干小类。

（1）健康管理类智能产品：可穿戴健康检测设备、健康监测设备、家庭医生随访工具包、社区自助式健康检测设备。

（2）老年辅助器具类智能产品。

（3）养老监护类智能产品：智能监测设备、智能看护设备。

（4）中医数字化智能产品。

（5）家庭服务机器人。

（6）适老化改造智能产品。

（7）场景化解决方案：家庭养老床位、智慧助老餐厅、智慧养老院、智慧化康复中心、智慧药房。

对每一大类有总体要求，对每一小类有基本要求，涵盖了主要功能要求、使用支持、通信、安全及合规性等多个方面。依托于这七大类产品的，有两大类服务：智慧健康服务、智慧养老服务。对两大类服务也有总体要求，对每一小类也有基本要求。

智慧养老中的适老化主要集中在“需求吻合度”和“使用能力差”两个方面。

（1）产品与老年人的真实需求之间的吻合度，也就是常说的需求是否有足够的针对性。很多通用数字产品并不是专门为老年人设计的，但会有大批老年人觉得有用，因为这些产品满足了他们的需求。而很多专门为老年人设计的产品，反而有很多老年人，甚至是多数老年人不愿意用。因为这些产品往往是由年轻设计人员基于他们自己的认知和想象而设计的，常常并不真的能满足老年人的需求。

（2）潜在的老年用户是否愿意，并能够学会使用这些产品。

对于智慧养老项目应用有各种分类方式，如左美云【41】按与老年人的关系将其分为智慧助老、智慧孝老和智慧用老三大类。在这里我们从另一个角度，按与服务的关系将智慧养老项目应用分为服务、服务管理、服务监督和服务支持四大类【42】，如图 12-1 所示。其中，服务是智慧养老项目应用的核心，它是满足老年人及其家人各种需求的根本，其体现的价值是老年人及其家人能够直接感受到的。其他三类是辅助服务的应用，用以保障服务的准确、有效实施。虽然它们自身并不直接产生服务的价值，但对于服务的有效实施也是不可或缺的。

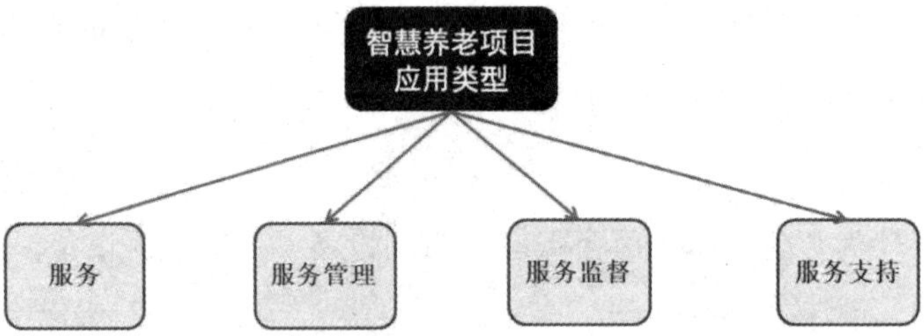

图 12-1　智慧养老项目应用类型

如果仔细地分析一下我们会发现，这四个类型的应用中或多或少都会以不同的方式涉及与老年人的接触，因此其适老化是我们必须正视的问题。可以说，其适老化程度决定了老年人在智慧养老中的参与程度，进而决定了智慧养老项目应用的效果和效率。虽然有一些应用是不需要老年人参与的，因而不依赖于老年人的使用能力，如不需要老年人配合来采集信息的无感型监控。但是除非所针对的老年人已经完全失智，否则只要陌生的传感设备在本来熟悉的居住环境中出现，就可能引起老年人的焦虑，甚至是排斥。因此，即使不需要老年人参与的应用，也有适老化的挑战。

下面我们对这四类智慧养老项目应用与适老化的关系分别进行具体的分析。

12.2.1　服务

这里指的是满足老年人及其家人的某些需求的服务。对于居家养老的老年人所需要的“六助”（助餐、助医、助洁、助行、助浴、助急）服务都可以和智慧养老有多种结合。

比如，助急可以结合“互联网+”的设备与应急响应人员使用的 App，提高其可靠性和及时性；助餐、助医、助行等可以借助信息技术来汇聚零散的需求，以形成规模，降低服务成本；而助洁和助浴则可以通过灵活的服务排期，在用户之间更有效地分摊服务的固定成本（途中时间），以降低服务费用。

这些服务可以进一步分为三类。

（1）完全替代传统人工的服务。比如，使用基于物联网的老年人居家安全监控系统替代人工的巡视探访。北京市民政局于 2018 年在全市实施的空巢和独居老年人巡视探访项目，仍然采用人工打电话或上门探访的方式。其成本、巡视频率和客观造成的对老年人的打扰，都产生了一定的诟病。而这种巡视服务是完全可以通过采用技术方案替代的。

（2）用技术手段辅助或弥补传统人工服务的不足，进而达到提高效率目的的辅助性服务。比如，助餐服务的线上用餐统计和助行服务的路线规划等，通过信息技术的使用，事先获得用户需求信息，降低服务成本。此外，出行不便的老年人现在完全可以使用网购来解决日常用品的购买问题，从日用百货到生鲜果蔬，日常生活所需的物品都可以送货到家。

（3）全新的、没有一个传统人工版本对应的服务。很多新型的线上服务属于这一类。比如，各种社交服务、团购服务、虚拟旅游服务等。在线上访问一个你一生中不可能去的博物馆，是只有在数字化的今天才有可能实现的梦想。

从上面的例子中我们已经可以看出，大多数服务都需要老年服务对象参与到其数字化或数字化的服务流程中，因此适老化问题在这里是不可避免的。

12.2.2　服务管理

顾名思义，服务管理是指对具体的各项养老服务的调度和管理。服务管理的内容有很多，其中需要与老年服务对象直接交换信息，并对其满意度有直接影响的部分包括以下几项。

（1）**获得服务需求**。根据最新的用户服务需求信息，调度、调整服务排班。因此，及时、准确地获得老年服务对象的服务请求或服务变更，对于控制服务的实施成本非常重要。

（2）**获得服务反馈**。及时地获得用户对服务的反馈。针对有自主意识的老年服务对象（绝大多数独立居住的老年人），能够及时地获得其对服务的及时性、有效性，以及服务人员的专业性等服务质量的反馈，这对于提升服务满意度，化解服务中的问题，持续地吸引住该用户尤为关键。

（3）**服务变更通知**。及时地告知用户服务的新变化，如服务人员的临时调整、服务内容的变化等，避免用户在事到临头时才发现。

（4）**宣传新服务**。有针对性地向用户介绍与宣传新服务。根据老年服务对象的需求反馈和服务人员带回来的观察结果，向特定用户群体告知和展示新服务。

上述这些与老年服务对象的信息交互直接影响到服务管理的精细度、及时性和服务成本。

12.2.3 服务监督

除由服务提供方自身实施的服务监督外，鉴于老年服务对象的特点，往往还需要由第三方以某种方式对服务进行监督。最常见的形式是政府相关部门和老年人的监护人等对服务过程及服务质量进行实时或回顾性的监督。虽然通常情况下这种监督中与老年人有直接接触的并不多，但当需要获得对服务实时的、真实的反馈时，就需要老年人的参与。换句话说，没有老年人参与的为老服务监督对自理老年人，尤其是空巢和独居老年人来说，是不完善的。而以人工接入的方式将老年服务对象纳入服务监督中，不仅会增加成本，常常还会影响老年服务对象所提供信息的准确性。因此，通过适老的智能化应用将老年服务对象对服务的反馈纳入服务监督中仍然是很有必要的。

下面我们以一个具体的服务场景（“六助”中的助医）为例来展示服务监督的场景。

张老需要到医院疼痛科去看一下最近每天夜里小腿疼的问题，顺便到眼科检查一下，最近视力下降得比较厉害。儿子替自己在疼痛科和眼科分别挂了号，但一想到上次去医院上上下下地跑了七八趟，张老对去医院就有些发怵。后来在儿子的劝说下，这次张老联系了社区里的养老管家，预订了一项陪诊服务。自从几个月前开始偶尔用这项管家服务，张老也装了一个 App。最开始学习使用的时候费了不少劲，好在坚持下来了，再加上儿子比较耐心地教，自己终于学会了。现在每天都在用它订午餐、报平安、猜奖等，因为常用，所以一直没忘，需要的时候用它预订服务确实挺方便。

张老通过 App 预订了陪诊服务后不久，就收到了管家平台发来的所安排的陪诊人员小魏的信息，请张老确认。发来的信息中有小魏的姓名、照片、身份证号和联系电话，还有简单介绍，包括医护行业从业经历与年限。张老可以选择接受或者换人。张老仔细看了看，觉得各方面还满意，就点了接受。很快，张老就分别收到了来自管家平台和小魏的确认，并约好了在就诊当天小魏来接自己的时间，也再次确认了自己是否需要使用轮椅或其他方式的助行，是否需要代叫车。

就诊当天，在约定时间之前 15 分钟，小魏发来提醒信息，并通知张老自己会叫好车提前几分钟在楼下等候。张老按时到了楼下，与小魏会合，上了等候的车，去往医院。在预订的等候时间 3 分钟后，管家平台发来信息，询问陪诊人员是否已经到达，是否已经按时出发去医院了。张老在 App 上给出了肯定的答复。

一路上，小魏确认了就诊的顺序和张老的一些基本情况。到了医院，小魏把张老安顿在疼痛科的候诊室。接下来，小魏陪着张老按部就班地去看了疼痛科和眼科。中间还去做了一次腿部的 B 超，小魏也是先拿着医生开的检查单去缴费处缴费，再去 B 超室做检查。这要是张老自己跑可就费劲了。电梯里经常人满为患，而楼梯张老已经爬不动了。在医院的时候，张老先后收到了两次来自管家平台的信息，询问张老和陪诊人员的状态，在就诊的哪个阶段，是否有任何问题，请张老在提供的选择清单里勾选。虽然小魏是第一次陪自己，但因为感觉到平台在随时关注着自己的状况，所以张老的焦虑和担心逐渐消失了。

从医院回到家，张老向小魏致谢后坐电梯上楼。刚进家门，就收到管家平台的信息，来请张老对小魏的服务做一个评价，并提醒今天取的药的服用方法和两个月以后的复诊。

12.2.4　服务支持

这部分主要是为服务提供各种必要条件的准备和辅助工作。最常见的服务支持有服务对象的评估、服务人员的培训、服务标准的制定等。这里面涉及适老化的地方有很多，并且目前整体来说适老化程度还处于较低的状态，有很大的改善空间。下面我们就这三个主要方面进行简单的讨论。

1. 服务对象的评估

这里的服务对象指的主要是老年人。目前老年人的评估主要包括身体、精神状态和生活能力方面的评估。评估结果一般作为服务方案的基础，也常常是享受某种政府养老优惠政策的依据。老年人融入数字社会的能力在这三个方面都将产生影响。鉴于目前中国的社会经济发展水平，这种评估现在基本不涉及任何与数字化相关的内容。这等于实际上有一个隐性的评估范围假定，即只考虑被评估的老年人在传统（非数字化）的生活环境中的那些能力，而忽略其对数字社会的适应能力，特别是数字产品的使用能力评估。尽管这些能力可能对老年人的生活有着巨大的影响，但一般不是最基本的服务需求。此外，这些能力涉及的因素也较多，补偿这些能力的相关服务还很少，因此对数字社会的适应能力的评估结果并不会在获取“必要的服务”上产生显著的影响。

但是，随着社会经济发展水平的提高，老年人所需要的服务也将从满足生理和安全等基本需求，逐步升级到满足更多的精神层面和社会参与的需求，而这已经离不开数字化了。数字化的进一步普及也会导致更多的传统服务部分被数字化，尤其是服务管理，同时也使面向老年人的服务更加多样化，导致老年人使用数字产品的能力会直接影响他们获得服务的机会、服务体验和服务质量。下面是两个相关的例子。

（1）虚拟社交。随着大批独生子女的父母进入老年，将产生数量相当可观的独居老年人。在这些人年迈体衰，丧失了行动能力后，他们将在很大程度上依赖于线上社交。而是否能够参与这种社交又取决于老年人是否具备使用数字产品的能力。

（2）线上问诊。按照目前医疗保健业的两种发展趋势（数字化和资源下沉），未来针对行动不便的老年人的医疗保健服务势必以进入家庭的数字化医疗保健服务为主。而老年人操作使用某种智能终端的能力将是这种服务普及的一个必要条件。

在不远的将来，数字产品的使用能力将在更大程度上影响老年人的福祉。我们预见，未来的老年人评估将逐渐包括融入数字社会的能力，并且将有协助老年人跨越年龄数字鸿沟的服务出现。

2. 服务人员的培训

随着越来越多的为老服务被数字化，或者采取数字化的管理模式，服务人员的一些工作模式和培训也会发生相应的变化。虽然为老服务的管理逐渐实现了数字化，并且某些 App 已经成为常见的服务管理工具，但服务人员与服务对象之间的沟通仍以非数字化的、面对面的或电话上的传统方式为主。当一批受过数字化洗礼的老年人（“60 后”“70 后”）进入晚年时，他们将开始改变这种沟通方式。而改变不仅体现在所使用的通信工具上，从用于实时交流的传统电话转变为智能终端，还体现在沟通模式上。其中一种主要的变化是使用碎片化时间的分散式沟通在一定程度上取代了实时的集中式沟通。这将大大地提高沟通的效率，降低成本；但同时，这种沟通模式承载着查询、通知、确认、提醒、留存等多重角色，将成为标准化服务的一部分。

这种一对多的沟通在很大程度上改变了服务人员的工作模式，尤其是在一个服务人员面临多个服务对象“竞争”其有限的时间和精力时。传统的按时间排班，即把一个特定的时间段与某个服务对象绑定，将转变为同时服务若干个服务对象。而这种新模式对服务人员的沟通技能提出了新的要求，需要适应老年服务对象的沟通习惯和能力。

在相当长的一段时间里，服务人员将面对几种数字化能力不同的老年服务对象：能够熟练使用 App 和智能终端的，虽然在努力但在使用中经常磕磕碰碰的，完全不能或拒绝使用的。如何与这些不同类型的老年服务对象有效地在服务前后及服务中沟通，也是需要进行培训的。

3. 服务标准的制定

当越来越多的传统服务部分甚至全部被数字化，并且更多面向老年群体的新型数字化服务不断出现时，服务的标准化也必须随之改变，以适应数字化的潮流。

当数字化为老服务的普适性和可达性在很大程度上取决于其适老化程度时，适老化本身可以被认为是服务支持之一，因此有必要成为服务标准的一部分。

中国已经出台了多种智慧养老的服务标准，主要是地方标准和团体标准。根据中国老年学和老年医学学会智慧医养分会、智慧养老50人论坛等机构评选的2021年智慧养老十件大事，地方政府和行业协会在2021年积极推进智慧养老标准的建设，并取得了显著的成绩。据不完全统计，2021年完成制定的地方和团体智慧养老标准包括以下几项。

- 7月20日，浙江省物联网产业协会发布了《居家养老服务智能技术建设规范》，提出了感知域、服务域、管理域和平台域四个智能技术建设需求。
- 8月17日，福建省工业和信息化厅发布了《面向居家和机构的智慧养老系统接口要求》。
- 9月30日，安徽省民政厅发布了《智慧社区居家养老服务模式建设规范》。
- 11月1日，山东省临沂市爱国拥军促进会发布了《智慧养老管理和服务规范》。
- 12月3日，安徽省阜阳市养老服务行业协会发布了《养老机构服务评价体系智慧平台管理与服务规范》和《养老机构智慧安防建设指南》。

根据中国公益研究院于2023年1月发布的《2022年养老服务业十大进展与发展趋势》："多地陆续出台深化智慧养老发展的政策法规，上海、江西、贵州等地均将智慧养老建设目标纳入《养老服务条例》；上海还出台了团体标准《智慧健康养老标准体系建设指南》；江苏省制定了地方标准《智慧养老建设规范》，无锡牵头制定实施了国内首个智慧养老省级标准《智慧养老建设规范》、首个智慧养老国家团体标准《机构养老智慧管理系统建设规范》；浙江绍兴发布《智慧居家养老服务信息平台建设与管理规范》等，强化智慧养老的标准化建设。"

整体来看，在目前的智慧养老标准化进程中，与适老化相关的部分仍然较薄弱，既缺乏单独的适老化要求方面的内容，也没有引用其他适老化标准作为其内容延伸。

12.3 适老化对智慧养老的影响

随着智慧养老试点和示范的推进，适老化对智慧养老的影响越来越明显。智慧养老方案是否能满足老年人的实际需求，在需要老年人参与时是否能适应他们的使用能力和使用特点，是其是否能持续地保持生命力的关键。

那些对智慧养老服务需求最强烈的老年人往往也是最需要适老化助力的人。当一个智慧养老项目的适老化严重不足，导致其目标用户中的大批老年人不愿意或无法使用其产品和服务时，智慧养老就变成了没有老年人参与的“空中楼阁”。大多数事件驱动的智慧养老服务流程，在理想状态下，是由老年人通过某个终端或 App 提出服务请求来启动的。从时间和人员安排等服务细节的选择及确定，到整个流程实施的过程中，往往还需要老年人多次通过该终端或 App 与服务的多个参与方（实施、管理、监督等）进行互动，直至本次服务完成。而后续的服务评估仍有可能需要老年人的参与。

以一项协助老年人去医院就诊的老年助医服务为例，从老年人提出服务请求开始，在服务实施前要经过与服务商的就医地点确认、人员安排与确认、时间安排与确认、代为挂号等，有时还要有老年人就医细节的确认（科室、检查、复查等），各种证件、病例、药物等的携带提醒等。在流程实施的过程中则有在各个阶段的状态展示。比如，陪诊人员到达前的告知，以便老年人及时启程会合；到达就医地点后，在流程的主要节点给予状态反馈，包括分诊、挂号、候诊室等候、就医、缴费、检查、取药、结束等多个环节；在本次结束后，给出对本次服务的评估，并决定是否预约下一次陪诊等。因此，如果终端或 App 的适老化不足，使一些老年人无法顺利地参与流程，那对该智慧养老服务将产生重大的，有时可能是致命的影响。

目前，很多智慧养老项目在实施时，应对适老化不足的一种常见做法是，向老年人提供传统的电话呼叫和应答服务以弥补老年人无法使用终端或 App 这一短板，即在智慧养老项目中保留一个面向老年人的非智慧的接口。虽然这在智慧养老的萌芽阶段是有益的，甚至是必要的，因为可以提升项目中活跃用户的数目，在局部、短时间内也可以缓解老年人无法使用某些服务带来的社会压力。但这只能是权宜之计，人工座席的高昂成本将为这类服务的规模化普及带来不可忽视的影响。

在 12.1.2 节，我们讨论了上海市发布的智慧养老应用场景和适老化的关系。我们现在沿着同样的思路，进一步总结一下适老化对智慧养老各个方面的长远影响。

12.3.1 服务规模

这是适老化影响最显著的一个方面。智慧养老服务所针对的需求如果不被大多数老年人认可，在资金上就只能依靠政府的支持，并且无法获得老年人持续的参与配合。而对老年人的使用能力适应不足则会导致老年人无法独立地直接使用相关的数字产品来参与智慧养老的很多服务流程，而是不得不依赖于他人代替使用或某些人工服务的辅助。这不仅会使预期的智慧养老效率大打折扣，随着老年人的增多，人工服务产生的额外成本也会增加，还会减弱规模效应，使服务的规模难以与老年人服务需求的规模同步增长。

由于目前中国的智慧养老仍在亏损和微利之间徘徊，而规模化是取得可持续性的关键。因此，适老化在这里的作用十分关键。

12.3.2 供需匹配

随着人工成本的快速增加和智慧养老服务的数字化，为了满足高龄老年人巨大的需求缺口，服务及其管理的效率将不得不随之提高，包括借助数字化的高效供需匹配。未来的智慧养老服务将呈现两种趋势。

（1）服务的专业化分工。智慧养老服务将被进一步细分。比如，生活照料将被进一步细分为一系列服务子类，其中的一部分将由自动系统/服务机器人完成，只有必须用人工的那些服务才配备服务人员。

（2）服务的精细化匹配。比如，从过去的一个服务人员包揽一切转变为不同的专业人员或机器人提供不同的专业服务，如图 12-2 所示。更细致的分类能使服务更精准地吻合用户的需求，也使更精确地反映其市场价值成为可能。

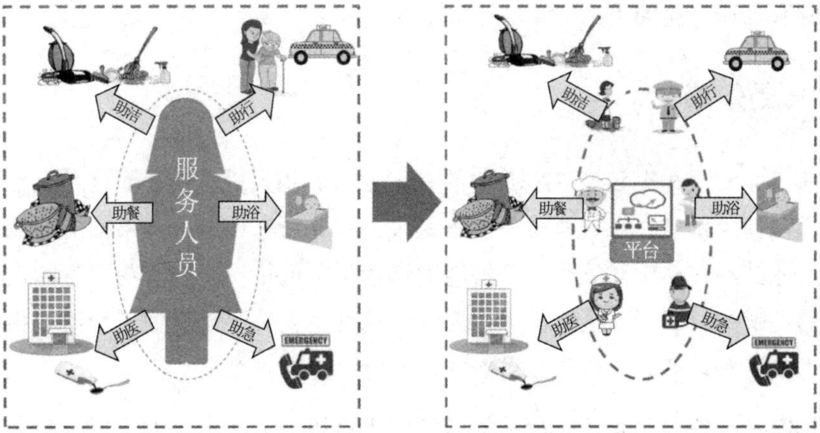

图 12-2 从一人多能到基于平台的专业化服务

这导致供需的匹配必须更精细，个性化和动态性更强。无论是具有一定规模的虚拟养老院还是基于时间银行的互助养老，快速、精准的供需匹配都是其可持续运行的关键。在适老化不足的情况下，大批老年人或者需要采用传统的电话呼叫，或者依赖子女等第三方来代其进行服务请求的操作，这不仅难以做到快速和精准，还会影响老年人的使用意愿。

12.3.3 服务深度

适老化会对一些需要老年人深度参与的智慧养老服务产生不可忽视，甚至至关重要的影响。首当其冲的是医疗保健、金融、旅游和老年教育等领域的服务。

以医疗保健为例，随着医疗保健从医患模式向合作模式转变，从以医疗为主向以预防为主转变，服务场景从医院向家庭转变，老年人深度参与日常的健康管理将成为趋势。从健康监测、饮食管理、运动管理，到用药管理，乃至心理保健等多个方面，老年人的参与能力决定了服务的深度。维护、保持生活中的监测设备，获取个性化的健康管理指导，提供及时的状态反馈等是一些典型的参与方式。在这里，适应老年人的操作能力是服务能够达到充分的深度，形成价值链闭环的关键。需要特别指出的是，与数字健康相关的基础知识的掌握是老年人需要具备的能力的一部分。

社会经济的进一步发展，居民收入的持续提高和老年人寿命的不断延长，将使直接关系到大多数老年人晚年生活质量的老年金融服务成为面向老年人的核心服务之一。而以区块链、数字货币、人工智能为代表的新一代科技在金融领域中的应用，使金融产品进一步多样化，也使老年人不得不面对丰富而复杂的金融服务。风险与收益之间的合理平衡是始终贯穿于老年金融服务中的核心问题，也是适老化的重心所在。适应老年人的心理倾向，尤其是风险意识，符合老年人的知识特点，提供第三方参与风险管控的功能等都是金融服务适老化的重点。

12.3.4 服务效果

我们在前面反复地提到过 TAM 中的有用性对老年人更重要。而这种有用性需要用户能够感受到使用价值，在这里就是服务效果。并非所有的服务效果都能够被老年人直接感受到，尤其是在其感知能力和理解能力逐渐下降的情况下，有些服务的效果需要以老年人能够理解的直观形式展现出来，否则难以使他们体会到其使用价值和相应的获得感，进而影响其参与动力，导致在需要他们配合时遭遇困难。

最常见的是一些与风险控制相关的服务效果难以被老年人理解。现代社会中的很多风险对老年人来说很抽象。由于不熟悉，再加上认知能力下降，老年人在面对风险时容易陷入两个极端：或者完全无视，或者极力夸大。一个典型的例子是老年人对自身安全状况的感知和认知。如果采用通常的方式来解释，那么很多面向老年人的安全监控服务的价值难以被其所认可。主要原因是安全监控服务的效果展示适老化严重不足：一方面，展示往往过于抽象，导致老年人难以理解；另一方面，展示的相关场景难以使老年人有切身的感受。

12.4　智慧养老发展的拐点

前面我们提到适老化对智慧养老服务规模的影响。目前，智慧养老发展的一个关键瓶颈是其规模不足，导致难以降低单位成本，无法形成可持续性。而规模不足的一个重要原因是，在不考虑支付能力的前提下，有需求的目标用户通常是中高龄老年人，缺乏使用能力，而具备使用能力的老年人大多为中低龄老年人，其服务需求不强，二者兼具的老年人数量十分有限。局限到一个区域里，其用户数量无法形成规模，如图 12-3 所示。

一方面，随着时间的推移，掌握一定数字技能的老年人将进入对智慧养老服务有真实需求的晚年阶段，将对智慧养老规模化产生有力的促进作用。另一方面，如果通过适老化，大幅度降低对老年人参与智慧养老的使用能力要求，则有可能使智慧养老发展的拐点更早地到来。

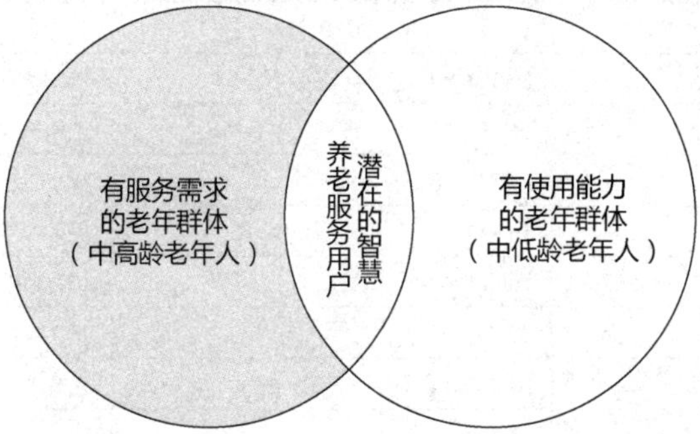

图 12-3　兼具服务需求与使用能力的老年群体

第 13 章　数字化老年医疗保健

除了智慧养老，另一个适老化将产生巨大影响的领域是数字化老年医疗保健。一方面，这是一个“老年相关性”较高的领域，无论是老年人自己还是全社会，都意识到改善老年人健康的好处和社会效益；另一方面，数字化在这一领域将引发巨大的、颠覆性的变化，导致该领域的新技术在普及时会带来艰巨的适老化挑战，因此现在极为值得关注。《国务院关于实施健康中国行动的意见》中指出：“老年人健康快乐是社会文明进步的重要标志。面向老年人普及膳食营养、体育锻炼、定期体检、健康管理、心理健康以及合理用药等知识。健全老年健康服务体系，完善居家和社区养老政策，推进医养结合，探索长期护理保险制度，打造老年宜居环境，实现健康老龄化。”

随着老龄化的加剧，医疗保健支出也在加速增长。到 2019 年，中国卫生总费用占 GDP 的比重达到 6.58%，如表 13-1 所示。

表 13-1　中国卫生总费用

指　　标	2018 年	2019 年
卫生总费用/亿元	59 121.90	65 195.90
1．政府卫生支出/亿元	16 399.10	17 428.50
2．社会卫生支出/亿元	25 810.80	29 278.00
3．个人卫生现金支出/亿元	16 912.00	18 489.40
卫生总费用构成	100.00%	100.00%
1．政府卫生支出	27.74%	26.73%
2．社会卫生支出	43.65%	44.91%
3．个人卫生现金支出	28.61%	28.36%
卫生总费用占 GDP 的比重	6.43%	6.58%
人均卫生费用/元	4237.00	4656.70

数据来源：中商情报网

而医疗保健的数字化趋势及相伴随的模式转变已经开始了。作为其最大的受众群体，老年人是否能够适应这一趋势带来的适老化挑战对该行业发展前景有着决定性的影响。

本章重点讨论适老化对数字化老年医疗保健的普及及其运行效率的影响。首先，我们总结一下老年医疗保健服务的发展趋势。然后，我们讨论一下数字化老年健康管理。数字化老年医疗保健离不开终端设备的使用，因此接下来我们讨论一下常见的家用健康监测设备的使用能力要求。最后，我们总结一下适老化对数字化老年健康管理的影响。

13.1 老年医疗保健服务的发展趋势

目前，中国的老年医疗保健服务面临着老龄化带来的空前挑战，人口结构和经济发展水平变化带来的医疗资源供给不足与持续老龄化将进一步引发老年医疗保健产生庞大的需求，给中国的医疗体系带来巨大的压力。而医养结合作为一种中国独特的养老模式，既承载着老年群体及其家人的极大期待，也是化解上述压力的希望所在。目前，医养结合能否落实在大多数老年人的身上取决于几个关键的老年医疗保健服务变革。

13.1.1 服务地点的变化：老年医疗保健服务进家门

随着中国老龄化的持续加剧，未来将有大批（数以亿计）的高龄空巢老年人，他们的医疗保健需求无法以当前这种主要由三甲医院承载服务的模式来满足。随着医疗资源下沉到社区，以及家庭医生体制的建立和逐步完善，老年医疗保健服务进家门指日可待。对那些独居的年迈体衰的高龄老年人来说，这将极大地改善他们的就医体验。这其实也是医疗体系适老化的一种具体体现，如图 13-1 所示。

但是，这也带来了不可忽视的问题。当传统的病人向医院聚集模式转变为家庭医生送医上门时，途中的时间成本也从病人身上转移到了家庭医生身上。一个家庭医生要面对成百上千个家庭，尤其是其中有大批需要反复就医的老年人家庭，传统的人工模式难以维系。这时，尽可能地采用建立在信息技术基础上的远程问诊可以说是唯一的选择，或者说未来的方向不是医疗进家门，而是数字化医疗进家门。这将使我们不可避免地面临着高龄空巢老年人独立使用数字终端的挑战，适老化的重要性不言而喻。

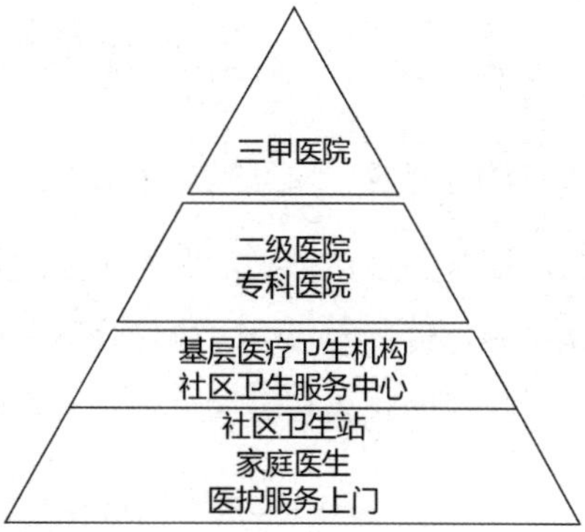

图 13-1 医疗体系适老化：老年医疗保健服务进家门

13.1.2 服务重心的变化：转向以预防为主

老年健康管理是老龄社会所面临的一个巨大需求。医疗保健科技的持续发展，使人类拥有了前所未有的对抗各种疾病的新手段，以往的很多不治之症在一个一个地被攻克。但同时，随着人类寿命的延长，更多的伴随高龄的健康问题显现出来，并且这些问题的解决往往不再简单地依靠药物和手术，而是需要长期地保持一种以科学饮食、合理运动和慢性病管理为核心的健康生活方式。以预防为主的老年健康管理将逐渐成为未来老年医疗保健的主旋律。

《国务院关于实施健康中国行动的意见》中明确地指明了健康中国十五大行动，其中以预防为主的理念贯穿始终，如图 13-2 所示。

图 13-2 健康中国十五大行动

其中的老年健康促进行动也围绕着预防。这一新趋势带来了以下三个重大的变化。

（1）服务关系从传统的医患关系逐渐过渡到健康管理的合作式的关系。从“病人”完全听从医嘱，转变为与医生协作管理多种慢性病。这一转变要求“病人”掌握更多的相关知识，对自身的状况和健康管理有一定的理解，也就是说对背景知识的要求将逐渐提高。

（2）老年人与医疗保健服务人员（医务人员）的接触模式将发生变化。从有病看病的“点”式接触转变为防患于未然的常态性的“线”式接触。与以治疗为主的有病时就医这一医患之间“点”式的接触模式不同，以预防为主则需要在有病之前实施一系列预防措施并监测实施效果，尽可能地避免疾病的出现，医患之间是更频繁的“线”式的接触模式。这种接触往往不是传统的面对面接触，而是通过以可穿戴设备+App 为代表的新技术来实现的。

（3）这种接触不但频率要比偶尔看病高得多，而且在每次发生接触时，信息交换的量也相当大。除解答客户（病人）的各种疑问外，医务人员也需要了解当前预防方案的实施状况和效果、客户身体及生活中的其他变化。同时，医务人员还要把方案的调整细节告知客户，并做出适当的解释。这种类型的接触更适合使用 App，利用碎片化时间并留有文字记录。

这些变化的发生与老年人对新技术的采用息息相关，这再次说明适老化是一只躲不开的“拦路虎”。

13.1.3　新模式的出现：个性化医疗

随着以基因编辑为基础的治疗手段的普及，人工智能在医疗领域的深度应用——个性化医疗，将不再是令人望而却步的富贵服务，而是普通百姓有能力支付的大众化服务。

个性化医疗（Personalized Medicine），又称精准医疗，是指以个人基因组信息为基础，结合蛋白质组、代谢组等相关内环境信息，为病人量身设计出最佳治疗方案，以期达到治疗效果最大化和副作用最小化的一种定制医疗模式。

传统医疗以病人的临床症状和体征，结合性别、年龄、身高、体重、家族疾病史，以及实验室与影像学评估等数据确定药物和使用剂量、剂型，在某种程度上属于一刀切模式，并且通常是一种被动的处理方式，即在已经出现症状和体征后开始治疗或用药。

而个性化医疗则以对疾病遗传机理的深刻认识为基础，通过鉴定和检测个体的致病基因，对疾病进行风险预测和诊断，进而选择最优的方案进行预防或治疗。

个性化医疗（精准医疗）可以概括为：精准的基因分析+精准的评估预防+精准的综合治疗。精，指熟练、精细、专一；准，指针对性强，符合标准、依据。它的实施需要大量的新思维、新方法，需要生物学家、生物信息技术专家、医生、患者及照护人员等各方的积极参与。对于有效的诊疗需要包括的教育、预防、病史分析、疾病筛查、诊断、治疗、随访和监测等基本要素，个性化医疗都能更加个性化、多样化地丰富并优化其模式和实施过程。

总而言之，个性化医疗结合精准的基因筛查和各种后天的风险因素分析，采用人工智能技术对可能的疾病风险进行预测和诊断，并设计个性化的最佳方案进行预防和治疗。在整个过程中，老年人参与的程度将越来越深入，并及时地交换各种个性化的信息。这种参与，基本可以肯定地说是通过某种数字化工具来实现的。

13.1.4 多方参与的老年医疗保健模式

还有一个伴随着老龄化的加剧变得日益明显的新趋势是老年医疗保健“协作圈”。面向老年人的医疗保健服务有一个明显的特征，即老年人的照护人员和子女（监护人员）也需要参与其中，如图 13-3 所示，形成一个由医护人员、照护人员、监护人员和老年人四方组成的“协作圈”。因此，任何应用于老年医疗保健领域的数字产品和服务，都需要考虑这几方在应用流程中的角色，以及老年人与其他三方之间的互动。

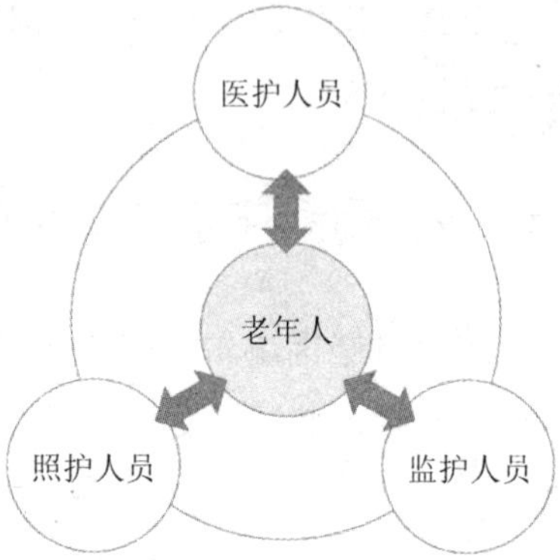

图 13-3 多方参与的老年医疗保健模式

13.1.5 老年健康管理的普及

虽然中国消除了绝对贫困人口，但是在现在和未来相当长的一段时间内仍将是一个发展中国家，其医疗保健支出将受到种种现实条件的制约，因此在走向深度老龄化的过程中，大规模地采用数字技术，有效地利用有限的医疗保健资源，提高医疗卫生服务效率，降低医疗卫生服务成本是实现健康老龄化的必由之路。而老年健康管理的普及在其中发挥着重要的作用。

中国的老年人在晚年对健康的关注度明显提高了，不仅对于养生和保健的兴趣大增，还更愿意在这方面购买自己认可的产品和服务。而从医疗保健的整体资源分配来看，老年群体的医疗是社会医疗保健资源的主要消耗领域。合理地引导老年人改善、优化晚年的生活方式，从以治疗为主转向以预防为主，培养科学的老年健康观，不仅能够大幅度地减少医疗保健的支出，提高老年人的晚年生活质量，一个健康且更有活力的老年群体还会对整个社会的经济发展产生很大的积极推动作用。

以预防为主的老年健康管理的三个核心分别是知识普及、健康监测和优化生活，如图 13-4 所示。

（1）知识普及：最新的健康知识的普及、以预防为主的保健和风险防范理念的宣传。

（2）健康监测：对身体内外各种指标和日常活动的连续跟踪与监测。

（3）优化生活：基于科学原理的生活方式优化，包括合理的饮食、运动、睡眠和保持积极乐观。

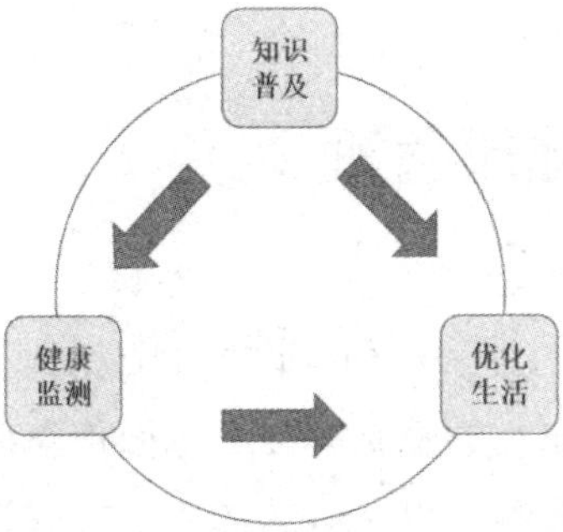

图 13-4 老年健康管理的三个核心

这三者都离不开老年人参与的数字化，因而也离不开其适老化。关于老年健康管理的三个核心，我们将在 13.2 节具体介绍。

13.1.6 数字化医疗的深化

医疗的数字化进程正在与医疗资源的优化改革齐头并进。数字化除在医疗机构内部有着广泛的应用前景外，在医疗服务的普及和优质资源的合理利用与共享，特别是分级诊疗和远程医疗中更是扮演着极其重要的角色。它也将在突破旧体制的种种制约的基础上，通过提高效率、提供便捷和减少人为失误等方式形成改革的驱动，并在其中起着关键的作用。而这类应用常常需要用户深度地参与到数字化服务的流程中，在中国即将进入深度老龄化的背景下，这使适老化成为医疗数字化所必备的前提。

举例来说，2019 年的腾讯全球数字生态大会 • 智慧医疗专场将“智医疗 至健康”作为其主题，并发布了 2018 年度中国“互联网+医疗健康”的优秀案例评选结果。在其“十大智慧便民医疗健康服务”优秀案例中，有六个是需要用户以某种形式主动参与的，如图 13-5 所示。

2018年度中国“互联网+医疗健康”优秀案例获奖名单	
“十大智慧便民医疗健康服务”优秀案例	
案例名称	申报单位
基于电子健康卡创建数字健康服务厦门模式	厦门市卫生健康委员会
眼病人工智能门诊及社区筛查	中山大学中山眼科中心
线上线下一体化医药新零售模式	叮当快药科技集团有限公司
微信医保支付示范医院的智慧化建设	深圳市人民医院
“互联网+医疗健康”远程会诊	甘肃省人民医院
分级诊疗背景下二线城市三甲医院的智慧诊疗	山西省人民医院
郑州市社保卡“就医一卡通 医保线上行”	郑州市人力资源和社会保障局
甘肃依托信息化助推健康扶贫工作有效开展	甘肃省卫生健康委员会
智慧门诊——创新互联网全流程便民就医实践	南方医科大学南方医院、东华医为科技有限公司
漳州市统一健康门户打造精细化智慧便民服务	漳州市卫生健康委员会

图 13-5 智慧便民医疗健康服务

类似这样的需要用户深度参与的智慧医疗服务比比皆是。

13.2 数字化老年健康管理

以预防为主的老年健康管理与传统的疾病治疗有很大的不同。它涉及合理的用药、科学的饮食、适当的运动、充足的睡眠等多个方面信息的获取、消化和理解，身体及日常活动的多个指标的持续监测，以及持续的生活方式调整与优化。这里的很多任务在没有新技术辅助的情况下是难以完成的，而且这里的数字化不仅障碍重重，还密布着种种陷阱。

13.2.1 健康知识的普及

在信息爆炸时代，健康知识的普及有着其独特的挑战。这种挑战对那些刚刚接触网络不久的老年人来说尤其严峻，他们一直是各种披着老年保健外衣的、带有欺诈性质的推销活动的目标。在自媒体上那些采用夺人眼球的颜色和耸人听闻的标题而传播的文章，往往能够在第一时间吸引大批老年人的注意力。看起来很“官方”的外观、“权威”性的陈述、同类人的现身说法、挂着一堆头衔的专家站台，这一切都瞄准了老年人的心理弱点。令人遗憾的是，即使在权威的官方媒体上，也常常能够见到各种名不副实、肆意夸大的保健产品广告宣传。某些搜索引擎极不负责任的搜索结果竞价排名进一步给老年人的健康信息筛选增加了难度。

正常的健康知识普及实际上是在与那些推销活动争夺老年人的信任和注意力。到目前为止，可以说那些推销活动占了上风。其根本原因是目前缺乏一条老年人容易接触到的、可信的、持续的、权威性的、通俗易懂的老年健康知识传播渠道。在缺乏这种传播渠道的情况下，老年人辨别信息真伪的能力就变得十分重要了，而这恰恰是数字素养的关键部分之一。

13.2.2 健康指标的监测

老年健康管理的一个重要组成部分是对身体和日常活动的一些指标进行持续的跟踪与监测，如血压、血糖、心率、步数、活动速度、消耗的热量等。这通常需要佩戴某种可穿戴设备和/或使用智能手机上的某些 App。这些设备和 App 的佩戴与使用对多数老年人来说具有一定的挑战性。

我们还是用 TAM 来进行分析。一方面，其有用性对很多老年人来说存有疑问。作为一种新型的健康理念，这与老年人耳熟能详的传统老年医疗保健有很大不同，在不知其所以然的情况下，老年人接受起来有相当大的难度。这一点随着健康知识的普及会有所改善，但需要时间。另一方面，其易用性也不尽理想。无论是设备的维护（充电、同步等），还是佩戴习惯，对老年人来说都是障碍重重。在这种情况下，老年人的使用积极性会受到较大影响。

13.2.3 生活方式的优化

虽然老年人多年养成的习惯很难改变，但我们身边也不乏那些老年人在重病后毅然决然根除一些不良嗜好（吸烟、酗酒、暴饮暴食和起居不规律等）的生动例子。实际上，数字化工具能为我们提供前所未有的生活方式优化的激励，大大增加了成功的可能性。

采用数字化工具可以在以下几个方面激励老年人改变其不良的生活习惯。

（1）树立能够认同的榜样。

（2）设置具体的、可达成的目标。

（3）运用伙伴之间的竞争压力。

（4）展现能够看到的进步。

采用这些方法的前提是老年人能够使用数字化工具，当然是适老化程度足够高的。

13.3 终端设备

无论是数字化医疗还是数字化老年健康管理，都涉及一系列用于监测或交流的终端设备。这些设备在医疗机构内通常由专业的医护人员操作，对老年使用对象的要求并不高。但是，随着医疗资源的下沉，越来越多终端设备的使用场景从医疗机构转向社区，甚至家庭。因此，在其使用过程中，用户的直接参与度越来越高，同时对所采集的数据的质量要求也越来越高，因而对用户使用能力的要求也越来越高。

多年来，已经有一批家用的设备担负着健康监测的重任，像电子体温计、电子血压计、血糖仪等都已经在家庭场景中被使用多年了。这些设备的使用难度并不大，所需要的知识也不多，任何一个能够独立生活的老年人经过适当的培训都能够独立使用。但是，即使这样，电子血压计和血糖仪的普及率也不是很高。表 13-2 是常见的家用健康监测设备的普及和适老化状况。

表 13-2　常见的家用健康监测设备的普及和适老化状况

设备名称	主要用途	普及率	适老化问题及程度
电子体温计	测量体表温度	高	• 感官感知：电子体温计通常采用液晶屏来显示温度，与传统体温计的水银柱相比，大大地降低了老年人识读温度的难度。目前仍存在的问题是有很多电子体温计的显示是在灰色或蓝色屏幕上的黑字，色差过小，对视力衰退了一定程度的老年人来说，读取起来还是比较费力的，因此在购买时要注意挑选； • 使用流程：与传统体温计在使用时的心理模型略有不同。使用的启动从传统体温计的甩一甩把温度标识降低变为电子体温计的按开关。测量完成的时间从用户计时变为发出提示音； • 设备维护：具有数字显示功能的电子体温计在一定程度上解决了上述的人工设置和计时问题，但也带来了一系列新的问题，其中最主要的就是管理电池。 适老化程度：高
电子血压计	测量血压	中	• 感官感知：主要是读取测试结果所需要的视力；有的型号会以语音的方式读出测试结果，则会用到听力； • 使用流程：主流电子血压计的使用方式已经多年没有变化。打开电子血压计后，将带有探测头的绑带绑在手臂的适当位置，然后按下电子血压计上的测试按钮，测试完成后结果会自动显示在电子血压计的屏幕上，或者以语音的方式读出来； • 设备维护：需要管理电池。 适老化程度：高
血糖仪	测量血糖	中	• 感官感知：主要是读取测试结果所需要的视力；有的型号会以语音的方式读出测试结果，则会用到听力； • 使用流程：主流血糖仪很多年没有发生本质性的变化，其使用的心理模型基本一样，都需要采血针和试纸。打开血糖仪后，都要经过扎针采血、将血液涂抹在试纸上、将试纸插入血糖仪、读取结果这几个主要步骤； • 设备维护：除血糖仪本身的电池需要管理外，采血针也需要清洁。此外，试纸这一耗材的储备和保质期管理是一项额外的任务，对高龄老年人来说具有一定的挑战性。 适老化程度：中
血氧仪	测量血氧	低	• 感官感知：从血氧仪的屏幕上读取数据所需要的视力； • 使用流程：打开血氧仪的开关，将食指指尖伸入血氧仪的腔体里，等到屏幕上显示出数字； • 设备维护：需要管理电池。 适老化程度：高

我们不难看出，这些常见的家用健康监测设备，除血糖仪需要管理耗材外，其他设备的适老化程度都较高。

13.4　适老化对数字化老年健康管理的影响

健康理念的转变在这里起着非常关键的作用，从“30 后”“40 后”一代的以延长寿命为中心，逐渐转变成“50 后”“60 后”一代的以提高晚年生活质量为中心。新理念是未来老年健康管理的主要推动力。通过多年的数据积累，我们现在已经知道，哪类运动能够有效地锻炼身体的哪些器官或部位，有什么样的防止或延缓器官衰老的作用，以及这种锻炼的效果会如何影响我们未来的生活质量。比如，老年人针对平衡、耐力、柔韧性和爆发力的锻炼，会影响未来的各种身体能力乃至安全。但是，多数老年健康管理的努力效果并不是立竿见影的，因此适当的激励措施十分重要。这时，数字化工具将提供前所未有的机遇与可能。

在老年健康管理中，以 App 为代表的数字化工具能够在以下几个方面提供前所未有的机会，帮助老年人跨越将老年健康管理融入日常生活时常见的一些障碍。

（1）协助老年人了解老年健康管理的理念和背景知识。数字化工具是一条向老年人宣传老年健康管理理念的有效通道。通过在 App 上进行图文并茂的宣传，能够让老年人更直观地感受到健康管理带来的好处。

（2）提高老年人将老年健康管理融入日常生活的动力。比如，将老年健康管理日常重复性的操作趣味化或游戏化，或者采用一些有关用户使用体验的激励手段。

（3）帮助老年人以老年健康管理为契机，开拓新的社会交往渠道。很多运动的数字化管理都融入了社交功能，通过比赛、挑战、协同、加油等多种方式，使老年人之间发生互动。

总之，充分的适老化支持对于广大老年人成功地使用老年健康管理领域的数字化工具影响重大。

第 14 章　应用分析案例

在本章中，我们选取两款与老年人的生活关系比较密切，且很多老年人常用的智能手机 App 进行更细致的分析，以展示如何运用前面介绍的一些理念和方法，评估这些应用在多个不同层面的适老化程度。通过这些分析，我们将识别出老年人在使用这些应用时可能面临的主要障碍。

首先，我们列出评估应用的八个主要方面。

（1）应用外观。

（2）配置与使用说明。

（3）使用流程对认知能力的要求。

（4）使用流程和界面所产生的认知负荷。

（5）使用流程对背景知识的要求。

（6）界面与老年人常见心理倾向的吻合度。

（7）界面对肢体操控能力的要求。

（8）界面对感知能力的要求。

然后，我们从这几个方面对三个典型应用——百度地图关怀版、微信视频通话和微信支付进行分析。这些应用虽然不都是最流行的，但与老年人的生活场景关系密切，也就是“老年相关性”较高。在上述几个方面中，我们将聚焦在背景知识（心理模型）要求、认知能力、肢体操控能力和感知能力这四个重点方面［分别对应上述的（5）、（3）、（7）、（8）］上。同时，对于每个应用，我们进行以下几个方面的分析。

（1）应用外观：老年用户在这里形成对应用的第一印象，这对他们学习使用的动力有较大影响。一个过于抽象、过于陌生或没有传递出“老年友好”信息的外观，会导致相当多一部分潜在老年用户流失，甚至使他们缺乏兴趣去参加使用培训。

（2）主要应用场景：主要应用场景是否与老年用户的生活相关，他们是否能够理解并认可这一应用确实解决了他们的问题，这对于能否提升他们学习使用的积极性十分重要。

（3）使用流程分析：使用流程中涉及哪些步骤，会要求用户具备哪些能力。

（4）用户使用能力要求与使用负担分析：独立使用该应用的老年用户具备这些能力的程度及使用该应用会给他们带来什么样的负担。

（5）评估结论：该应用当前整体的适老化状况，哪些地方是重点或迫切需要改进。

在使用这些应用前，老年用户需要自己或由他人代为操作完成一系列使用前的准备工作。我们要对这部分单独进行分析，而不是与具体的应用分析混在一起。

14.1 使用前的准备工作

在下面的分析中，我们假定表 14-1 中的 App 使用前的准备工作已经（独立或由他人协助）完成，因此不再纳入本章适老化分析的范围之内。

表 14-1　App 使用前的准备工作

序号	操作名称	操作内容
1	智能手机充电	检查智能手机的电量；及时给智能手机充电；识别充电时的状态标识
2	智能手机开、关机	识别开、关机按钮；开机操作；识别开机时的屏幕显示和开机成功的显示；关机操作；识别关机时的屏幕显示和关机成功的显示
3	智能手机登录认证	识别开机后需要登录认证的环节和登录认证界面；记住登录密码；输入登录密码
4	智能手机音量设置与调整	识别调整音量的硬按钮，使用硬按钮调整音量；识别并能进入设置界面，在设置界面调整音量
5	智能手机显示文字调整	识别并能进入设置界面，在设置界面调整文字大小
6	智能手机 Wi-Fi 联网设置	在设置中选择并连接 Wi-Fi，输入密码，完成
7	智能手机 Wi-Fi 联网状态检查	在桌面查看当前使用的 Wi-Fi 及 Wi-Fi 是否与互联网连接
8	智能手机蜂窝网络联网状态检查	在设置中查看当前是否在使用蜂窝网络的流量
9	智能手机流量及费用检查	查看当前流量余额
10	App 的安装	到应用商店搜索、发现、下载并安装 App
11	App 的注册和登录	完成 App 的注册；通常需要采用电话号码或电子邮件完成验证码确认
12	App 好友的添加	在 App 中搜索发现需要添加的对象，完成好友添加流程
13	App 界面的文字调整	在设置中调整 App 界面的文字大小
14	将 App 与银行卡关联	通过输入卡号和密码，与银行卡关联，以便未来完成 App 内的支付

这些是常见的使用前的准备工作。根据应用不同，还会有其他设置需要完成，如很多智能手机的外接设备需要设置蓝牙连接。

14.2 出行：百度地图关怀版

出行是老年人独立生活所需要的核心应用之一。安全、方便的出行对老年人来说，是除购物、看病等生活必需的活动外必不可少的，在丰富其社交及文化生活方面也是极为重要的。即使在未来网购和线上问诊等取代了去实体店及医院，面对面的社交活动和参观博物馆、观看演出等现场活动仍然有其无法替代的作用。因此，出行在未来仍是老年人的一种核心需求。

目前，老年人反响强烈的问题之一就是随着传统出行方式的升级，非数字化的出行方式在逐渐消失，导致不能使用数字化应用的老年人难以再用传统方式解决出行问题。尽管国务院办公厅《关于切实解决老年人运用智能技术困难的实施方案》中明确指出："到 2021 年底前，围绕老年人出行、就医、消费、文娱、办事等高频事项和服务场景，推动老年人享受智能化服务更加普遍，传统服务方式更加完善。到 2022 年底前，老年人享受智能化服务水平显著提升、便捷性不断提高，线上线下服务更加高效协同，解决老年人面临的'数字鸿沟'问题的长效机制基本建立。"但真正地解决数字化出行与老龄化之间的矛盾不能依靠大规模地退回到纯粹的传统服务方式，而是要提高数字化应用的适老化程度，降低其对老年用户的能力要求，并且通过培训等方式提高老年用户的使用能力，使他们最终能够驾驭数字化的出行应用。那么，目前用于出行的数字化应用在适老化方面究竟是什么样的状况呢？本节通过分析"百度地图关怀版"来回答这一问题。

目前在中国涉及出行的数字化应用有以下几类：地图类，如百度地图；出租车类，如滴滴出行；本地公交类，如微信中的公交换乘查询；共享单车类，如滴滴青桔；通用旅行类（长途），如携程；铁道交通类，如 12306。这些出行应用有很多共同点，我们选择"百度地图关怀版"来做一下细致的适老化分析。

这里要强调一点，我们假定的老年用户是具有传统地图使用能力和使用经验的。如果一个人从来没有用过地图，也不知道类似"上北下南"等地图使用规则，则不属于我们当前讨论所针对的老年用户。

14.2.1 应用外观

百度地图关怀版是百度于 2021 年 10 月发布的，是专门针对老年用户的地图应用，因此其适老化程度应该远高于原版的百度地图。我们看一下用户打开百度地图关怀版时得到的第一印象。本书截稿时最新版本的百度地图关怀版（V1.0.1）的临时首页与百度地图的临时首页基本一样，是下面这样一张**不具备操作功能**的图。该图一闪而过，不到一秒就自动消失，如图 14-1 所示。

此图除强调一下百度的人工智能地图外，看不出任何意义。短暂的首页消失后，进入百度地图关怀版真正的主页，如图 14-2 所示。

图 14-1 百度地图关怀版的临时首页

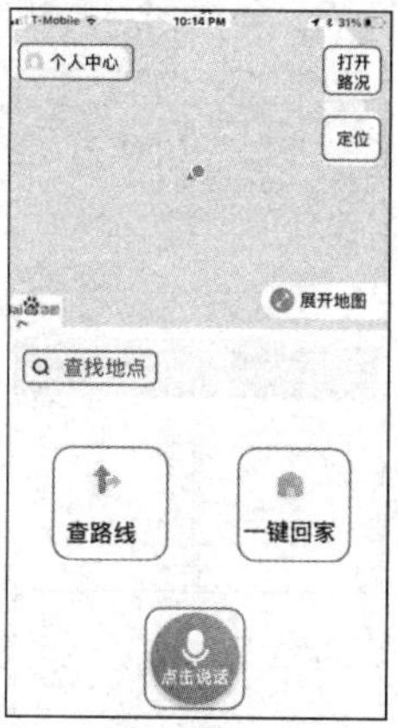

图 14-2　百度地图关怀版的主页

与常规的百度地图相比，关怀版的主页简洁了许多。不但没有非核心功能和广告的干扰，而且所展示的信息大都简单明了，与传统地图使用的逻辑基本一致。这个界面上有几个关键操作按钮和相关的信息，如图 14-2 中的方框所示。

（1）左上角的“个人中心”。

（2）右上角的“打开路况”。

（3）右侧偏上的“定位”。

（4）中间的“查找地点”。

（5）偏下侧左边的“查路线”。

（6）偏下侧右边的“一键回家”。

（7）正下方的“点击说话”。

其中，（1）（2）（3）是设置，（4）（5）（6）是核心功能，（7）是开启语音模式。这个界面在字体和色彩等视觉因素、界面简洁性、地图使用的直观性、关键信息的充分性等方面都较好地体现了适老化。

“个人中心”是主页下的二级界面，是进行个性化设置的地方。进入“个人中心”界面后，能够看到四个可以操作的按钮：返回上一级界面“<”，或者进入三个下一级界面“>”，如图 14-3 中的圆框所示。

目前的版本略显不足的是在这个界面上没有标识出当前在应用中的位置，用户看不出是在“个人中心”，这会给一些老年用户带来困惑。

进入“个人中心”下的“常用地址”界面后，设置常用地址的操作引导比较直观明了，如图 14-4 所示。这里可以进一步改善的地方，是将“删除”这一可操作按钮用和“添加新地址”类似的方式以不同的颜色标识出来，以减轻用户的认知负荷。

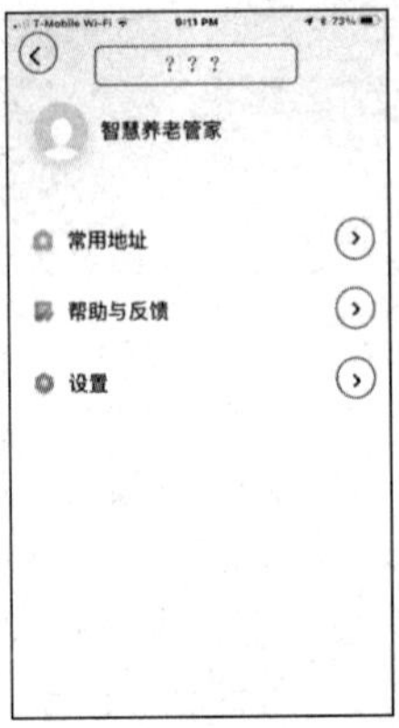

图 14-3　个人中心

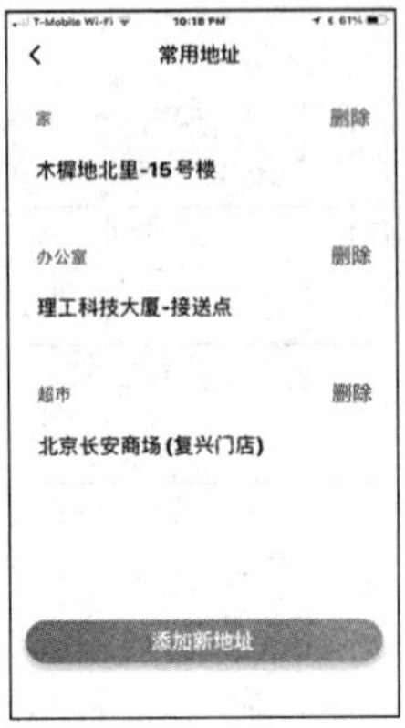

图 14-4　个人中心→常用地址

进入“个人中心”下的“帮助与反馈”界面后，可以看到“基础功能”和“账号问题”两个标签，如图 14-5 所示。每个标签下的界面分别有返回上一级界面和进入下一级界面的操作按钮“<”与“>”。在下一级界面，用户可以获得对一些常见问题的帮助。这里的信息说明和操作引导比较直观、简洁。

进入“个人中心”下的“设置”界面后，我们看到“账户管理”“语音设置”“系统隐私设置”“关于”四个分类，如图 14-6 所示。这里的信息说明和操作引导也较清晰、简洁。

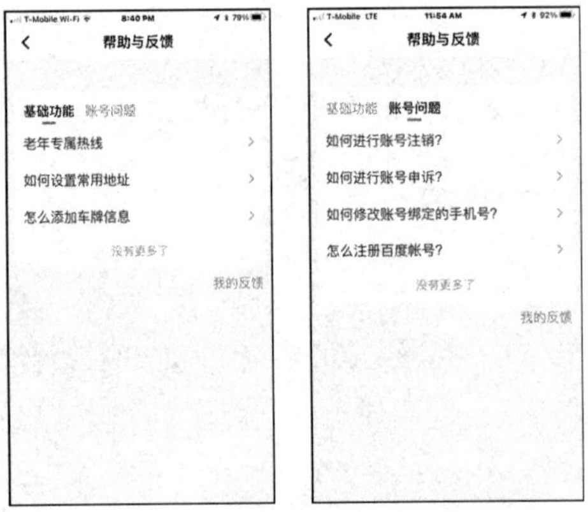

图 14-5　个人中心→帮助与反馈①

图 14-6　个人中心→设置

① 图 14-5 右图中的“百度帐号”的“帐”为错别字，正确用法是“账”。

点击对应四个“设置”分类的“>”按钮，就进入下一级的四个界面，如图 14-7 所示。

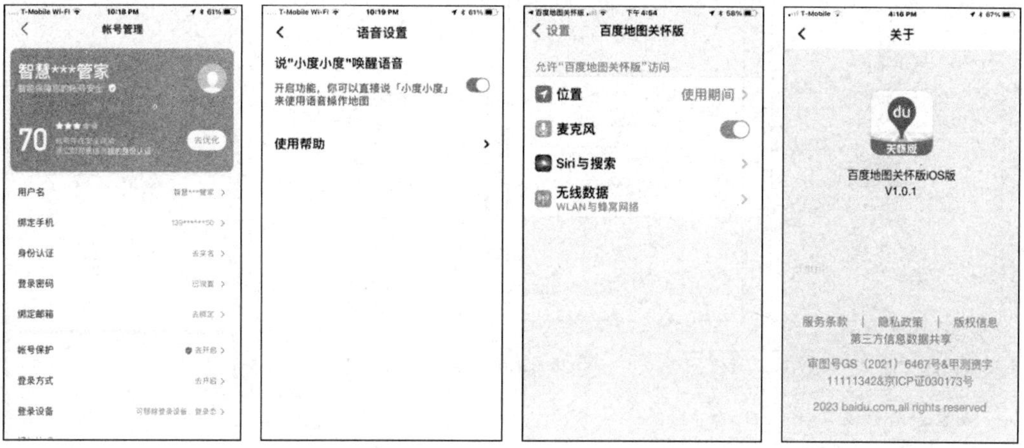

图 14-7　个人中心→“设置”下的四个子界面①

这里有可以进一步改善的地方。在“账号管理”下面右侧的一列按钮的说明文字偏小并且无法调节，文字颜色采用的是灰色并且无法调节。在关怀版中采用这样的视觉设计有些令人出乎意料。前面我们看到在“个人中心”下的“帮助与反馈”界面，有针对“基础功能”和“账号问题”等与设置相关的帮助（见图 14-5）。而这里在“语音设置”界面有一个“使用帮助”。点击“使用帮助”后，进入 “技能中心”界面，如图 14-8 所示。

“技能中心”界面上有三个技能：查路线、找地点和导航。这里的“使用帮助”应该是针对借助语音来使用这三个核心技能的帮助。三个技能下面有一个与地图使用完全无关的“大家都在说”，内容包括天气、百科和时间。

点击图 14-8 中所展示的这三个技能后，可以看到用语音操作和使用这些技能的例子，如图 14-9 所示。这些例子简洁、清晰，容易理解。

“个人中心→设置”下的“系统隐私设置”（见图 14-7 中的第三张图）并非应用中的设置，而是手机对应用的设置。操作时实际上跳出了百度地图关怀版，并把用户引导到手机自身的设置界面，但在界面上没有任何明确的提示。

总之，就应用外观、设置和帮助而言，百度地图关怀版在适老化方面有了明显的改善，与常规的百度地图相比，其适老化程度大幅度地提高了。

① 图 14-7 第一张图中的“帐号”的“帐”为错别字，正确用法是“账”。

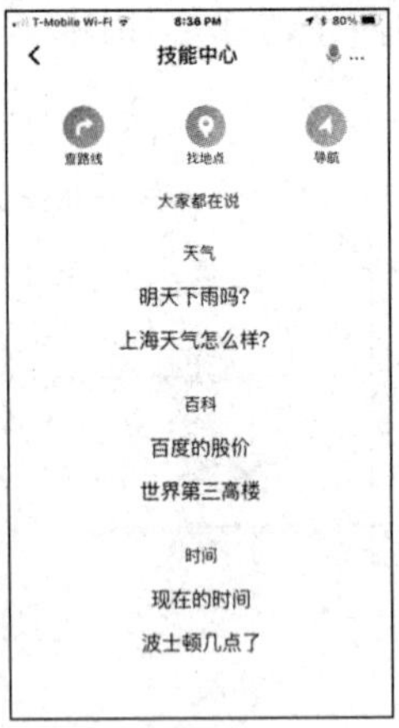

图 14-8　个人中心→设置→语音设置→使用帮助→技能中心

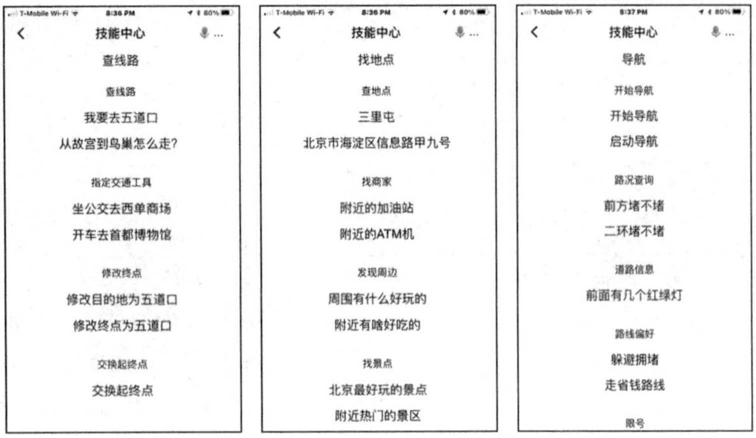

图 14-9　技能中心的核心技能使用例子

14.2.2　主要应用场景

常规的百度地图里老年用户最常用的核心功能，也是百度地图最初所具备的功能，是搜地点、查公交、找路线。其典型的应用场景是，查找某一个地址或服务场所在什么位置、周边有些什么、距离当前位置有多远、去那里应该如何开车或乘车、走什么路线、在哪里换车、需要多长时间、需要花多少车费等，即交通路线查询。

百度地图关怀版聚焦了老年用户最常见的应用场景：查路线、找地点、导航。

14.2.3　使用流程分析

这里说的使用流程是指在完成网络连接、用户注册等步骤以后，从打开百度地图关怀版开始到完成“查路线”这一任务的使用流程。

我们回顾一下，传统的在地图上查路线的方式一般有四个步骤。

（1）找到起点的位置。

（2）找到终点的位置。

（3）在两点之间选择交通工具和交通路线。

（4）获得行程信息：距离、时间、费用等。

我们现在来看看使用百度地图关怀版的操作步骤，并分析其心理模型与传统地图的使用方式有没有什么明显的差异。使用百度地图关怀版完成上述任务的操作分为表 14-2

中列出的七步，每一步都有其特定的任务和完成这一任务对用户的能力要求。

表 14-2　百度地图关怀版主要操作步骤分解

步　　骤	相关界面显示	任务与对用户的能力要求
1．在主页选择“查路线”	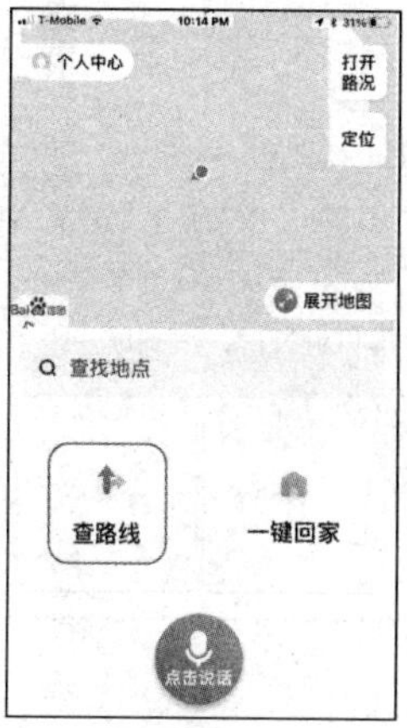	任务：主页显示的是用户当前的位置，以及屏幕下方两个可供选择的操作按钮，即“查路线”“一键回家”。另外，用户可以点击“点击说话”按钮开始语音交互。 对用户的能力要求： • 需要理解展示用户当前位置光标的含义； • “查找地点”需要用文字或语音输入查找对象的地址或特征描述； • 选择“查路线”时，需要对其即将启动的流程有所理解（包括起点、终点、出行方式）； • 能够操作触摸屏，点击“查路线”按钮选择路线，或者点击“点击说话”按钮启动语音模式
2．输入起点和终点	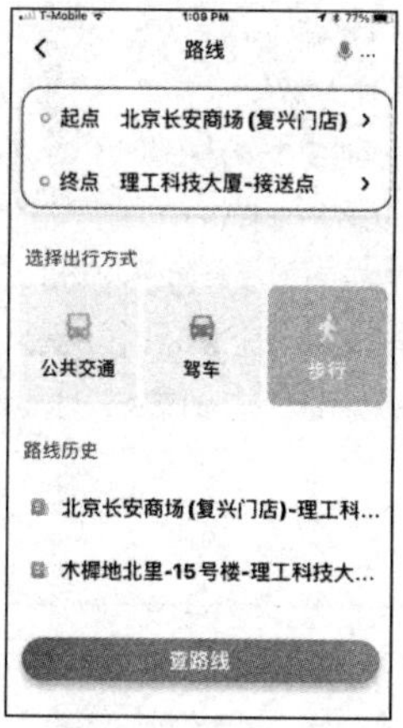	任务：进入“查路线”界面后需要输入起点和终点的位置。 对用户的能力要求： • 理解当前的步骤是输入本次出行的起点和终点； • 理解在界面上输入起点和终点的位置（输入窗口）； • 能够确定起点和终点的具体地址，包括地址的详细程度（外部知识）； • 能够操作中文输入，如文字（拼音、手写）或语音； • 理解返回键“<”的意义，以及使用的场景
3．选择出行方式	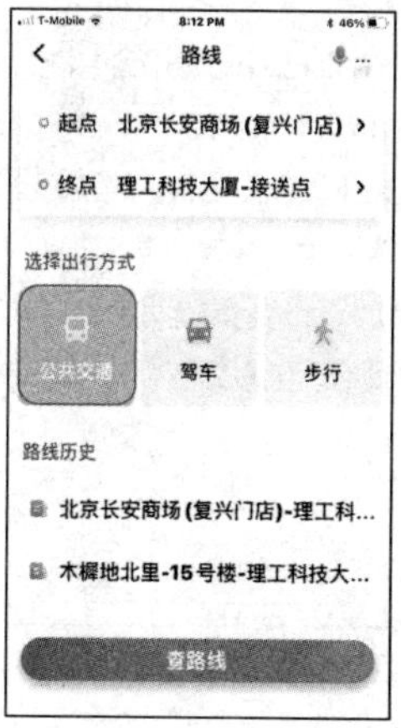	任务：选择所采用的出行方式。供选择的有公共交通、驾车和步行三种本地出行方式。注意火车、飞机、客车等长距离出行方式不在选择范围内。 对用户的能力要求： • 理解当前的步骤是针对已经输入的起点和终点选择出行方式； • 理解各种出行方式的含义，并能判断哪种适合自己； • 能够操作触摸屏，准确地点击所选定的出行方式按钮； • 理解返回键“<”的意义，以及使用的场景

续表

步　骤	相关界面显示	任务与对用户的能力要求
4. 查路线（出行方案）	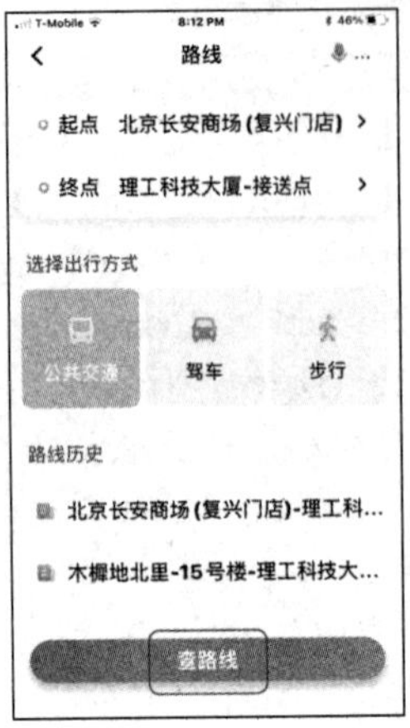 	任务：针对已经输入的起点和终点、选择的出行方式，查找出行方案。 对用户的能力要求： • 理解当前的步骤是针对已经输入的起点和终点、选择的出行方式，查找出行方案； • 能够操作触摸屏，准确地点击“查路线”按钮； • 理解界面将显示多个出行方案供自己选择
5. 选路线（出行方案）	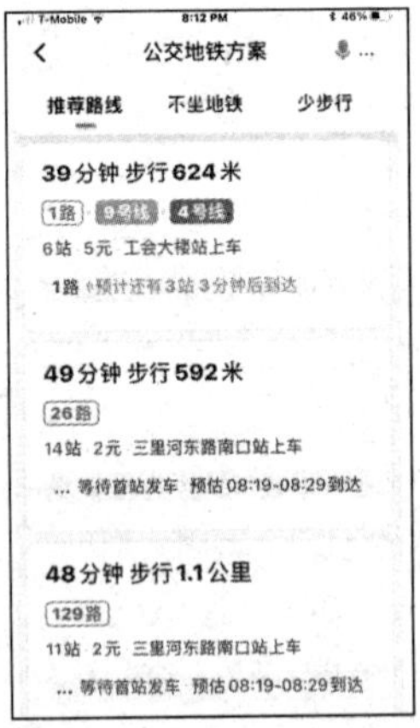 	任务：在系统提供的多个出行方案中选择最适合自己的。 对用户的能力要求： • 理解当前的步骤是在多个出行方案中做出选择； • 理解比较和选择不同出行方案的判断标准与逻辑（少换乘、少步行、少时间、少费用、是否乘坐地铁等）； • 理解选择的方式是在出行方案列表中点击对应的方案； • 理解返回键“<”的意义，以及使用的场景
6. 查看出行方案详情	 	任务：查看自己选定的出行方案详情。 对用户的能力要求： • 理解用于方案综述的词语及背景知识，包括步行、公交路线号、乘坐站数、步行距离、交通费用等； • 理解方案详情的表达方式，包括乘坐公交的上车站名、下车站名、乘坐站数、等待时间、步行距离等

续表

步　骤	相关界面显示	任务与对用户的能力要求
7. 选择导航	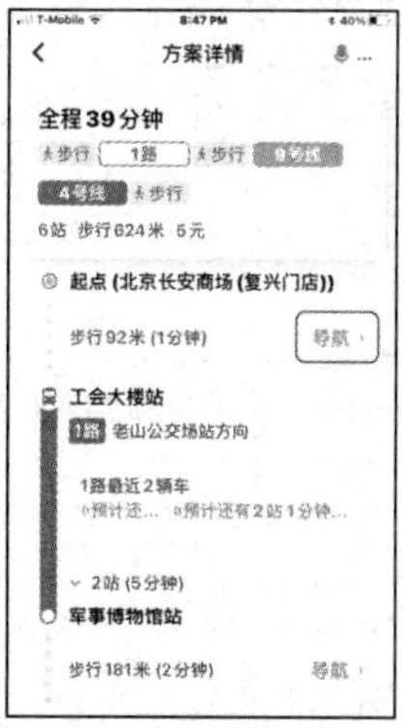	任务：在确定公交车次和路线后，启动导航。 对用户的能力要求： • 理解当前的任务是启动从当前位置开始的行程的导航； • 理解导航及导航信息的意义； • 理解启动导航所需要的操作：点击“导航”按钮； • 能够操作对“导航”按钮的点击。“导航”按钮比前面的出行方式按钮更小； • 理解导航功能通常会使用语音输出，需要适当调节手机扬声器的音量

表 14-2 中展示的虽然只是百度地图关怀版多个应用中的一条具体使用路径，但它包括与地图应用使用相关的有共性的主要操作。我们可以看出其与传统地图的使用方式虽然在步骤的先后顺序上不尽相同，但整体的心理模型要素比较相似，因此老年用户理解起来并非十分困难。

14.2.4　用户使用能力要求与使用负担分析

现在我们分析一下完成表 14-2 中的操作步骤对用户的使用能力有哪些要求，用户又会感受到哪些影响其体验的使用负担。我们将所要求的使用能力分为六类：感知能力、肢体操控能力、短期记忆、判断与选择能力、长期记忆/相关知识、心理倾向。再加上认知负荷，对此七类进行分析。根据分析结果，将适老化程度分为高、中、低三级。具体的分析结果如表 14-3 所示。

表 14-3　百度地图关怀版用户使用能力要求与使用负担分析

能力与负担类别	用户使用能力要求与使用负担分析	适老化程度（高、中、低）
感知能力	视觉：需要能够看清用户界面上的文字。文字大小不可调整，地图大小可以调整：通过界面上的手指伸缩操作	中
	触觉：具备操作触摸屏所需要的触碰感知。这不一定是手指的皮肤，如果是用触控笔，那感受到触碰的就是手部。触觉能力降低常导致反复触碰或混淆触碰和长按	低
	听觉：使用导航功能时能够听清系统的语音提示。音量可调节，但语速和语音频率不可调节	中
肢体操控能力	需要能够准确地操作几种大小不一的触摸屏按钮：“查路线”“导航”等。老年人普遍存在的手部不稳会严重地影响这种精细的操作，尤其是具有老年震颤症状的人	中

续表

能力与负担类别	用户使用能力要求与使用负担分析	适老化程度（高、中、低）
短期记忆	需要能够记住当前任务的操作路径，即能够记住上一步的操作和当前需要完成的操作（任务路径上的当前状态）。界面上缺乏相关的提示信息	中
判断与选择能力	需要能够做基于多个准则的判断与选择（比较公交路线）。目前界面上缺乏依不同准则排序的显示	低
长期记忆/相关知识	需要能够理解界面上的一系列标识，尤其是没有文字解释的标识。目前仍有少量标识缺乏相关的文字说明	中
	需要能够理解界面上的一系列缺乏说明的术语	中
	需要能够理解使用几个主要功能的操作路径，如对选择公交路线这一任务的步骤顺序的理解（借助传统地图使用的心理模型）	高
心理倾向	风险厌恶：缺乏对个人隐私信息、误操作等风险的任何提示	低
	操作路径的全局观：在操作过程中缺乏对整条路径和当前步骤的说明显示	低
认知负荷	与使用传统地图的心理模型除个别地方不同外，大致相同	高
	与主要功能关系不大的标识和信息较少，没有广告	高

14.2.5 评估结论

相比百度地图，百度地图关怀版在很多方面的适老化程度都有较大的提高，尤其是在以下几个方面。

（1）基本没有会干扰老年用户的、与核心功能无关的信息，特别是广告。

（2）通过聚焦于老年用户常用的功能，减少一些次要或使用频率相对较低的功能，降低了应用界面的复杂度。

（3）界面整体清晰、简洁、直观、易懂。

（4）界面上的文字字体、色差等比较适合老年用户。

（5）主要操作按钮的大小比较适合老年用户。

（6）操作流程的心理模型与使用传统地图比较一致。

下面是几点有待于进一步改善的地方。

（1）临时首页（封面）对相当一部分老年用户来说并没有实际的价值，并且会增加老年用户的认知负荷和焦虑感。

（2）“个人中心”界面上缺乏相关的标识，容易使老年用户感到困惑。

（3）此版百度地图关怀版的“线上帮助”分散在以下几个地方。在不能精细地区分所需要的帮助类别时，老年用户会感到困惑。

A．个人中心→帮助与反馈：关于基础功能和账号问题。

B．个人中心→设置→语音设置→使用帮助：如何使用语音操作查路线、找地点和导航。

C．个人中心→设置→账户管理→帮助中心：与账户相关的帮助。

（4）“个人中心→设置→系统隐私设置”这一路径实际上把用户从百度地图关怀版的设置界面带到了手机的设置界面，而不再在百度地图关怀版的设置界面上了，设置完成后需要用户主动回到百度地图关怀版中，但这一点没有任何提示说明。

（5）文字大小无法调整。有些文字仍过小，如“个人中心→设置→账户管理”界面中右边按钮的说明文字过小。

14.3 社交：微信视频通话

无论是在国内还是在国外，视频通话已经成为老年人，尤其是空巢老年人和家人联系的首选方式。在新冠疫情防控期间，视频通话更是很多老年人和外界联系的主要手段。但是，令人遗憾的是，目前在中国仍然有很多老年人无法使用这一工具。其中的原因有多种，包括没有网络和终端、经济原因、对技术的恐惧、缺乏使用能力、缺乏相关的基本知识、没有人帮助等。

目前市场上有多种视频通话工具，从由计算机应用延伸到手机上的 Skype、内嵌于手机操作系统中的应用 FaceTime、手机社交软件微信的自带视频功能、疫情期间快速发展起来的腾讯会议，到老年专用手机上的核心应用，可供选择的方案很多。但其适老化程度则相差很大。

与视频通话最接近的传统通话模式是座机通话，现在我们来看一下使用传统座机的心理模型。使用电话分为拨打电话和接听电话两种操作。这里我们把通话对象局限于熟人。拨打电话的操作过程通常有以下几个动作。

（1）确定通话对象：确定跟谁通话，通话目的。

（2）找到通话对象的电话号码：在电话通讯录中查找，常打的号码可能会记住。

（3）拨号：使用座机时，先拿起听筒，听到拨号音后（目前线路畅通），开始输入通话对象的电话号码。

（4）等待接通：完成拨号后会有短暂的无声期，通常是几秒，然后可以听到回铃声。

（5）等待接听：回铃声意味着对方的电话铃在响，提示对方有电话呼入；等待对方接听电话。

（6）双方通话：对方接听后，双方开始通话，直至一方挂断电话，结束通话。

（7）无人接听：如果对方一直没有接听，则呼叫者挂断电话，结束呼叫。

对于传统座机，绝大多数老年人并不会感觉陌生，因此已经有了与上述步骤吻合的一个心理模型。当使用智能手机进行视频通话时，有些人会试图套用使用传统座机的心理模型，有些人则将其看作一个全新的应用，从零开始建立全新的心理模型。无论是哪种，在最初使用时，老年用户都需要跨越一些障碍。下面我们对在中国老年群体中普及程度相对较高的微信视频通话进行详细的分析。以下分析基于微信在 2023 年 7 月 6 日的最新版本 8.0.39。

微信视频通话是很多老年人进行视频通话的首选，尤其是使用安卓手机的用户（苹果手机用户还有 FaceTime 可以作为选择）。因此，很多老年人需要能够独立使用微信视频通话，尽管他们平时并不一定使用微信的其他功能。

14.3.1 应用外观

微信视频通话是微信下面的一个子应用，它并没有一个独立的初始界面，而是嵌入在微信的对话模式中。这一点与 FaceTime 在桌面上的摄像机标识不同，也给初次学习使用的老年用户自行摸索进行视频通话带来一定的困难。

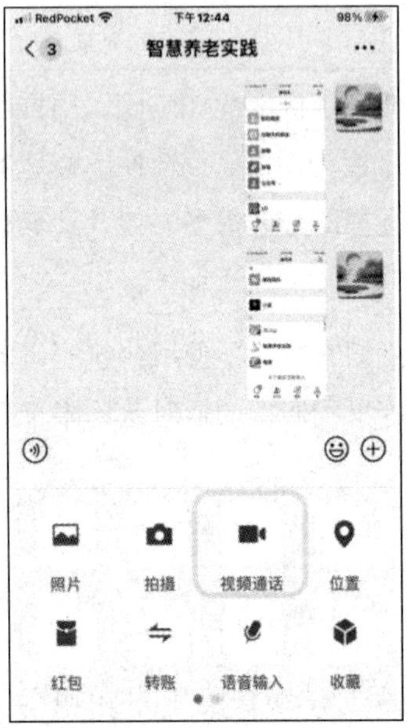

图 14-10 选择微信视频通话的界面

进入微信视频通话的通道有两条，从微信首页的通话记录开始或从通讯录开始，都是先找到通话对象，然后进入与其对话的模式。无论采用哪种，其顺序都是“先找到人，然后进入对话模式，再选择通信模式”。这与使用传统座机具有相似，但不完全相同的心理模型，尤其是需要“进入对话模式”这一步，老年用户需要建立一个与其对应的心理模型。真正视频通话的选择是在第三步或第四步，虽然选择微信视频通话的界面简单易懂，如图 14-10 所示。但到达这个界面前的那些步骤对相当一部分老年用户来说还是有一定难度的。

14.3.2　主要应用场景

微信视频通话的应用场景十分简单明了，即面对面的、具有视频影像的实时通话。这种应用场景对几乎所有具有民事行为能力的老年人来说都不难理解。

14.3.3　使用流程分析

我们重点分析使用微信视频通话时的拨打操作，因为接听操作比较简单。与传统座机的“拿起听筒，聆听拨号音”这一简单的起始动作不同，使用微信视频通话的起始动作要更复杂些，如表 14-4 所示。

表 14-4　微信视频通话主要操作步骤分解

步　骤	相关界面显示	任务与对用户的能力要求
1. 打开智能手机，找到并启动微信		任务：在智能手机的桌面上找到并启动微信。 对用户的能力要求： • 能够记住此次使用的目的是使用微信视频通话； • 能够记住当前的操作任务是找到微信； • 能够识别出微信的标识或看清标识下的文字，尤其是能够和短信的标识区分开； • 能够通过点击微信标识启动微信
2. 在微信首页中找到通话对象		任务：在微信首页的通话记录中找到通话对象。对没有很多微信联系人的老年用户来说，这是最简单的方式，操作步骤较少，不必记住通讯录的操作。 对用户的能力要求： • 理解最近的通话记录会出现在微信的首页； • 能够识别出通话对象的微信名称或头像

续表

<table>
<tr><th>步　　骤</th><th>相关界面显示</th><th>任务与对用户的能力要求</th></tr>
<tr><td>3．进入与通话对象的对话模式</td><td>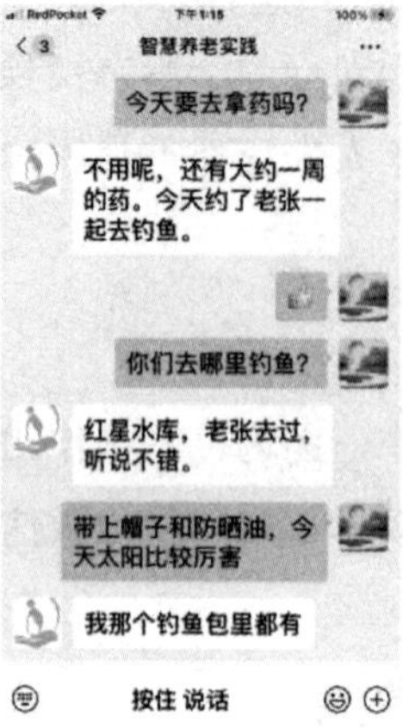
</td><td>任务：进入与通话对象的“对话状态”。
对用户的能力要求：
• 理解进入“对话状态”的意义；
• 理解进入“对话状态”后才能使用视频和语音通话；
• 能够准确地在通话记录中选择对应的通话对象来进入与该通话对象的“对话状态”</td></tr>
<tr><td>4．选择视频通话（一）</td><td>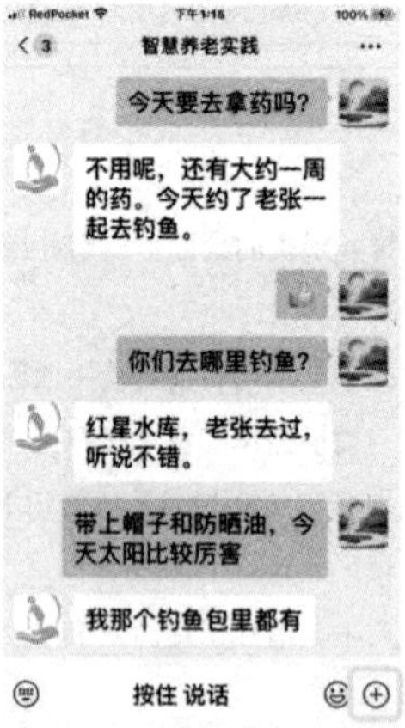
</td><td>任务：选择视频通话的第一步——点击“+”按钮。
对用户的能力要求：
• 理解屏幕右下角“+”的含义；
• 能够准确地点击“+”按钮，进入附加服务界面</td></tr>
<tr><td>5．选择视频通话（二）</td><td>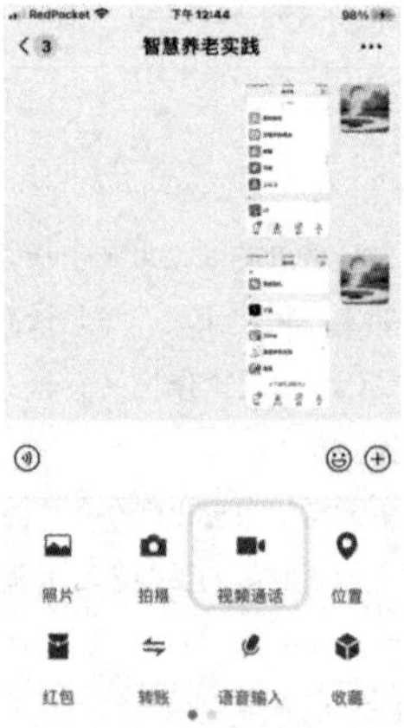
</td><td>任务：选择视频通话的第二步——点击“视频通话”按钮。
对用户的能力要求：
• 理解附加服务界面中“视频通话”标识的意义及作用；
• 能够准确地点击“视频通话”按钮，进入通话模式选择界面</td></tr>
</table>

续表

步　骤	相关界面显示	任务与对用户的能力要求
6．选择并拨出视频通话（三）		任务：选择视频通话的第三步——拨出视频通话请求。 对用户的能力要求： • 理解“视频通话”和“语音通话”之间的差别； • 能够通过准确地点击对应的按钮来选择“视频通话”或“语音通话”； • 拨出“视频通话”或“语音通话”后，进入该通话模式的等待接听界面
7．拨出视频通话后，等待接听		任务：在等待接听界面等待对方接听通话。 对用户的能力要求： • 理解接听状态的含义（与传统座机类似）； • 理解带电话标识的红色按钮的含义； • 理解可以在对方接听前点击红色按钮，取消视频通话
8．无人接听		任务：长时间无人接听后，取消或重试视频通话。 对用户的能力要求： • 理解“对方可能暂时无法接听，建议稍后再次尝试”的含义； • 理解当前的选择：取消，或者取消后再试

续表

步　骤	相关界面显示	任务与对用户的能力要求
9. 在微信通讯录中找到通话对象（一）		这是另一种找到通话对象的方式，适用于微信联系人较多的用户。 任务：在微信首页找到并打开通讯录。 对用户的能力要求： • 能够识别出通讯录的标识或看清标识下的文字； • 能够通过点击“通讯录”按钮打开微信通讯录
10. 在微信通讯录中找到通话对象（二）		任务：在通讯录中找到通话对象。 对用户的能力要求： • 能够识别出通话对象的微信名称或头像

表 14-4 中第 10 步“在微信通讯录中找到通话对象”后的操作与从第 3 步到第 8 步的操作一样。

14.3.4　用户使用能力要求与使用负担分析

现在我们分析一下完成表 14-4 中的操作步骤对用户的使用能力有哪些要求，用户又会感受到哪些影响其体验的使用负担。具体的分析结果如表 14-5 所示。

表 14-5　微信视频通话用户使用能力要求与使用负担分析

能力与负担类别	用户使用能力要求与使用负担分析	适老化程度（高、中、低）
感知能力	视觉：微信提供了关怀模式，但用户需要知道进入设置界面去做调整。这对刚刚接触微信的老年用户，尤其是那些主要是为了使用视频通话的老年用户来说，在没有任何提示的情况下，是一个有一定难度的要求	中
	触觉：这与百度地图关怀版的要求类似，包括手指触碰和触控笔的触碰	低
	听觉：本书截稿时测试的微信版本并没有语音交互功能。在关怀模式中提供了将聊天的文字转为语音的功能，但默认的声音和语速等仍不太适合多数老年用户	低

续表

能力与负担类别	用户使用能力要求与使用负担分析	适老化程度（高、中、低）
肢体操控能力	需要能够准确地操作几种大小不一的触摸屏按钮：微信首页下方的“通讯录”按钮、进入通讯录后右侧的首字母列表、进入对话模式后的“+”按钮、进入附加服务界面后的“视频通话”按钮、进入通话模式选择界面后的“视频通话”和“语音通话”按钮等。老年人普遍存在的手部不稳会严重地影响这种精细的操作，尤其是具有老年震颤症状的人	低
短期记忆	需要能够记住当前任务的操作路径，即能够记住上一步的操作和当前需要完成的操作（任务路径上的当前状态）。虽然界面上相关的提示信息并不充分，但因为其心理模型与传统座机的相似度较高，所以给老年用户造成困惑和混淆的可能性不是很大。两个主要障碍是进入对话模式，以及进入后操作右下角的“+”	中
判断与选择能力	除在视频通话和语音通话之间的简单选择外，基本没有需要做判断与选择的地方，因此这方面的能力要求不高，适老化较充分。但一个可能的困惑是，在点击“+”按钮进入附加服务界面后，有“视频通话”，而点击进入该视频通话后的下一个界面中仍有“视频通话”和“语音通话”。“视频通话”反复出现但含义略有不同，会对有些老年用户造成困惑	高
长期记忆/相关知识	需要能够理解界面上的一系列标识，尤其是没有文字解释的标识，如进入对话模式后右下角的“+”	低
	需要能够理解界面上的一系列缺乏说明的术语，如上述两个“视频通话”的不同含义	低
	需要能够理解使用几个主要功能的操作路径，如需要进入与通话对象的对话模式，才能选择不同的通话模式	中
心理倾向	风险厌恶：缺乏对个人隐私信息、误操作等风险的任何提示	低
	操作路径的全局观：在操作过程中缺乏对整条路径和当前步骤的说明显示	低
认知负荷	与使用传统座机的心理模型除个别地方不同外，大致相同	中
	操作路径中与“视频通话”关系不大的其他功能及标识，如“发现”等，可能分散和干扰老年用户的注意力	中

14.3.5　评估结论

在我们做上述分析时，微信已经有了关怀模式，但是从微信自己提供的说明来看，主要是在感知方面提供一些适老化的改善，如图 14-11 所示。

就当前被分析的版本来说，虽然有了关怀模式，适老化程度属于中等，但是仍有不小的改善空间。从表 14-5 中的分析结果来看，作为一个单独的应用，微信视频通话除在判断与选择能力要求上的适老化程度较高外，其他部分均为中或低。

尤其是在进入对话模式和进入后使用“+”来展示附加服务这两点上缺乏提示说明，对不熟悉智能手机的大批中高龄老年用户来说，学习使用会有较大的困难，在老年群体中广泛地普及这一应用会有相当大的挑战性。

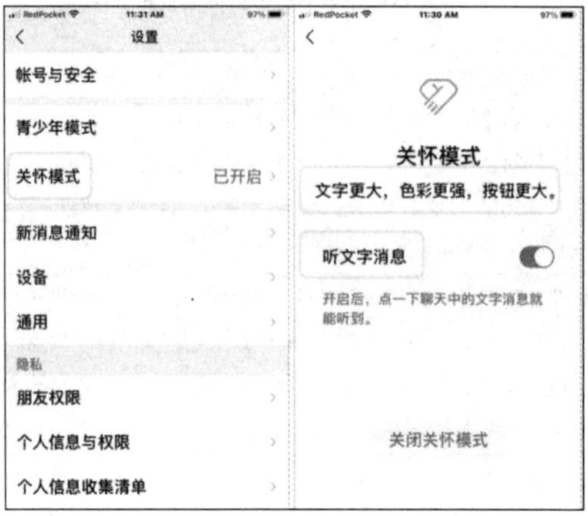

图 14-11　微信的关怀模式①

在中国会有一大批老年人只想使用微信的视频通话功能，如果在关怀模式下，为通往视频通话的通道提供一些指引和提示，将会大幅度地提高老年人的使用率。

14.4　移动支付：微信支付

移动支付是一个具有庞大使用规模，同时对大批老年人的生活产生了深刻影响的应用。在中国的移动支付市场，目前微信和支付宝居于双寡头地位。因为微信在老年人中的普及率相对较高，所以我们在这里详细地分析一下其子应用微信支付的适老化程度与使用负担。和前面的应用分析一样，我们只分析与支付直接相关的操作，而不考虑那些使用智能手机的基本操作。微信支付有两种主要模式：用户扫码支付和商家扫码支付。商家扫码支付中所用的付款二维码需要谨慎保管，对老年用户来说，一方面它有较大的风险，另一方面其心理模型非常生疏（相当于打开钱包让商家自己来拿钱），因此我们不建议使用。下面我们重点分析用户扫码支付的使用流程、用户使用能力要求与使用负担。以下分析基于微信在 2023 年 7 月 6 日的最新版本 8.0.39。

14.4.1　应用外观

和微信视频通话类似，微信支付也是微信下面的一个子应用，因此也没有一个独立的标识，而是进入微信首页后通过适当的通道进入支付流程。上面提到的微信支付的两

① 图 14-11 左图中的“帐号与安全”的“帐”为错别字，正确用法是“账”。

种模式对应两条通道：“发现→扫一扫”和“我→服务→收付款”。其中，“扫一扫”和“服务”分别是两条通道的关键点。这些通道对老年用户的影响较大：既可能起到鼓励的作用，也可能使老年用户望而生畏，乃至放弃使用。

图 14-12 所展示的是用户扫码通道的三个界面：微信首页、“发现”界面和扫码界面。我们要特别指出的是，在这一通道的三个界面上没有任何与支付相关的提示，也没有任何说明告诉用户这是一条通向微信支付的通道。因此，老年用户通过自己摸索来发现和使用这一通道具有相当大的难度。

到达了扫码界面后，后续的步骤与传统的线下支付“确定收款方→确定支付金额→支付”具有相似的心理模型，因此老年用户使用起来不会感觉很困难。

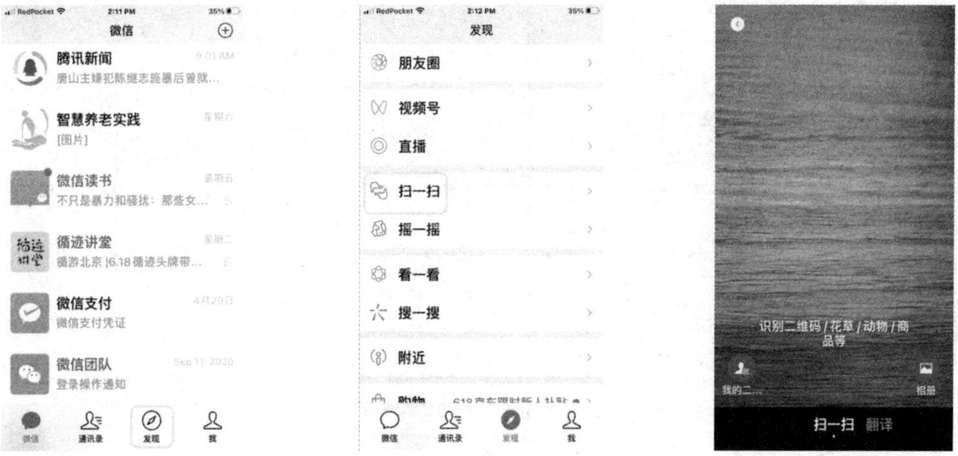

（a）在微信首页中找到“发现”　（b）进入“发现”界面后找到“扫一扫”　（c）进入“扫一扫”后使用扫码器

图 14-12　用户扫码通道并不显示“支付”

14.4.2 主要应用场景

微信支付的应用场景很简单、直观，易于被老年用户理解：向接受微信支付的商家以微信下的支付子应用来支付人民币款项。唯一需要老年用户判断的是商家是否接受微信支付。接受微信支付的商家通常会展示一个微信支付标识，如图 14-13 所示。

图 14-13　接受微信支付的标识

14.4.3 使用流程分析

表 14-6 展示了微信支付主要操作步骤分解。

表 14-6　微信支付主要操作步骤分解

步　　骤	相关界面显示	任务与对用户的能力要求
1．找到商家的收款二维码	本步骤没有界面显示。这是在微信支付操作之前的步骤，尚未涉及微信支付的使用	任务：识别和确认商家的收款二维码。 对用户的能力要求： • 具备二维码的基础知识，包括知道二维码的样子，知道如何用智能手机扫码； • 理解收款二维码与商家之间的关系； • 理解微信支付的基本逻辑，即将微信钱包内的资金（零钱）或与其关联的银行卡内的资金支付给收款二维码所代表的商家
2．打开微信首页并找到“发现”		任务：进入微信支付通道的步骤一——找到“发现”。 对用户的能力要求： • 能够识别出微信标识； • 能够通过触摸屏上的操作打开微信； • 能够记住进入微信支付通道的第一步是“发现”； • 能够在微信首页中找到“发现”
3．进入“发现”界面并找到“扫一扫”		任务：进入微信支付通道的步骤二——找到“扫一扫”。 对用户的能力要求： • 能够通过触摸屏上的操作进入“发现”界面； • 能够记住进入微信支付通道的下一步是“扫一扫”； • 能够在“发现”界面中找到“扫一扫”
4．进入“扫一扫”后使用扫码器扫描商家的收款二维码		任务：进入微信支付通道的步骤三——扫商家的收款二维码。 对用户的能力要求： • 能够通过触摸屏上的操作打开“扫　扫”； • 能够将手机摄像头对准商家的收款二维码进行扫码操作
5. 扫码成功后进入输入金额和备注的界面		任务：确定付款对象、输入备注。 对用户的能力要求： • 能够从金额输入界面上确定付款对象； • 需要时能够点击“添加备注”并输入适当的文字

续表

步　骤	相关界面显示	任务与对用户的能力要求
6．输入金额		任务：输入并提交支付金额。 对用户的能力要求： • 能够使用虚拟数字键盘准确地输入要支付的金额，包括理解小数点和删除键的用法； • 理解点击“付款”按钮将向商家支付所输入的金额； • 能够点击“付款”按钮
7．在弹出的确认支付窗口确认支付		任务：确认支付。 对用户的能力要求： • 理解在确认支付窗口完成确认后，支付将完成，并无法追回； • 能够在确认支付窗口点击“确认支付”按钮
8. 在完成支付前输入身份信息（指纹或密码）		任务：确认支付时的身份信息。 对用户的能力要求： • 理解此时确认身份信息的含义； • 能够将手指按在主页按钮上验证预设的指纹信息或输入密码
9. 收到支付成功确认		任务：确认刚完成的支付。 对用户的能力要求： • 理解支付成功确认的含义； • 确认收款方和收款金额准确无误
10．另外在微信消息中收到来自“微信支付”的“微信支付凭证”		任务：确认、了解“微信支付凭证”。 对用户的能力要求： • 理解“微信支付凭证”的内容； • 理解“微信支付凭证”可供事后查询

14.4.4　用户使用能力要求与使用负担分析

现在我们分析一下完成表 14-6 中的操作步骤对用户的使用能力有哪些要求，用户又会感受到哪些影响其体验的使用负担。具体的分析结果如表 14-7 所示。

表 14-7 微信支付用户使用能力要求与使用负担分析

能力与负担类别	用户使用能力要求与使用负担分析	适老化程度（高、中、低）
感知能力	视觉：与微信视频通话一样，微信提供了关怀模式，但需要进入设置界面去设置	中
	触觉：与前面两个应用的要求类似，包括手指触碰和触控笔的触碰	低
	听觉：与微信视频通话一样	低
肢体操控能力	需要能够准确地操作几种大小不一的触摸屏按钮："发现"、"扫一扫"、虚拟数字键盘上的数字、"付款"等。老年人普遍存在的手部不稳会严重地影响这种精细的操作，尤其是具有老年震颤症状的人	低
	另一个必要的操作技能是扫二维码，需要将手机摄像头对准二维码，并从屏幕上观察扫码情况，能够确认扫码是否成功	低
短期记忆	需要能够记住当前任务的操作路径，即能够记住上一步的操作和当前需要完成的操作（任务路径上的当前状态）。界面上缺乏相关的提示信息，尤其是在进入扫码状态前的路径部分	低
判断与选择能力	微信支付应用中没有要求使用到此能力	高
长期记忆/相关知识	需要能够理解界面上的一系列缺乏说明的术语，如"发现"	低
	需要知道进入微信支付通道的入口（发现）	中
	需要具备二维码的基础知识	中
心理倾向	风险厌恶：缺乏对个人隐私信息、误操作等风险的任何提示	低
	操作路径的全局观：在操作过程中缺乏对整条路径和当前步骤的说明显示	低
认知负荷	主要使用流程与传统的线下支付具有大致相同的心理模型	中
	有较多的其他与主要功能关系不大的标识，可能干扰老年用户的注意力	低

14.4.5 评估结论

微信支付整体的适老化程度为中等。一方面，微信支付的功能比较单一，并且其主要使用流程与传统的线下支付的心理模型相似度较高，但对适老化的要求不是很高。另一方面，两个老年用户不熟悉的必要知识会成为其使用的主要障碍：进入微信支付通道的起点（发现），对二维码的基本了解和扫码操作。

作为一个与资金相关的应用，其安全自然会受到老年人的高度关注。而整个使用流程中看不到对安全问题的任何触及，只是在最后的"微信支付凭证"中有"账户安全"这一按钮。

此外，在提供充分的提示和提醒以减少对短期记忆的依赖，提供使用流程全局观以符合老年人的心理倾向，以及减少不必要的信息等方面仍然有很大的改善空间。

第五部分　展望与总结

适老化是一个人类社会需要长期面对和重视的问题。而其未来的变化和发展受三个因素的影响最大：技术进步、人类发展、环境与生活变化。在第五部分，我们对这三大影响因素的未来趋势，以及未来的一些数字化应用将如何影响老年人的生活，适老化又需要怎样适应这三大影响因素分别进行讨论。

第 15 章 展望未来

我们处在一个新技术推动人类社会的方方面面快速变化的时代，我们今天所面临的年龄数字鸿沟问题也会随着社会的发展而不断变化，未来数字社会的适老化所面对的数字化应用、老年群体的特点和他们的适老化需求、适老化所采用的技术与方法，乃至适老化的社会影响力，都将与今天大不相同。下面我们探讨一下驱动这些变化的几个趋势。

15.1 技术进步趋势

新技术的持续、快速涌现将继续扩大年龄数字鸿沟，同时有一些新的趋势将加剧适老化不足的严重性。

（1）新技术、新应用的涌现。新技术出现的频率在不断地提高，人工智能在这里起着极其重要的推动和加速作用。这些新应用中与老年人相关性很高的应用将越来越多。其中，与老年人密切相关的医疗保健领域更是随着基因技术、个性化医疗等的突破而产生全新的医疗保健模式，在中国影响数以亿计的老年人。伴随这些新技术而来的是新的使用理念、背景知识、使用方式、用户终端，以及对用户使用能力的新要求，这将使“能力差”这一带来适老化挑战的根源问题更加凸显。以元宇宙（Metaverse）为代表的新技术将再次颠覆以往的使用模式和使用习惯。

（2）数字终端的小型化、无形化。芯片技术的发展及其与可穿戴设备结合的结果是给我们带来数字终端的进一步小型化，这将导致传统的用户界面信息显示与输入方式发生根本性的变化。老年人将面临全新的、陌生的用户界面。被广泛地寄予希望的语音界面目前还远不能适应老年人的使用习惯和使用能力。另外，越来越多的人类与数字环境的交互将不再是通过一个显性的终端装置，而是通过一些融合进环境、衣着、饰物乃至植入人体的微感应器和微处理器来进行。那时体现使用者自主性的个性化判断与选择的流程又会是什么样的呢？这些流程与老年人熟悉的模式又会有什么不同呢？

（3）数字终端的互联互通。未来几乎所有的数字终端都将具备联网功能，并且其应用也将充分地利用这一功能。这在带来更好的使用体验的同时，也对设备的设置与管理提出了新的要求。检验网络连接、排除网络故障、适当的安全管理等将进一步增加老年人的使用负担。

（4）人工智能的运用。一方面，人工智能的运用加快了技术的迭代速度，加剧了适老化跟上技术更新步伐的挑战；另一方面，将人工智能应用于适老化中也加快了适老化的知识和技术的普及速度，降低了适老化的成本，大大地缩短了适老化的延迟时间。

（5）安全与用户隐私。无论是出于满足法律法规的要求，还是为了提高市场竞争力，产品开发商都会更为重视信息安全和用户个人隐私的问题。安全管理要求在严密的安全防范和用户体验之间找到平衡点。而对老年人来说，这种权衡利弊的判断过于复杂，具有相当大的难度。

15.2 人类发展趋势

（1）寿命大幅度延长。随着生命科学的新发现及其应用的加速，尤其是在人工智能的助力下，人类寿命的延长将有突破性的进展。老龄化的加剧将是一种全球化的现象，而中国更是首当其冲。根据国家统计局发布的数据，到 2022 年年底中国 60 岁及以上老年人口为 28 004 万人，占全国人口的 19.8%。对未来中国老年人口的规模目前有多种估计：根据联合国《世界人口展望 2022》的预测，中国 60 岁及以上老年人口将在 2033 年左右超过 4 亿人，在 2054 年左右达到约 5.2 亿人的高峰；而根据国家卫生健康委员会老龄健康司给出的预测，在 2035 年左右，中国 60 岁及以上老年人口将突破 4 亿人，在总人口中的占比将超过 30%，中国将进入重度老龄化阶段。

（2）老年人的特点发生变化。随着中国社会经济的持续发展，老年人的健康状况和知识水平会不断提高，对新技术的恐惧和排斥会逐渐减弱。

（3）群体间差异更大。中国仍是一个发展中国家，并且社会经济发展水平存在着城乡之间、地域之间的巨大差距，即使在同一个城市中，处于不同经济阶层的老年人在教育、收入、健康、所具有的社会支持、新技术的使用等多个方面也有着显著的差异。在未来的几十年中，这种差异将持续地存在，并对适老化的努力在不同老年群体上的效果产生较大的影响。

（4）女性老年人增多。人类的寿命在延长，而女性老年人的寿命相对更长一些。根据《中国人口普查年鉴 2020》，在 65 岁及以上的所有年龄组中，女性人数均多于男性，且年龄越大女性比例越高。在未来，随着期望寿命的延长，性别差将进一步扩大，尤其在中高龄年龄段。这对适老化的效果会有什么影响目前尚不可知。但总体来说，女性老年人无论是在社交还是在学习上都比男性老年人的动力更强，其学习方式也有所不同。而男性老年人则更被动、消极，需要更多的激励。

（5）家庭结构变化。多代同堂的家庭将越来越少，随着独生子女的父母一代人，部分“50后”、多数“60后”和“70后”进入老年，老年人的家庭规模将进一步缩小，空巢和独居老年人的比例与绝对数都会达到新高。根据“第四次中国城乡老年人生活状况抽样调查”成果，2020年中国空巢和独居老年人已达到1.18亿人，随着大批独生子女的父母进入晚年，这一数字将快速增加。这些空巢和独居老年人一方面更需要使用数字产品来应对晚年生活的各种需求，另一方面在使用数字产品时也更缺乏在身边能够提供及时帮助的人。

15.3 环境与生活变化趋势

在未来几十年，中国老年人的晚年生活形式也会发生深刻的变化，主要体现在以下几个方面。

（1）空巢和独居老年人增加。大批空巢和独居老年人将脱离依赖子女的模式，而融入身边的生活环境。在社会日益数字化的未来，无论是居家安全、日常生活所需、社交娱乐，还是保健就医，这些老年人的生活都将越来越依赖多种数字化服务。使用数字化服务将不再是一个可能的选择，而是保持正常的生活质量所必需的。适老化的成效将直接影响到这些老年人的福祉。

（2）老年生活多样化。一方面，随着寿命的延长和经济状况的改善，老年人的退休生活将更加多样化，从以前的围绕着第三代或以益寿延年为重心的晚年生活逐渐转向追求更丰富多彩的第三人生。旅游、学习、义工等老年人生活中的常见内容将逐渐普及起来。另一方面，延迟退休势在必行，因此在晚年仍继续工作的老年人也会越来越多。而在一个深度数字化的社会里，这一切都将与各种数字化应用密不可分。

（3）工作场所应用。随着老年人健康状况的改善、退休的延迟和人口红利的逐渐消失，在工作场所见到六十几岁甚至年过七十的老年人将不再令人惊奇。无论是自愿的还是不得已的，越来越多的老年人都会选择继续工作。因此，工作场所的数字化应用不得不适应越来越多的老年用户。

（4）商业场所应用。老龄化的持续加剧、老年人经济状况的改善和消费观念的转变等，将推动老年人逐渐成为居民消费的主力。当市场意识到老年人不再是可以被忽略的弱势消费群体时，无论是在实体店还是在线上，改善老年人的消费体验的优先级都会被大幅度地提高。

15.4 未来的数字化应用

未来几十年随着数字化的深入，相关的新技术和新应用将加速涌现。芯片持续小型化和人工智能应用的成熟与普及将催生大批渗透进人类生活方方面面的数字化应用，其中相当一部分将与社会老龄化密切相关，对老年人的生活产生重大影响。

建立在区块链技术之上的 Web 3.0 将因为其带来的价值连接而重新塑造很多我们已经习以为常的数字化服务，这将再次不可避免地影响所有人，包括广大的老年群体。各种状态监测与信息采集设备将融入人类生活环境中和日常服饰穿戴上，成为老龄社会所需要的新型安全和健康监测服务的基础。而这些数据的控制、共享和应用将由用户通过适当的界面交互来管理，因此这些界面交互的适老化程度将极大地影响老年人的接受态度和使用效果。下面这些目前已经由概念逐渐发展为实际应用的例子，能够向我们揭示未来应用的适老化趋势，以及我们将持续面临的适老化挑战。

15.4.1 数字货币

数字货币和虚拟货币的理念已经被越来越多的人接受，并将随着数字人民币的普及与应用而进入越来越多的老年人的生活。以非同质化代币（Non-Fungible Token，NFT）为代表的数字资产也在日益普及，与数字货币相辅相成，将成为数字经济的重要组成部分。由于背后有国家力量的推动，因此未来数字人民币在适用的支付场景上将比微信支付和支付宝更具有优势，尤其是在中大额支付上。

使用数字人民币将需要具备一定的相关知识，尤其是涉及传统人民币与数字人民币之间的转换与充值、特定的支付场景、匿名钱包等术语及相关的操作等。这将是在老年群体中普及数字人民币所面临的主要障碍。

15.4.2 区块链的其他应用

区块链是一种将被大规模普及的底层数字技术，在此基础上将构建出大批以去中心化为特点的新应用。虽然大多数使用区块链的应用并不要求用户对区块链本身有深入的了解，但很多应用场景在未来相当长的一段时间内仍然需要用户对它的一些基本属性（加密、去中心化等）及在其上构建的应用特点有充分的理解。比如，建立在区块链技术之上的个性化医疗健康数据管理[43]，建立在区块链智能合约之上的自动支付[44]等，都需要对一些特定的新概念和新模式有一定的理解。

15.4.3 自动驾驶

自动驾驶的普及无疑将给未来老年人的出行带来福音。麻省理工学院老年实验室主任 Joseph Coughlin 曾宣称："人口老龄化和自动驾驶的融合也许能解决老龄社会老年人出行难的问题。"但自动驾驶自身的高风险，对其适老化提出了更苛刻的要求。自动驾驶和老年人能力的匹配与融合一直受到学术界、产业界、政府的关注。

除上下车的困难和在车上时老年人可能突发的健康事件外，及时、准确地从老年人那里获得指令也具有相当大的难度。老年人与自动驾驶系统之间的语音交互并非那么简单。即使不考虑方言与口音等因素，很多我们习以为常的场景，如应对多人同乘时的指令识别、中途修改指令、异常状况的处理等也都会要求自动驾驶的使用者具备一些老年人通常欠缺的能力。因此，其适老化还有较长的路要走。

15.4.4 元宇宙

近年来，元宇宙已经成为数字技术未来发展的关注热点。各大互联网公司纷纷投入资源，试图抢占未来元宇宙市场的先机，这也激发了大量有关元宇宙在养老中的各种应用场景的讨论。目前被提到最多的几个应用是社交、医疗保健、旅游和金融。

就社交而言，从理论上讲，元宇宙有史以来第一次提供了这样一种可能，当老年人在现实世界中活动力不从心、无法出门时，他们仍可以在虚拟世界中活跃着。这对于重新激发老年人精神世界的活力，帮助他们建立新的持续的社会连接，使他们再次发现自身的价值等有着不可估量的作用。他们还可以在虚拟世界中自由地遨游，畅游那些在现实世界中不可能去的地方，甚至"穿越"到过去和未来。并且在这样的旅行中，他们不必忍受衰老的身体和疾病带来的痛苦，而是永远保持着青春的活力。这一切似乎如此完美，数字技术终于可以使人类在某些时刻"长生不老"了。

无论是什么应用，这种全新的、沉浸式的体验和参与都不是自然与直观的（至少在相当长的时间内往往还需要借助头盔或眼镜等外部设备）。尤其是对那些从未接触过 VR/AR 的老年人来说，元宇宙将是一个全新的、颠覆传统观念的事物，自己一生的经验和认知并没有积累下来任何可借鉴的心理模型。因此，我们不能对老年人使用的意愿和能力过于乐观。首先，在现实世界与虚拟世界之间切换并不是多数老年人能够操作自如的。其次，在晚年阶段，在虚拟世界中重新建立自己的社交网络，也并不是轻而易举的。

元宇宙和养老的结合不仅仍然有很多技术障碍，还面临着很多社会和伦理上的挑战。当老年人沉迷于虚拟世界中的舒适区时，或者在虚拟世界里受到歧视乃至霸凌时，他们能向谁求助呢？

15.5　适老化的变化

新冠疫情和随之而来的各种隔离防护措施，无论是在国内还是在国外都极大地推动了数字化在社会方方面面的渗透。在此背景下，线上问诊得到了前所未有的普及，微信视频、FaceTime、Skype 等视频聊天技术辅助的社会连接成为大批老年人避免孤独的选择，是大批老年人每天与家人联系的工具。随着数字化应用的范围进一步扩大，这些产品和服务的种种适老化不足也被充分地暴露了出来。

我们正处于数字化和老龄化交织的初期，数字社会适老化的问题被提到议事日程上不久。《关于切实解决老年人运用智能技术困难的实施方案》和《互联网应用适老化及无障碍改造专项行动方案》第一次从国家的层面正视了适老化问题。在“十四五”期间，数字社会的适老化必将成为老龄化工作的一个重要组成部分。

数字社会适老化的未来发展将主要受到技术进步、人类发展、环境与生活变化这三个因素的影响，如图 15-1 所示。而每个因素中都有一系列趋势将从外部影响适老化的需求驱动、普及程度、普及速度、社会效益和经济效益。

图 15-1　决定适老化未来发展的三个因素

就像 20 年前我们无法想象智能手机的出现会颠覆这么多的行业，10 年前我们难以预料人工智能会这么快地代替如此多的人工，现在我们仍然不能有把握预测未来几十年内会有哪些影响我们日常生活的新技术出现。但是，有几类逐渐成熟的新技术获得普及的可能性较大，它们会给适老化带来新的挑战。

在上述这些趋势的推动下，适老化将发生一系列根本性的变化，包括以下六点。

（1）**适老化需求的广度和规模都将持续增加**。随着数字化在生活各个方面的全方位深入，老年人生活中能够游离在数字化以外的部分将越来越少。与此同时，老年人学习使用数字产品的能力却随着年龄的增长在持续地衰退，且学习机会也在持续地减少，这将导致适老化需求越来越多，其涉及的老年群体越来越大，所持续的时间也越来越长。

（2）**适老化将逐渐受到重视**。2020 年可以说是数字社会适老化的元年。自 2020 年之后，整个社会对适老化的认识越来越深入，开始意识到了年龄数字鸿沟的存在及其不可忽视的社会影响，并且认识到了适老化的公共服务属性。由于其社会影响巨大，因此适老化将越来越受到重视，并且不再完全依赖市场了，它将从可有可无逐渐转变为必不可少。本书中所提到的适老化支持体系将以各种形式被逐步地建立起来，最终形成从数字产品的设计、宣传，到进入市场后的普及与深入、日常的老年用户协助等体系化的数字社会适老化支持。

（3）**适老化技术将加速发展**。随着适老化理念被广泛地接受和应用，适老化自身也将经历改头换面的技术洗礼。各种适老化设计的知识和技巧将逐步在数字产品设计人员中普及，特别是随着人工智能应用的普及，适老化将进入一个通过机器学习迅速积累经验的时期，并形成可以快速普及的应用模块。

（4）**部分适老化的成本将持续下降**。随着数字产品适老化在实践中应用的积累效应不断显现，在产品开发环节使用的很多适老化方法和技巧将逐渐被模块化，导致其成本大幅度地下降，最终不再是考虑市场先机时的取舍因素。随着线上平台的普及与应用，使用培训和使用支持的成本也将显著降低。

（5）**背景知识要求将成为主要门槛**。很多新技术的应用会要求用户更深度地参与，因此对用户背景知识的要求将始终是一项挑战。特别是使用数字化医疗保健应用所需要的知识将是一个可观的门槛。

（6）**数字素养提升将是一项长久的挑战**。数字社会公民所需要的数字素养随着时代的发展和科技的进步将不断地变化，老年人拥有的数字素养也需要不断地更新。其中一个难点是在信息爆炸时代针对老年用户的有效信息筛选。

上述六点概括了我们对适老化未来发展的认识。一方面，我们看到新技术的出现和应用总能带来新的适老化挑战；另一方面，人工智能在适老化上的广泛和深入运用，将使在适老化设计、使用培训和使用支持中常用的一些相对稳定的方法与技巧模块化、流程化，大幅度地降低适老化的成本。以掌握必要的背景知识为代表的数字素养提升和维持将成为未来适老化的重点。

可以把适老化支持分为以下四类。

（1）解决当前紧迫问题的人工绿色通道。

（2）面向大多数老年人的适老化设计、使用培训和使用支持。

（3）面向部分无使用能力的老年人的可信代理。

（4）面向老年网民的线上适老化支持平台。

图 15-2 展示了适老化支持的未来发展趋势。在未来约 30 年中，人工绿色通道将逐步减少，但不会完全消失，适老化设计、使用培训和使用支持等适老化支持体系的线下部分将小幅增长，大批失去使用能力的高龄老年人将依赖子女或身边的照护人提供的可信代理服务。

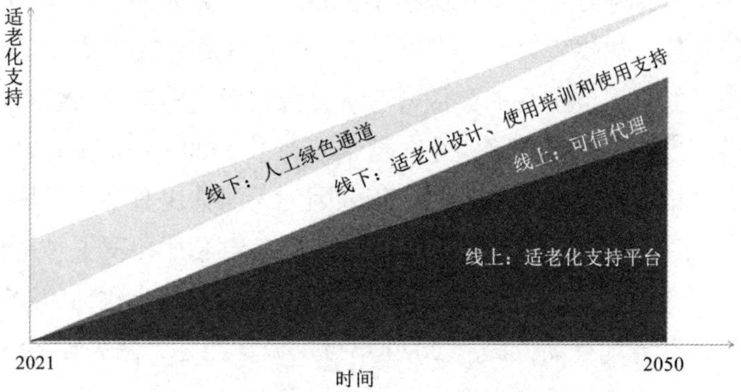

图 15-2　适老化支持的未来发展趋势

随着老年网民数量的增加，线上的适老化支持平台将成为针对已经上线的老年网民的主要手段。数字素养提升、产品的使用培训和使用支持将充分地借助此类平台。

第 16 章　结束语

虽然本书中与适老化相关的材料积累可以追溯到 2015 年前后，但真正开始写这本书是在 2020 年 3 月。当时，我刚刚完成了《智慧养老技术及落地应用指南》的书稿，在写其中的第六章“智慧养老项目的基础：适老化”时，就感觉到对适老化来说，一章的篇幅只能介绍一些皮毛，真正系统地介绍适老化的成因、来龙去脉、当前的状况、未来的发展，至少需要用一整本书。随即，我向电子工业出版社提出了自己的想法并获得了积极的鼓励。走完了出版社的立项程序后，我就开始梳理近几年来自己在适老化方面的研究心得，以及在实际中获得的经验。随后在 2020 年发生的事情，既令人感到惊奇，也让人体会到了什么叫作水到渠成。

2020 年 6 月，中国老年学和老年医学学会智慧医养分会要开办智慧医养大讲堂系列讲座。分会主任左美云教授建议我来讲第一课，内容就是科技产品的适老化。3 个月后，左教授又邀请我在智慧医养分会的微信公众号上做适老化的文章连载系列。回头看看，左教授对智慧养老发展的敏锐性确实令人赞叹。到了 2020 年 10 月前后，适老化突然成为媒体和社会关注的热点，全国多地的老年人因为无法使用数字化工具而遭遇的种种困境受到了广泛的关注。随即在 2020 年 11 月，国务院办公厅印发了《关于切实解决老年人运用智能技术困难的实施方案》。2020 年 12 月，工业和信息化部印发了《互联网应用适老化及无障碍改造专项行动方案》。2020 年可以说是当之无愧的数字社会适老化元年。我多年积累的适老化研究经验和心得也找到了用武之地。

在写作的过程中，本书的范围和重点前后经历了几次调整。最初的书名是《科技产品的适老化设计》，主要想聚焦于科技产品设计上的适老化问题。随着 2020 年 10 月前后适老化问题成为社会关注的焦点，我很快意识到，对于当前的适老化问题，仅在设计上下功夫是远水解不了近渴的，适老化不足所影响的不仅是老年人获得服务的便捷性，还关系到社会治理效率等一系列影响更深远的挑战。我们既要应对一系列迫在眉睫的年龄数字鸿沟挑战，又要着眼于更长远的适老化发展趋势，并且需要系统的思维，以建立一个长效的机制，从根本上解决问题。因此，我将适老化的焦点从产品设计扩大到支撑数字社会的适老化支持体系，书名也随之更改为《数字社会的适老化支持体系建设》。

在本书截稿的时候，国内研究信息技术适老化的人主要集中在设计领域，系统地关注设计以外的适老化领域的人不多，而研究数字社会适老化支持体系建设的人就更少了。中国的特殊国情，使我们审视适老化的角度也不同。作为第一本阐述适老化支持体系建设的中文专著，本书的主要贡献如下。

（1）梳理了数字社会的适老化需求产生的根源，并得出了适老化挑战将长期存在的结论。

（2）分析了数字社会适老化的未来发展趋势，并得出了未来的适老化挑战将从操作层面转向认知和知识层面的结论。

（3）分析并总结了什么是理想的适老化机制。

（4）从投入产出的角度分析了为什么目前市场无法解决适老化问题。

（5）对当前主流数字产品的用户使用能力要求与使用负担进行了系统的分析。

（6）提出了围绕适老化的系统思维及当前适老化的主要短板。

（7）提出了一个数字社会适老化支持体系的框架。

（8）提出了一个适老化辅助服务平台，作为未来大规模解决适老化问题的依托。

（9）提出了一系列人工智能赋能的适老化的方向和场景。

（10）分析并总结了老年人的心理倾向对采纳新技术产品的影响。

（11）分析并总结了如何在产品设计和使用培训中适应老年人的知识特点及使用习惯。

（12）分析并总结了一系列补偿老年人的学习和使用能力的原理与方法。

（13）分析并总结了中国当前的社区管理体制对适老化支持体系建设的影响，并提出了建设思路。

（14）提出了一套适老化评估的框架、原理和具体方法。

对适老化不足的后果及其影响，社会各方面基本有了共识。但如何解决这个问题，尤其是在资源有限的条件下，如何权衡轻重缓急，则是见仁见智了。我们可能不得不通过设置人工绿色通道等方式解决一些迫在眉睫的老年人面临的数字化服务问题。但这只能用于缓解当前的一些热点危机，无法解决我们所面临的大规模的、长久的年龄数字鸿沟问题。着眼于未来，我们需要更长效的解决方案，需要适老化支持体系，包括采用线上的辅助平台和可信代理机制。鉴于我们所面临问题的规模和薄弱的基础，这种体系建设不会是立竿见影的，其建设、完善和效果的显现都需要漫长的时间。如果适老化支持体系的基础建设仍然被搁置，那我们不仅是在拖延问题的解决，还将目睹问题的进一步恶化。

在酝酿写作本书的时候，我有几个具体的目标和期望。

（1）为读者了解和理解我们所面临的适老化挑战提供相关的背景知识。适老化不仅是老年人的事情，其实它还关系到我们每一个人。

（2）借此书帮助人们破解一些关于适老化的迷思。适老化既不是一种暂时的、经历一两代人后会自动消失的现象，也不是一个不可逾越的障碍，它有其自身的、本质性的发展规律。只要我们按照科学规律踏踏实实地去做，就完全能够建设一套长效的数字社会适老化支持体系。

（3）为政策制定者提供一些适老化支持体系建设的背景信息和基本思路。建设长效的适老化机制有科学方法，但没有捷径可走，需要从提升老年人数字素养等基础工作开始。

（4）对老年读者来说，希望能在以下三个方面为他们提供帮助。

① 认识到数字化在未来老年生活中的重要性，尤其是对“60 后”一代人来说，使用数字产品不再是一个奢侈的可选项，而是一个必选项。未来的衣、食、住、行都会被数字化，数字化会影响到人们未来二三十年的晚年生活。

② 了解到只要采用的方法科学，绝大多数有独立生活能力的老年人就能够学会使用主流的数字产品。

③ 为老年人提供一些具体可行的、适合老年人的，能够提高其学习使用数字产品能力的窍门和方法。

（5）通过普及一些适老化的知识，为各种涉老群体，尤其是老年人的家人和养老服务的从业人员，提供一些协助自己身边的老年人跨越年龄数字鸿沟的具体方法。

如果本书能够达到这些目标和期望中的几个，并能够使更多的人关注适老化问题，那我将不胜欣慰。

在 2023 年 5 月本书的最后写作阶段，ChatGPT 已经在国内外掀起又一轮人工智能的热潮有几个月了。很自然地，我在密切关注着其发展进程，想了解这一新技术会对未来的适老化产生什么影响。

经过对这一轮人工智能在多个领域应用的分析与梳理，结合我自己使用 ChatGPT 的感受，我得出的结论是，其影响将非常巨大且深远。

我曾在书中反复提到，适老化是有比较可观的成本的，而且这种成本目前很难获得相应的市场回报，因此单独依赖市场机制无法推动适老化的可持续发展。而 ChatGPT 这一类人工智能应用将能够从根本上改变这一点，原因主要包括以下两点。

（1）人工智能能够快速、低成本地将适老化知识和技能在相关人员中传播、普及。

（2）类似 ChatGPT 的生成型人工智能能够极大地降低在适老化设计、老年用户使用培训和老年用户使用支持中所采用的代码、课件、脚本、案例和流程方案等关键要素的生成成本。人工智能甚至能免费提供这些被大量重复使用的素材内容。

因此，我预期适老化“奇点”的到达，即适老化的成本被降低到足够小，使其市场回报能够成为推动其发展的动力的时刻，要比之前的预期早来很多年。

参考文献

【1】DAVIS F D. The technology acceptance model for empirically testing new end-user information systems: theory and results [D]. Massachusetts Institute of Technology, 1986.

【2】CHEN K, CHAN A H S. Gerontechnology acceptance by elderly Hong Kong Chinese: a senior technology acceptance model (STAM)[J]. Ergonomics, 2014, 57(5):635-652.

【3】陆杰华，韦晓丹．老年数字鸿沟治理的分析框架、理念及其路径选择——基于数字鸿沟与知沟理论视角[J]．人口研究，2021，45（3）：14．

【4】LEE C. User-centered system design in an aging society:an integrated study on technology adoption[D]. Massachusetts Institute of Technology, 2014.

【5】PEEK S. Understanding technology acceptance by older adults who are aging in place: a dynamic perspective[D]. Tilburg University, 2017.

【6】ROGERS E M. Diffusion of innovations [M]. 5th ed. Florence: Free Press, 2003.

【7】TUENA C, PEDROLI E, TRIMARCHI P D, et al. Usability issues of clinical and research applications of virtual reality in older people: a systematic review[J]. Frontiers in Human Neuroscience, 2020, 14(93):93.

【8】JOHNSON J, FINN K. Designing user interfaces for an aging population: towards universal design[M]. Cambridge: Morgan Kaufmann, 2017.

【9】PERISSINOTTO C, ZHANG C, OSEAU T, et al. Feasibility of a tablet designed for older adults to facilitate telemedicine visits[J]. Innovation in Aging, 2019, 3(Suppl 1):S975.

【10】LAW N, WOO D, WONG G. A global framework of reference on digital literacy skills for indicator 4.4. 2[M]// UNESCO, No. 51. 2018.

【11】HAGUE C, PAYTON S. Digital literacy across the curriculum[M]. New Jersey: Ablex Pub. Corp, 1992.

【12】STEINFELD E. Universal design: creating inclusive environments[M]. New Jersey: John Wiley & Sons, 2012.

【13】GILBERT R M. Inclusive design for a digital world: designing with accessibility in mind (design thinking) [M]. 1st ed. New York: Apress, 2019.

【14】BOOT W R, CHARNESS N, CZAIA S J, et al. Designing for older adults: case studies, methods, and tools [M]. 3rd ed. Florida: CRC Press, 2021.

【15】ZALLIO M, BERRY D, LEIFER L. Meaningful age-friendly design. case studies on enabling assistive technology[J]. In: Advances in Usability and User Experience.Advances in Intelligent Systems and Computing, Springer, Cham, 2020, 972:779-790.

【16】NIELSEN J. Usability engineering [M]. 1st ed. San Mateo, CA: Morgan Kaufmann,1993.

【17】LIDWELL W. Universal principles of design: 125 ways to enhance usability, influence perception, increase ap[M]. Massachusetts: Rockport Publishers, 2010.

【18】QUESENBERY W. Balancing the 5Es of usability[J]. Cutter IT Journal, 2004, 17(2): 4-11.

【19】KORTUM P. Usability assessment: how to measure the usability of products, services, and systems (users' guides to human factors and ergonomics methods) [M]. 1st ed. Human Factors and Ergonomics Society, 2016.

【20】Madan A, Kumar S. Usability evaluation methods: a literature review[J]. International Journal of Engineering Science and Technology, 2012, 4(2):590-599.

【21】NORMAN D A. The design of everyday things: revised and expanded edition[M]. New York: Basic Books, 2013.

【22】YABLONSKI J. Laws of UX: using psychology to design better products & services [M]. 1st ed. California: O' Reilly Media, 2020.

【23】HAASE K R, COSCO T, KERVIN L, et al. Older adults' experiences with using technology for socialization during the COVID-19 pandemic: cross-sectional survey study[J]. JMIR Aging, 2021, 4(2):e28010.

【24】HALFORD G S, COWAN N, ANDREWS G. Separating cognitive capacity from knowledge: a new hypothesis[J]. Trends Cogn Sci, 2007, 11(6): 236-242.

【25】ATKINSON R C, SHIFFRIN R M. Human memory: a proposed system and its control processes[M]. Psychology of Learning and Motivation. Salt Lake City: Academic Press, 1968, 2:89-195.

【26】PAAS F, VAN MERRIENBOER J J G. Cognitive-load theory: methods to manage working memory load in the learning of complex tasks[J]. Current Directions in Psychological Science, 2020, 4: 394-398.

【27】SWELLER J. Cognitive load during problem solving: effects on learning[J]. Cognitive Science,1988, 12: 257-285.

【28】SKULMOWSKI A, XU K M. Understanding cognitive load in digital and online learning: a new perspective on extraneous cognitive load[J]. Educ Psychol Rev, 2022, 34:171-196.

【29】PEIRCE C S. Collected papers of charles sanders peirce, volumes I and II: principles of philosophy and elements of logic[M]. Edited by Charles Hartshorne & Paul Weiss, Belknap Press: An Imprint of Harvard University Press, 1932.

【30】YOUNG I. Mental models: aligning design strategy with human behavior [M]. 1st ed. New York: Rosenfeld Media, 2008.

【31】SIRICHAROEN W V. Operating human computer interaction approach in design phases of software developing process[J]. JCIT, 2012, 7: 422-431.

【32】The cambridge handbook of age and ageing[M]. Cambridge: Cambridge University Press, 2005.

【33】MATA R, JOSEF A K, SAMANEZ-LARKIN G R, et al. Age differences in risky choice: a meta-analysis[J]. Ann N Y Acad Sci, 2011, 1235: 18-29.

【34】HASLE P F V, ANNE-KATHRINE KJAR C. Persuasive design[G]. Handbook of Research on Computer Mediated Communication, edited by Kelsey, Sigrid, and Kirk St.Amant, 283-296. Hershey, PA: IGI Global, 2008.

【35】王杰．数字产品适老化评估体系研究[J]．老龄科学研究，2022，10（4）：19.

【36】MORRISON D, McCUTHEON J. Empowering older adults' informal, self-directed learning: harnessing the potential of online personal learning networks[J]. Research and Practice in Technology Enhanced Learning, 2019, 14(1):1-16.

【37】HUNSAKER A, NGUYAN M H, FUCHS J, et al. He explained it to me and I also did it myself: how older adults get support with their technology uses[J]. Innov Aging, 2019, 3:S866.

【38】CZAJA S, BOOT W, CHARNESS N, et al. Designing for older adults: principles and creative human factors approaches [M]. 3rd ed. New York: CRC Press, 2019.

【39】MANNHEIM I, SCHARTZ E, XI W, et al. Inclusion of older adults in the research and design of digital technology[J]. Int J Environ Res Public Health, 2019,16(19):3718.

【40】王广州．中国老年人口健康预期寿命研究[J]．社会学研究，2022（3）：160-181．

【41】左美云．智慧养老（内涵与模式）[M]．北京：清华大学出版社，2018．

【42】王杰，董少龙．智慧养老技术及落地应用指南[M]．北京：电子工业出版社，2021．

【43】HALEEM A, JAVAID M, SINGH R P, et al. Blockchain technology applications in healthcare: an overview[J]. International Journal of Intelligent Networks, 2021, Volume 2:130-139.

【44】KHATOON A. Blockchain-based smart contract system for healthcare management[J]. Electronics, 2020, 9(1):94.